高等教育应用型人才计算机类专业规划教材

从 Java 到 Web 程序设计教程

李伟林　主　编
谭雄胜　副主编

电子工业出版社
Publishing House of Electronics Industry
北京·BEIJING

内 容 简 介

全书分为 3 个部分,第 1 部分是 Java 程序设计,主要介绍了运行环境的搭建、变量、函数、表达式和语句、程序的结构、面向对象程序设计的基本思想和 JDBC 数据库编程;第 2 部分是 Java Web 技术,主要介绍了 Web 的工作原理、HTML 与 HTML5 基础、CSS3 和 JavaScript 基础、jQuery 和 Ajax,以及从 Java 到 Web 程序设计相关的知识点,包括 JSP、JSTL、JavaBean、Servlet、过滤器和监听器;第 3 部分是项目综合实践,主要是综合前两部分知识的一个应用案例,通过项目分析、设计到实现的完整流程,循序渐进地利用所学知识构建一个电子商务网站。

书中每个知识点都有一个简单的示例做验证,让学习者明白知识点的应用场景,因此本书非常适合高等院校商务管理信息化(如电子商务、会计电算化)、医药信息化等相关专业的在校学生,也可作为 Java Web 技术学习者的参考用书。

未经许可,不得以任何方式复制或抄袭本书之部分或全部内容。
版权所有,侵权必究。

图书在版编目(CIP)数据

从 Java 到 Web 程序设计教程 / 李伟林主编. —北京:电子工业出版社,2019.3(2024.7 重印)
ISBN 978-7-121-35958-3

Ⅰ. ①从… Ⅱ. ①李… Ⅲ. ①JAVA 语言—程序设计—教材 Ⅳ. ①TP312.8

中国版本图书馆 CIP 数据核字(2019)第 015263 号

策划编辑:李　静(lijing@phei.com.cn)
责任编辑:李　静　　　　　　特约编辑:王　纲
印　　刷:北京盛通数码印刷有限公司
装　　订:北京盛通数码印刷有限公司
出版发行:电子工业出版社
　　　　　北京市海淀区万寿路 173 信箱　邮编　100036
开　　本:787×1092　1/16　印张:18　字数:460.8 千字
版　　次:2019 年 3 月第 1 版
印　　次:2024 年 7 月第 10 次印刷
定　　价:54.00 元

凡所购买电子工业出版社图书有缺损问题,请向购买书店调换。若书店售缺,请与本社发行部联系,联系及邮购电话:(010)88254888,88258888。
质量投诉请发邮件至 zlts@phei.com.cn,盗版侵权举报请发邮件至 dbqq@phei.com.cn。
本书咨询联系方式:(010)88254604,lijing@phei.com.cn。

前　言

编者从教十余年，给计算机、电子信息、电子商务、医药信息化等专业的本科生和专科生都讲授过与本书内容相同或相近的课程，一直希望编写一本从入门到完整项目实践的 Java 学习教程，旨在把学生轻松地从"门外"领进"圈内"，使学生掌握编程的本领，并能真正地在未来的工作中解决实际问题。

于是这两年，在日常教学工作之余，编者收集和整理了一些教学中的心得、素材，试着汇集成一本从 Java 编程到 Web 应用的教程，终有小成。本书在适度原理性教学的基础上，摒弃部分复杂的抽象环节，以最终的项目需求为驱动，注重实际应用，在案例教学中探究程序设计知识在专业实践中的妙用。

书中每个知识点都有一个通俗的小例子做验证，让读者明白知识点的应用场景，以加深印象。本书以启发式为主，通过足够的理论知识做铺垫，以实际行业业务系统的开发为切入点，在开发中强化学生的实践应用能力。所以，本书非常适合作为商务管理信息化（如电子商务、会计电算化）、医药信息化等相关专业的教材，也可作为培训机构开展职业技能培训的配套教材。

全书分 3 个部分，第 1 部分是 Java 程序设计，包括运行环境的搭建、变量、函数、表达式和语句、程序的结构、面向对象程序设计的基本思想和 JDBC 数据库编程，这部分知识将使读者掌握必要的编程基础，学会用程序代码处理业务逻辑。第 2 部分是 Java Web 技术，包括 Web 的工作原理、HTML 与 HTML5 基础、CSS3 和 JavaScript 基础、jQuery 和 Ajax，以及从 Java 到 Web 程序设计相关的知识点，包括 JSP、JSTL、JavaBean、Servlet、过滤器和监听器，这部分知识是业务前端展示场景的设计和交互，也是企业级动态网站设计的基础。第 3 部分是项目综合实践，主要是综合前两部分知识的一个应用案例，通过项目分析、设计到实现的完整流程，循序渐进地利用所学知识构建一个电子商务网站。

本书用例深入浅出，贴近实际工作，值得读者反复阅读以便更好地理解；章节后不另设习题，重在引导读者通过练习书中的例子掌握知识点的运用技巧。

限于篇幅关系，本书后续的基于框架（如 Spring、Spring MVC、Mybatis）的程序设计，以及如何在微信公众号、小程序接口开发中使用 JavaWeb 的知识，将在编者下一本书中介绍，敬请期待。

本书在编写过程中得到了中山大学新华学院、广东工程职业技术学院多位资深教师的指导，在此一并表示感谢。因编者学识水平有限，书中难免有不足之处，敬请广大读者批评指正，不胜感谢。如有好的建议和要求，请与编者联系，电子邮件：lwl_tech@126.com。

编　者

2019 年 1 月

目　录

第1部分　Java 程序设计

第1章　运行环境的搭建 … 3
1.1　Java 运行环境的安装 … 3
1.2　开发工具的选择及安装 … 4

第2章　Java 基础知识 … 9
2.1　Java 编程的基本规范 … 9
2.2　Java 标识符 … 11
2.3　Java 的数据类型及常量 … 11
2.3.1　Java 的数据类型 … 12
2.3.2　Java 中的常量 … 13
2.3.3　Java 中的数据类型转换 … 13
2.4　Java 表达式 … 17
2.4.1　算术运算符 … 18
2.4.2　关系运算符 … 19
2.4.3　逻辑运算符 … 19
2.4.4　赋值运算符 … 20
2.4.5　其他运算符 … 21
2.4.6　Java 运算符优先级 … 21
2.5　Java 的常用函数 … 22
2.5.1　Java 的字符串函数 … 22
2.5.2　Java 的数学函数 … 25

第3章　程序设计结构 … 27
3.1　顺序结构 … 27

  3.1.1 标准输入 ··· 27
  3.1.2 标准输出 ··· 28
 3.2 选择结构 ··· 29
  3.2.1 单分支选择 ··· 30
  3.2.2 双分支选择 ··· 31
  3.2.3 嵌套选择 ··· 32
  3.2.4 多分支选择 ··· 32
 3.3 循环结构 ··· 34
  3.3.1 while 循环 ·· 34
  3.3.2 do-while 循环 ··· 35
  3.3.3 for 循环 ··· 36
  3.3.4 Java 增强型 for 循环 ·· 38
  3.3.5 嵌套的循环结构 ··· 39
  3.3.6 break、continue 和 return 语句 ·· 40
 3.4 Java 的异常处理 ··· 42
  3.4.1 throws 抛出异常 ·· 43
  3.4.2 try、catch 和 finally 捕获异常 ·· 44
  3.4.3 Java 中的常见异常 ··· 46

第 4 章 面向对象程序设计思想 ·· 47
 4.1 类的定义 ··· 47
  4.1.1 修饰符 ··· 48
  4.1.2 成员变量与局部变量 ··· 49
  4.1.3 实例变量与静态变量 ··· 51
  4.1.4 静态方法与实例方法 ··· 51
  4.1.5 构造方法 ··· 52
  4.1.6 Getters 与 Setters 方法 ··· 54
 4.2 继承与抽象类 ··· 55
  4.2.1 继承与覆盖 ··· 55
  4.2.2 抽象与实现 ··· 57
 4.3 接口与实现 ··· 58
 4.4 集合与泛型 ··· 62
  4.4.1 常用的集合类 ··· 63
  4.4.2 Java 泛型 ··· 67
  4.4.3 迭代器 ··· 69
  4.4.4 集合的实用工具类 ··· 71
 4.5 多线程机制 ··· 76
  4.5.1 线程的创建 ··· 76
  4.5.2 线程的状态 ··· 79
  4.5.3 线程的同步 ··· 81

第 5 章　数据库技术与 JDBC ·············· 86

5.1　数据库与 SQL 语言 ················ 86
5.1.1　数据库概述 ··················· 86
5.1.2　SQL 语句 ···················· 87
5.2　MySQL 及驱动下载 ·············· 89
5.2.1　MySQL Server 的安装与配置 ·· 89
5.2.2　数据库驱动程序下载 ·········· 91
5.3　JDBC 编程 ························ 92
5.3.1　驱动程序的加载与注册 ········ 93
5.3.2　连接与语句类 ················ 93
5.3.3　ResultSet 结果集 ············· 94
5.3.4　JDBC 编程实例 ·············· 95
5.4　JDBC 的 DAO 模式 ··············· 97

第 2 部分　Java Web 技术

第 6 章　Web 基本原理及开发平台 ······· 111
6.1　Web 基本原理 ···················· 111
6.2　Tomcat 的安装及目录结构 ········ 112
6.2.1　Tomcat 的安装 ··············· 112
6.2.2　Tomcat 的目录结构 ··········· 114
6.3　Tomcat 与 MyEclipse 的集成配置 ···· 115

第 7 章　HTML 与 HTML5 基础 ·········· 120
7.1　HTML 基础 ······················ 120
7.2　HTML 表单 ······················ 122
7.3　HTML 框架 ······················ 123
7.4　HTML 的布局和列表 ············· 126
7.5　HTML5 基础 ····················· 128
7.5.1　video 和 audio 标签 ··········· 128
7.5.2　HTML5 表单 ················ 129
7.5.3　HTML5 的文档结构标签 ····· 131

第 8 章　层叠样式表基础 ················ 135
8.1　样式的基本语法 ·················· 135
8.2　样式应用方式 ···················· 135

8.3 CSS 常用样式 ··· 138

第 9 章 前端脚本语言 JavaScript ··· 143
9.1 JavaScript 的数据类型 ·· 144
9.2 JavaScript 操作 HTML 元素 ··· 146
9.3 DOM 的 Node 节点 ·· 150
9.4 jQuery ··· 155
9.5 Ajax 与 JSON 数据格式 ·· 162
    9.5.1 JSON 数据格式 ··· 162
    9.5.2 Ajax 技术 ·· 164

第 10 章 JSP 技术 ·· 171
10.1 JSP 页面的基本结构 ·· 172
    10.1.1 JSP 指令 ·· 173
    10.1.2 JSP 动作元素 ··· 175
10.2 JSP 内置对象 ·· 177
10.3 Servlet 技术 ·· 183
    10.3.1 Java Web 过滤器 ·· 186
    10.3.2 Java Web 监听器 ·· 190
    10.3.3 Servlet 的线程特性 ·· 193

第 3 部分　项目综合实践

第 11 章 简单电子商务网站的开发 ······································ 199
11.1 电子商务网站系统设计 ··· 199
    11.1.1 功能设计 ·· 199
    11.1.2 数据表结构设计 ·· 200
    11.1.3 用 Hibernate 逆向工程生成实体类 ························· 201
    11.1.4 流程设计 ·· 203
11.2 电子商务网站业务逻辑（后端）实现 ··························· 204
    11.2.1 数据库连接类 ··· 204
    11.2.2 业务逻辑实现类 ·· 205
11.3 电子商务网站界面（前端）的集成 ······························· 208
    11.3.1 注册功能的实现 ·· 208
    11.3.2 登录和退出功能的实现 ··· 210
    11.3.3 用户管理功能的实现 ··· 214

11.3.4　添加商品功能的实现……………………………………………224
　　11.3.5　商品管理功能的实现……………………………………………230
　　11.3.6　购物过程功能的实现……………………………………………237
　　11.3.7　购物车管理功能的实现…………………………………………247
11.4　项目小结………………………………………………………………266

附录 A………………………………………………………………………………267

第 1 部分
Java 程序设计

在众多编程语言中，Java 语言以其跨平台（即平台无关性），以及良好的面向对象特性被广泛使用。其跨平台特性主要通过 Java 虚拟机来实现，Java 语言运行环境如图 0 所示，运行了 Java 虚拟机（JVM）的设备即可运行 Java 程序，而不论操作系统是 Windows、Linux 还是其他各种嵌入式或移动终端系统。

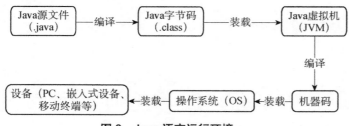

图 0　Java 语言运行环境

第1部分

Java 语言概述

本文先简单地介绍了 Java 语言的发展平台（即市场关系），以及其主要的技术特点和产品化使用方式，接着介绍了重要的Java 概念和术语，Java 虚拟机和字节编译器0 以及、运行了Java 解释器（JVM），已经介绍了运行Java 程序，而不考虑操作系统（如Windows、Linux 或其他），并将深入人心说明各部分关系。

图 0 Java 语言运行流程

第 1 章　运行环境的搭建

1.1　Java 运行环境的安装

　　JVM 是 Java 运行环境（JRE）的核心，可以通过登录网站 http://www.oracle.com，在 Java for Developers 中下载安装，甲骨文（Oracle）公司主页如图 1.1 所示。

　　下载 Java Platform 软件时，可以获得 Java 开发环境合集（JDK）和运行环境（JRE）。JDK（Java Development Kit）包括开发和测试 Java 程序所需的各种工具；JRE（Java Runtime Environment）包括 Java 虚拟机（JVM）、Java 平台核心类和基础 Java 平台库，JRE 是 Java 软件的运行部分，在 Web 浏览器上只需 JRE 便可运行 Java 软件。

　　下载时需接受软件的许可协议，并根据操作系统版本选择合适的 Java 版本（例如，Windows 32 位的操作系统选择 Windows x86，Windows 64 位的操作系统选择 Windows x64），下载后选择默认安装即可（如图 1.2 所示）。

图 1.1　甲骨文（Oracle）公司主页

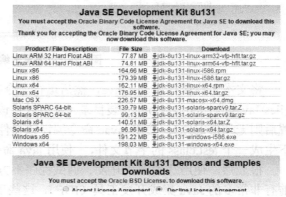

图 1.2　JDK 下载页

　　关于 Java 运行环境的配置，从 Java 8 开始，Java 运行环境将自动配置，无须手动设置，免去用户的很多烦琐工作。安装完成后可验证是否正确安装。运行命令行窗口（Windows 键+R，输入 cmd），在命令行窗口中输入"java –version"，查询 Java 版本信息（如图 1.3 所示）。

图 1.3 查询 Java 版本信息

 ## 1.2 开发工具的选择及安装

事实上，有了 Java 开发工具集 JDK 和运行环境 JRE，使用文本编辑器就可以编写 Java 程序。例如，在 C 盘根目录下新建一个文本文件，并输入代码。用记事本编写 Java 源程序如图 1.4 所示。

图 1.4 用记事本编写 Java 源程序

将文本名称保存为 test.java，然后运行命令行窗口，用 cd 命令将路径定位到 C:\Program Files\Java\jdk1.8.0_111\bin 安装目录（也可以将该路径设置为系统环境变量 path 的一个值，设置后则无须再定位），使用 javac 命令编译该文件，再回到 C 盘根目录，发现在源文件同目录下生成一个 test.class 的字节文件，使用 java 命令即可装载运行程序（如图 1.5 所示）。

很显然，使用这种方式开发、调试程序不方便，排错困难，代码编写效率低。因此，目前有非常多的 Java 集成开发工具（IDE），这些工具集成并简化了编写、编译和测试的许多操作。可供选择的优秀 IDE 很多，比较受欢迎的有 Eclipse、Netbeans、JBuilder 等，这些工具软件集成了代码编写、分析、编译、调试等功能于一体，为开发者提供了便利。

在众多的 IDE 中，MyEclipse 是在 Eclipse 基础上加上自己的插件开发而成的功能强大的企业级集成开发环境，主要用于 Java、Java EE，以及移动应用的开发，是一款非常优秀的 Java 开发工具。

MyEclipse 目前支持 Java Servlet、AJAX、JSP、JSF、Struts、Spring、Hibernate、EJB3、

JDBC 数据库连接工具等多项功能。可以说，MyEclipse 是一款几乎囊括了目前所有主流开源产品的专属 Eclipse 开发工具。

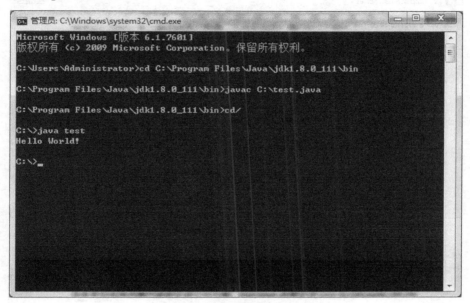

图 1.5　程序在 DOS 窗口下运行

可访问 http://www.myeclipsecn.com/ 下载 MyEclipse，安装完成后，MyEclipse 主界面如图 1.6 所示。

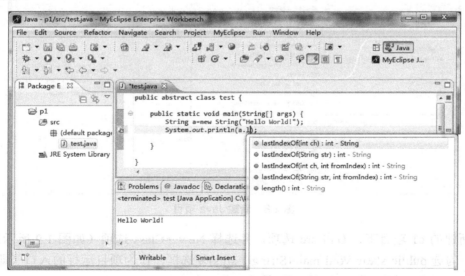

图 1.6　MyEclipse 主界面

第一次启动 MyEclipse 会提示选择工作空间，即开发程序的默认保存路径，如图 1.7 所示。初次打开 MyEclipse 时会出现欢迎界面，可单击右上角的返回按钮回到工作界面。

下面通过一个例子开始使用 MyEclipse。

单击 File→New→Java Project 选项，新建 Java 项目（如图 1.8 所示），打开新建 Java 项目

窗口，在项目名称框中输入 c1，其他选择默认设置。

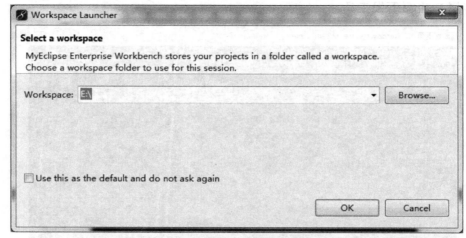

图 1.7 选择工作空间

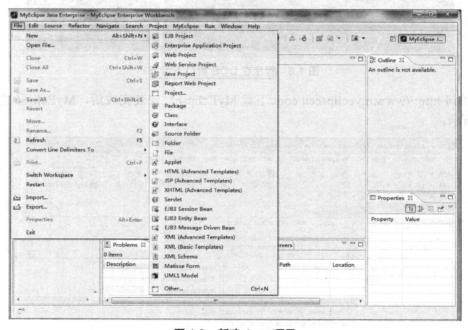

图 1.8 新建 Java 项目

在新建的 c1 项目下，右击 src 选项，并选择 New→Class 选项（如图 1.9 所示），新建 Test 类，勾选 public static void main(String[] args)复选框，作为项目运行的入口（即运行项目时第一个进入的代码段），如图 1.10 所示。

当然，如果漏选 public static void main(String[] args)选项也没关系，进入编程界面后，输入 main，再按 Alt+/组合键，会出现提示，直接回车即可出现 public static void main(String[] args){ }。事实上，在 MyEclipse 开发工具的默认设置中，Alt+/组合键提供了非常好用的代码提示功能，在需要补全代码、提示、纠错等位置时使用这个组合键，能够给开发者提供非常大的帮助。

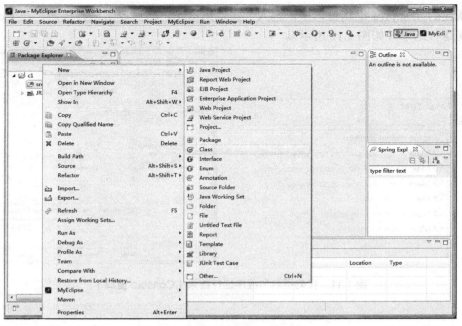

图 1.9 新建 Test 类

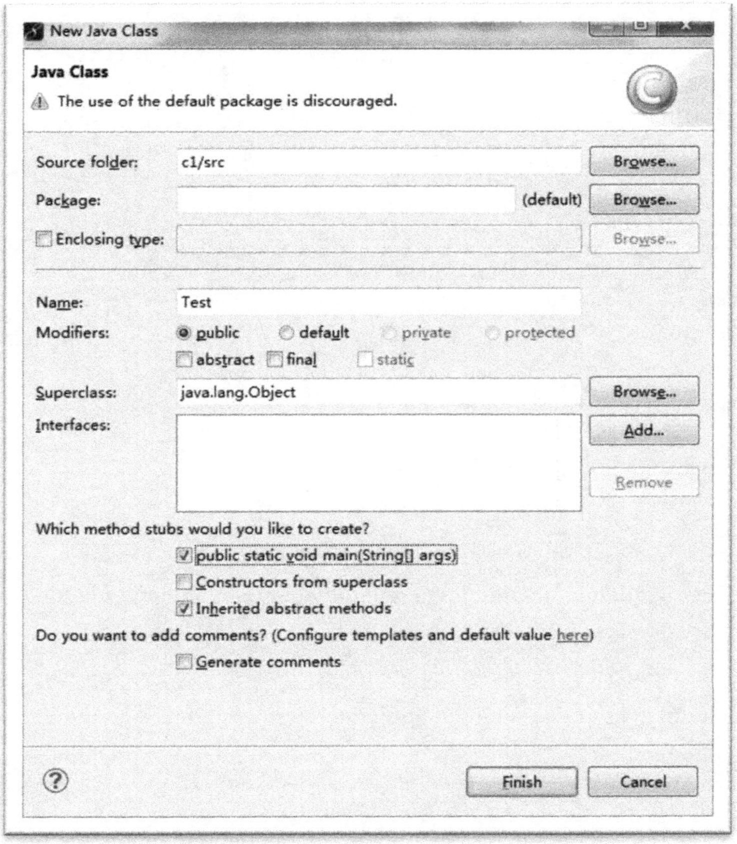

图 1.10 勾选 public static void main(String[] args)复选框

在新建的 Test.java 编辑窗口中，输入一条输出语句，然后单击运行按钮，在 Console 窗口中出现运行结果（如图 1.11 所示）。

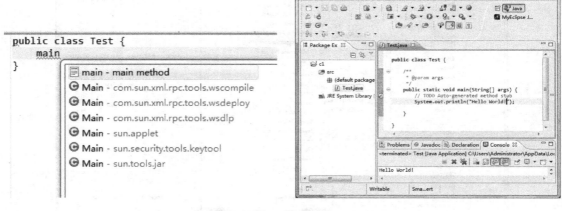

图 1.11　代码提示和程序运行结果（Console 窗口）

第 2 章 Java 基础知识

一个 Java 程序可以认为是一系列对象的集合，而这些对象通过调用彼此的方法来协同工作。为此，必须先理解面向对象编程（Object Oriented Programming，OOP）中几个重要的概念：类、对象、方法和实例变量。

类：类是一个模板，它描述一类对象的行为和状态（也称功能和属性，或方法和特征）。

对象：对象是类的一个实例，拥有所属类的状态和行为。例如，一个人是一个对象，他的状态有身高、姓名、身份证号等，行为有吃饭、学习、走路等。

方法：即上述的行为，表示类及类的对象具有的功能，一个类可以有很多功能，也就是有很多方法。逻辑运算、数据修改，以及表示业务逻辑运作过程的所有动作都是在方法中完成的。

实例变量：即上述对象的状态的表征，每个对象都有独特的实例变量，对象的状态由这些实例变量的值决定。

 ## 2.1 Java 编程的基本规范

Java 语言源自 C 语言，除在许多方面沿用了 C 语言的编程规范外，也有其自身的规范。

（1）在 Java 中一切都是对象，对象是类的实例，数据和函数都必须封装在"类"中，一个源文件至少包含一个类才可以编译并执行。

（2）用关键字 class 来声明一个类，源程序文件名必须与文件中被声明为 public 的类名相同。

（3）Java 语言是区分大小写的。按惯例，类名以大写字母开头，变量、方法和对象实例名以小写字母开头。

（4）类声明语句后面的{……}内的语句称为类体，它可以包括若干数据变量和函数。

（5）在 Java 中，数据变量称为类的"成员变量"或简称成员，函数在 Java 语言中称为类的"成员方法"。

（6）一个 Java 项目中必须包含 main()方法。

① main 方法前的修饰符依次表示该方法是公共的（public）、静态的（static）、无返回值的（void），main 方法必须用这三种修饰符。

② Java 程序中可以定义多个类,每个类中可以定义多个方法,但是最多只能有一个公共类(public);同时,main()方法也只能有一个,作为程序的入口,可调用其他成员方法。

③ main()方法定义中的()中的 String args[]是传递给 main()方法的参数,参数名为 args,它是类 String 的一个对象,参数可以没有或有多个。

(7)每条语句用分号结束,类体、方法体和语句块用花括号括起来。

(8)注释可增强程序的可读性,不作为程序的有效组成部分,不影响程序的编译和执行。用//开头的注释为行注释,用/*　*/包含的注释为多行注释。

为更好地理解上述规范,我们提前体验一个例子:

供销市场(Market)参与的主体主要是销售商(Seller)和采购商(Buyer),行为主要是参与者之间的销售(sell)行为和采购(buy)行为。

设计思路:在 Test 项目下新建一个 Market 类文件(勾选 main 方法),输入如下代码:

```java
class Seller{                                    //定义了销售商类
    String CompanyName;                          //定义了表示销售商名称的成员变量
    void sell(Buyer b){                          //定义了表示销售行为的方法 sell
     //以下是方法体,其中 this 表示当前对象
    System.out.println(this.CompanyName+"向"+b.CompanyName+"出售了商品。");
    }
}
class Buyer{                                     //定义了采购商类
    String CompanyName;                          //定义了表示采购商名称的成员变量
    void buy(Seller s){                          //定义了表示采购行为的方法 buy
//以下是方法体,其中 this 表示当前对象
System.out.println(this.CompanyName+"向"+s.CompanyName+"采购了商品。");
    }
}
public class Market {                            //和文件名同名的 public 类
    /*
    这里是多行注释部分。
    定义一个市场,包括销售商 Seller 和采购商 Buyer。
    */
    public static void main(String[] args) {     //main 方法为程序的入口
        Seller s1=new Seller();                  //用 Seller 类实例化了一家销售公司
        s1.CompanyName="A 公司";                 //初始化公司名称
        Buyer b1=new Buyer();                    //用 Buyer 类实例化了一家采购公司
        b1.CompanyName="B 公司";                 //初始化公司名称
        s1.sell(b1);                             //调用销售公司的销售方法(行为)
        b1.buy(s1);                              //调用采购公司的采购方法(行为)
    }
}
```

运行后的结果如下:

A 公司向 B 公司出售了商品。
B 公司向 A 公司采购了商品。

2.2 Java 标识符

Java 中的标识符是程序中的变量、类、方法命名的符号，是 Java 程序中各组成部分的名字。为避免歧义，这些名字必须遵循一定的规则：

（1）标识符可以由字母、数字、下画线、美元符号（$）组成，而且不能以数字开头；
（2）标识符不能使用 Java 保留关键字；
（3）标识符不能包含空格；
（4）标识符只能包含美元符号（$），不能包含@、#等特殊字符。

根据规则，age、$salary、_value、__1_value 等是合法的标识符，而 123abc、-salary、if 是非法标识符，因为 123abc 以数字开头，-salary 包含了不允许的特殊字符，if 是 Java 关键字。Java 中的保留关键字有 50 个（见表 2.1）。

表 2.1 Java 保留关键字

abstract	double	int	super
assert	else	interface	switch
boolean	enum	long	synchronized
break	extends	native	this
byte	final	new	throw
case	finally	package	throws
catch	float	private	transient
char	for	protected	try
class	goto	public	void
const	if	return	volatile
continue	implements	short	while
default	import	static	
do	instanceof	strictfp	

2.3 Java 的数据类型及常量

Java 是一种强类型语言，即对变量的数据类型有严格的使用规范，使用变量必须先声明数据类型，第一次变量赋值称为变量的初始化。变量的声明和初始化按如下格式：

type identifier [= value][, identifier [= value] ...] ;

格式说明：type 为 Java 数据类型，identifier 是变量名。可以使用逗号隔开来声明多个同类型变量。

以下列出了一些变量的声明实例，有些包含了初始化过程。

```
int a, b, c;                    //声明三个 int 型整数：a、b、c
int d = 3, e, f = 5;            //声明三个整数并赋予初值
byte z = 22;                    //声明并初始化 z
double pi = 3.14159;            //声明了 pi
char x = 'x';                   //变量 x 的值是字符'x'
```

2.3.1　Java 的数据类型

Java 的数据类型可以分为基本数据类型和引用数据类型（如图 2.1 所示）。

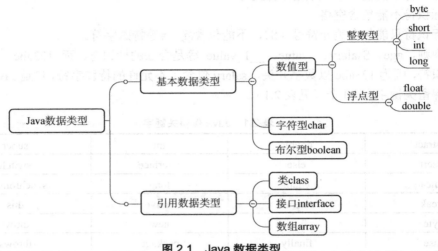

图 2.1　Java 数据类型

基本数据类型，或称内置类型，是 Java 中区别于类的特殊类型，也是编程中使用最频繁的类型。Java 基本数据类型共有八种，可以分为三类：字符型 char、布尔型 boolean，及数值型，数值型又可以分为整数型 byte、short、int、long 和浮点型 float、double。Java 中的数值型数据不存在无符号的，它们的取值范围是固定的，不会随着硬件环境或操作系统的改变而改变。八种基本类型表示的范围取决于它们占用的内存字节数。例如，byte 类型占 1 字节，即 8 位，第一位是符号位（0 表示正，1 表示负），则 byte 类型表示的最小值为 10000000，即 $-2^7=-128$，最大值为 01111111，即 $2^7-1=127$。表 2.2 列出了 Java 中定义的简单类型、占用二进制位数及对应的封装器类。

表 2.2　Java 中定义的简单类型、占用二进制位数及对应的封装器类

简 单 类 型	boolean	byte	char	short	Int	long	float	double	void
二进制位数	1	8	16	16	32	64	32	64	—
封 装 器 类	Boolean	Byte	Character	Short	Integer	Long	Float	Double	Void

基本数据类型在使用过程中的注意事项：

（1）封装器类除了存储对应的数据外，还封装了数据操作的常用方法，如类型转换。

（2）float 类型直接赋值时必须在数字后加上 f 或 F，double 类型赋值时可以加 d 或 D，也可以不加。

（3）float 和 double 类型在以科学计数法表示时，结尾的"E+数字"（或"D+数字"）

表示 E 之前的数字要乘以 10 的多少倍，比如：3.14E3 就是 3.14×1000=3140，3.14E-3 就是 $3.14×10^{-3}$=0.00314。

（4）boolean 是逻辑型，只有 true 和 false 两个取值。

（5）char 是字符类型，采用 Unicode 编码，两字节（即 16 个二进制位）为一个字符，用单引号赋值。

（6）Java 的引用类型通常不表示存储的数据本身，而是被引用对象在存储器中的存放地址。

2.3.2　Java 中的常量

Java 中的常量表示应注意以下几点。

1. 数值常量的表示

长整型常量：长整型必须以 L 作为结尾，如 9L，342L。

浮点类型常量：由于小数常量的默认类型是 double 型，所以 float 类型的后面一定要加 f（或 F），比如：

```
float f;
f=1.3f;    //必须附加 f
```

十六进制整型常量：以十六进制表示时，须以 0x 或 0X 开头，如 0xFF、0X8C。

八进制整型常量：八进制必须以 O 开头，如 O123、O34。

2. 字符常量的表示

字符型常量须用两个单引号括起来（注意，字符串常量是用两个双引号括起来的），Java 中的字符占两字节。一些常用的转义字符如下。

（1）\r 表示接收键盘输入，相当于按 Enter 键。

（2）\n 表示换行。

（3）\t 表示制表符，相当于 Tab 键。

（4）\b 表示退格键，相当于 Backspace 键。

（5）\' 表示单引号。

（6）\" 表示双引号。

（7）\\ 表示一个斜杠（\）。

2.3.3　Java 中的数据类型转换

在 Java 编程过程中往往要用到数据类型间的转换，例如，整数转为字符串，小数转为整数等。简单数据类型间的转换主要有两种方式：自动转换和强制转换，另外还有在表达式运算中的类型自动提升、封装类过渡类型转换等。

1. 自动转换

自动转换遵循一个规则：当一个较"小"的数据与一个较"大"的数据一起运算时，系统自动将"小"数据转换成"大"数据，再进行运算。而在调用方法时，实际参数较"小"，而被调用的方法的形式参数又较"大"时,系统也自动将"小"数据转换成"大"数据,再进行方法的调用。基本数据类型由"小"到"大"分别为(byte,short,char)→int→long→float→double。这里的"大"与"小",并不是指占用字节的多少,而是指表示值范围的大小。

下面的语句可以在 Java 中自动进行类型转换:

```
byte b=100;
int i=b;
long j=b;
float k=b;
double l=b;
System.out.println("b="+b);
System.out.println("i="+i);
System.out.println("j="+j);
System.out.println("k="+k);
System.out.println("l="+l);
```

输出:

```
b=100
i=100
j=100
k=100.0
l=100.0
```

如果低级类型为 char 型,向高级类型(整型)转换时,会转换为对应的 ASCII 码,比如:

```
char i='c';
int j=i;
System.out.println("output:"+j);
```

输出:

output:99

对于 byte、short、char 三种类型而言,它们是平级的,因此不能相互自动转换,可以使用下述的强制类型转换。

```
short i=99 ;
char j=(char)i;
System.out.println("output:"+j);
```

输出:

output:c

值得一提的是,Java 定义了若干用于表达式的类型提升规则。关于类型的自动提升,注意下面的规则:

(1)所有的 byte、short、char 型的值将被提升为 int 型;
(2)如果有一个操作数是 long 型,则计算结果是 long 型;
(3)如果有一个操作数是 float 型,则计算结果是 float 型;
(4)如果有一个操作数是 double 型,则计算结果是 double 型。

例如,已知三角形底边边长为 a=3,底边上的高为 h=5,求其面积:

```
double s;
```

```
int a=3,h=5;
s=a*h/2;
System.out.println("三角形面积  s="+s);
```

输出：

```
三角形面积 s=7.0
```

显然，s 声明为 double 类型，但并没有准确求出三角形的面积，原因是其中表达式 a*h/2 中参与运算的各数的类型均为整数，所以结果也是整数。若想得到正确的结果，可以把其中的一个数改为 double 类型，如 s=a*h/2.0,此时整型的 a 和 h 均自动转为 double 类型参与运算，得到 double 类型的结果。

2. 强制转换

将"大"数据类型转换为"小"数据类型时，可以使用强制类型转换，即可以采用这种语句格式：int n=(int)3.14159/2,将要转换成的目标类型加括号放置在待转换变量或表达式前。可以看出，这种转换可能会导致溢出或精度的下降。

以下列举一些常用的 Java 类型转换方法。

1）利用封装器类的内置方法转换

Java 的封装器类封装了数据操作的常用方法，其中就包括类型转换的方法。要使用这些封装方法，首先生成一个与简单类型对应的封装类实例，再利用封装器类的方法进行类型转换。例如，当希望把 float 型转换为 double 型时：

```
float f=1.5f;
Float F=new Float(f);            //生成一个对应的封装器类实例
double d=F.doubleValue();        //doubleValue()为 Float 类内置返回 double 类型的方法
```

当希望把 double 型转换为 int 型时：

```
double d=1.5;
Double D=new Double(d);          //生成一个对应的封装器类实例
int i=D.intValue();              //intValue()为 Double 类内置返回 int 值类型的方法
```

从上面例子可以看出，如果需要把简单类型的变量转换为相应的封装器类实例，可以利用封装器类的构造函数，即 Boolean(boolean value)、Character(char value)、Integer(int value)、Long(long value)、Float(float value)、Double(double value)。而在各个封装器类中，总有形如 XXXValue()的方法，来得到其对应的简单类型数据。利用这种方法，可以实现不同数值型变量间的转换。

2）与字符串相关的类型转换

字符串（String）类型本身就是一种封装类型，无须新建对应的封装器类对象，与其他类型间的转换如下。

（1）其他类型向字符串的转换。

方法一，调用类的字符串转换方法：

```
X.toString();
```

方法二，自动转换：

```
X+"";
```

方法三，用 String 的静态方法：

String.valueOf(X)。

（2）字符串作为参数值，向其他类型的转换。

方法一，用封装类的静态 parseXXX 方法。静态方法是无须生成实例即可使用的方法，比如：

String s = "13";
byte b = Byte.parseByte(s);
short t = Short.parseShort(s);
int i = Integer.parseInt(s);
long l = Long.parseLong(s);
float f = Float.parseFloat(s);
double d = Double.parseDouble(s);

上例中的 parseXXX 格式的方法均为静态方法，可通过"类名.静态方法(参数)"的格式直接使用。

方法二，先转换成相应的封装器实例，再调用对应的方法转换成其他类型。

例如，字符串"32.1"转换成 double 类型值的格式为：

new Double("32.1").doubleValue()

3）与日期相关的类型转换

日期型在 Java 中是用一个专门的 Date 类来表示的，该类位于 java.util 包，所以使用时需先导入该类。整型和 Date 类之间并不存在直接的对应关系，但可以使用 int 型分别表示年、月、日、时、分、秒，这样就在两者之间建立了一个对应关系。在进行这种转换时，可以使用 Date 类构造函数的三种形式。

① Date(int year, int month, int date)：以 int 型表示年、月、日。

② Date(int year, int month, int date, int hrs, int min)：以 int 型表示年、月、日、时、分。

③ Date(int year, int month, int date, int hrs, int min, int sec)：以 int 型表示年、月、日、时、分、秒。

在长整型和 Date 类之间有一个很有趣的对应关系，就是将一个时间表示为距离格林尼治标准时间 1970 年 1 月 1 日 0 时 0 分 0 秒的毫秒数。对于这种对应关系，Date 类也有其相应的构造函数：Date(long date)。

获取 Date 类中的年、月、日、时、分、秒及星期可以使用 Date 类的 getYear()、getMonth()、getDate()、getHours()、getMinutes()、getSeconds()、getDay()方法，也可以将其理解为将 Date 类转换成 int。

而 Date 类的 getTime()方法可以得到我们前面所说的一个时间对应的长整型数，与封装类一样，Date 类也有一个 toString()方法可以将其转换为 String 类型。

有时我们希望得到 Date 的特定格式，例如，20170241 或 2017 年 02 月 41 日 22:34:21，可以使用以下方法：

```
import java.text.SimpleDateFormat;          //导入专用于日期格式的类
import java.util.Date;                      //导入日期类
public class Test {
    public static void main(String[] args) {
        Date date = new Date();             //无参数的 Date()将返回系统的当前时间
```

```
        // 如果希望得到 YYYYMMDD 的格式,新建一种格式实例 sdf1
        SimpleDateFormat sdf1 = new SimpleDateFormat("yyyyMMdd");
        String dateFormat1 = sdf1.format(date);              //应用格式 sdf1 转换结果
        // 如果希望分开得到 YYYY 年 MM 月 DD 日 HH:mm:ss 的格式,新建一种格式实例 sdf2
        SimpleDateFormat sdf2 = new SimpleDateFormat("yyyy 年 MM 月 dd 日 HH:mm:ss");
        String dateFormat2=sdf2.format(date);                //应用格式 sdf2 转换结果
        System.out.println(dateFormat1);
        System.out.println(dateFormat2);
    }
}
```

输出结果为:

```
20170214
2017 年 02 月 14 日 22:34:21
```

上述例子说明,要输出指定格式的日期,可以新建所需的日期格式实例,然后用实例格式化一个日期实例,即可返回所需格式的字符串。

除了日期格式外,数字的格式化也有相应的格式类 DecimalFormat,来看下面这个例子:

```
import java.text.DecimalFormat;
public class Test {
    public static void main(String[] args) {
        int n=3;
        DecimalFormat df=new DecimalFormat("000.00");        //创建数字格式实例
        System.out.println(df.format(n));                    //应用格式实例
    }
}
```

输出的结果是:

```
003.00
```

这里的数字格式字符串除了使用"0"字符表示"有则填充,无则显示 0"以外,还经常会使用"#"字符,表示"有则填充,无则不显示"。

2.4 Java 表达式

Java 中的表达式是由运算符与操作数组合而成的,操作数包括各种类型的变量和常量,所谓的运算符就是用来做运算的符号。Java 中的运算符可分成以下几组:
- 算术运算符
- 关系运算符
- 逻辑运算符
- 赋值运算符
- 其他运算符

2.4.1 算术运算符

算术运算符用在数学表达式中，它们的作用和在数学中的作用一样。表 2.3 列出了所有的算术运算符（表格中的例子假设整数变量 A 的值为 10，变量 B 的值为 20）。

表 2.3　Java 算术运算符

运算符	描述	例子
+	加法——相加运算符两侧的值	A + B 等于 30
-	减法——左操作数减去右操作数	A – B 等于 –10
*	乘法——相乘操作符两侧的值	A * B 等于 200
/	除法——左操作数除以右操作数	B / A 等于 2
%	取模——左操作数除以右操作数的余数	B%A 等于 0
++	自增——操作数的值增加 1	B ++等于 21
--	自减——操作数的值减少 1	B —等于 19

使用算术运算符中的自增或自减运算时，注意 B++和++B 的不同，两者运算的结果虽然都是使 B 自增 1，但整个表达式的返回值是不一样的，B++返回的是 B 自增以前的值，即返回后再自增；++B 返回的是 B 自增后的值，即自增后再返回，注意以下例子中 d++ 与 ++d 的不同：

```
int a = 10;
int b = 20;
int c = 25;
int d = 25;
System.out.println("a + b = " + (a + b) );
System.out.println("a - b = " + (a - b) );
System.out.println("a * b = " + (a * b) );
System.out.println("b / a = " + (b / a) );
System.out.println("b % a = " + (b % a) );
System.out.println("c % a = " + (c % a) );
System.out.println("a++    = " +   (a++) );
System.out.println("a--    = " +   (a--) );
System.out.println("d++    = " +   (d++) );
System.out.println("++d    = " +   (++d) );
```

输出的结果为：

```
a + b = 30
a - b = -10
a * b = 200
b / a = 2
b % a = 0
c % a = 5
a++   = 10
a--   = 11
d++   = 25
++d   = 27
```

上例中，d 原来的值是 25，(d++)的运算顺序是先返回结果 25，然后 d 自增变为 26；(++d) 的运算顺序是 d 先自增 1 变为 27，再返回结果 27。

2.4.2 关系运算符

关系运算符用于操作数间的大小判断，运算的结果为逻辑值（boolean），表 2.4 为 Java 关系运算符（表格中的例子整数变量 A 的值为 10，变量 B 的值为 20）。

表 2.4 Java 关系运算符

运算符	描述	例子
==	检查两个操作数的值是否相等，如果相等则条件为真	（A == B）为假
!=	检查两个操作数的值是否相等，如果值不相等则条件为真	（A != B）为真
>	检查左操作数的值是否大于右操作数的值，如果是那么条件为真	（A>B）为假
<	检查左操作数的值是否小于右操作数的值，如果是那么条件为真	（A<B）为真
>=	检查左操作数的值是否大于或等于右操作数的值，如果是那么条件为真	（A>=B）为假
<=	检查左操作数的值是否小于或等于右操作数的值，如果是那么条件为真	（A<=B）为真

2.4.3 逻辑运算符

Java 中的逻辑运算用于联合条件的判断，包括与、或、非三种。表 2.5 列出了 Java 逻辑运算符（假设布尔变量 A 为真，变量 B 为假）。

表 2.5 Java 逻辑运算符

运算符	描述	例子
&&	称为逻辑与运算符，当且仅当两个操作数都为真时，条件才为真	（A && B）为假
||	称为逻辑或操作符，两个操作数任何一个为真，条件为真	（A || B）为真
!	称为逻辑非运算符，用来反转操作数的逻辑状态，如果条件为真，则逻辑非运算符将得到假	!（A && B）为真

在运用逻辑运算符进行相关的操作时，会遇到一种很有趣的现象：短路现象。即对于假&&X 这样的操作，根据描述，处理的结果不论 X 是真还是假都已经是假了，也就是说，无论&&后面的结果是"真"还是"假"，整个语句的结果肯定是假，所以系统认为已经没有必要再去计算&&后面的部分了，这种现象称为短路。来看下面的例子：

```
int a=1,b=2;
boolean f;
f=(a>b)&&(b++>1);
System.out.println("b=" + b );
```

结果输出：

```
b=2
```

上例中，因为(a>b)&&(b++>1)中（a>b）已经是假的结果，整个表达式结果肯定是假，就没有必要再去执行&&后面的(b++>1)了，b 并没有自增，其值仍然为 2，这是短路现象；但是，如果是(a<b)&&(b++>1)，因为&&前面的 a<b 是真的结果，还要继续计算&&后面的部分，此时 b++执行自增，b 的结果变为 3。

2.4.4 赋值运算符

赋值运算符是程序中最常用的运算符，只要有变量的声明，就要有赋值运算。如 a = 3，这里的 a 是变量名，根据前面对变量的定义，可以知道这里的 a 实际上就是内存空间的一个名字，它对应的是一段内存空间，语句执行是要在这个空间放入 3 这个值。这个放入的过程就实现了赋值的过程。表 2.6 列出了 Java 赋值运算符。

表 2.6　Java 赋值运算符

运算符	描述	例子
=	简单的赋值运算符，将右操作数的值赋给左操作数	C = A + B 将把 A + B 得到的值赋给 C
+=	加和赋值操作符，它把左操作数和右操作数相加赋值给左操作数	C += A 等价于 C = C + A
−=	减和赋值操作符，它把左操作数和右操作数相减赋值给左操作数	C −= A 等价于 C = C − A
*=	乘和赋值操作符，它把左操作数和右操作数相乘赋值给左操作数	C *= A 等价于 C = C * A
/=	除和赋值操作符，它把左操作数和右操作数相除赋值给左操作数	C /= A 等价于 C = C / A
%=	取模和赋值操作符，它把左操作数和右操作数取模后赋值给左操作数	C %= A 等价于 C = C%A

在赋值运算符中需注意数学与简单赋值运算符合并运算的情况。

```
int a = 10;
int b = 20;
int c = 0;
c = a + b;
System.out.println("c = a + b = " + c );
c += a ;
System.out.println("c += a = " + c );
c -= a ;
System.out.println("c -= a = " + c );
c *= a ;
System.out.println("c *= a = " + c );
a = 10;
c = 15;
c /= a ;
System.out.println("c /= a = " + c );
a = 10;
c = 15;
c %= a ;
System.out.println("c %= a = " + c );
```

输出结果为:
```
c = a + b = 30
c += a    = 40
c -= a = 30
c *= a = 300
c /= a = 1
c %= a = 5
```

2.4.5 其他运算符

Java 还有条件运算符（?:)、位运算符、instanceOf 运算符等。

其中，条件运算符也称三元运算符，该运算符有 3 个操作数，并且需要判断布尔表达式的值。该运算符的功能主要是决定哪个值应该赋值给变量：

x = (expression) ? value1 : value2

运算的过程是：首先判断 expression 表达式的结果，如果为 true，则将 value1 赋值给 x，否则将 value2 赋值给 x。

位运算符应用于整数类型（int）、长整型（long）、短整型（short）、字符型（char）和字节型（byte）等，位运算符作用在操作数二进制的所有位上，并且按位运算。

instanceOf 运算符用于操作对象实例，检查该对象是否是一个特定类型（类类型或接口类型），返回结果为 true 或 false。

2.4.6 Java 运算符优先级

就像数学运算中的先乘除后加减、先算括号内再算括号外一样，当多个运算符出现在一个表达式中，也会涉及运算符的优先级的问题。在一个多运算符的表达式中，运算符优先级不同会导致最后得出的结果差别很大。

例如，(1+3)＋(3+2)*2，这个表达式如果按加号最优先计算，答案就是 18，如果按照乘号最优先，答案则是 14。

再如，x = 7 + 3 * 2，这里 x 得到 13，而不是 20，因为乘法运算符比加法运算符有较高的优先级，所以先计算 3 * 2 得到 6，然后加 7。

表 2.7 中具有最高优先级的运算符在表的最上面，最低优先级的在表的底部。

表 2.7　Java 运算符优先级

类　别	运　算　符	关　联　性
后缀	() [] .（点操作符）	左到右
一元	++ - ! ~	右到左
乘性	* / %	左到右
加性	+ -	左到右
移位	>> >>> <<	左到右
关系	>>= <<=	左到右
相等	== !=	左到右

续表

类　别	运　算　符	关　联　性
按位与	&	左到右
按位异或	^	左到右
按位或	|	左到右
逻辑与	&&	左到右
逻辑或	||	左到右
条件	？：	右到左
赋值	＝＋＝－＝＊＝／＝％＝>>=<<= &=^=|=	右到左
逗号	，	左到右

2.5　Java 的常用函数

和很多面向过程的编程语言不同，Java 常用的内部函数是包含在对应的类里的，以类方法的形式存在。本节涉及的常用字符串函数和数学函数分别位于字符串类 String 和数学类 Math 内。

2.5.1　Java 的字符串函数

字符串广泛应用在 Java 编程中，在 Java 中字符串属于对象，Java 提供了 String 类来创建和操作字符串。

字符串的创建一般使用以下方式：

```
String str1=new String("abcdefg")或 String str1="abcdefg"
```

这种方式创建的字符串实例是不可更改的，如果希望创建可以更改的字符串对象，比如：在原字符串内插入、追加字符或更改字符串内字符，可以用 StringBuilder 或 StringBuffer，后者是基于线程安全的，适合用在多线程程序中。

以下列举字符串操作中常用的几个函数。

char charAt(int index) 取字符串中的某一个字符，其中的参数 index 指的是字符串中的索引，字符串的索引号从 0 开始，例如，以下例子中输出的是字符串中索引号为 5（左起第 6 个）的字符 f：

```
String s = new String("abcdefghijklmnopqrstuvwxyz");
System.out.println("索引号为 5 的字符是：" + s.charAt(5));
```

输出结果为：

索引号为 5 的字符是：f

int indexOf(String str, int fromIndex) 从第 fromIndex 个索引号开始查找第一个匹配字符串 str 的位置（索引号）。如果省略 fromIndex 参数，则默认从第 1 个开始查找。比如：

```
String s = new String("write once, run anywhere!");
```

```
String ss = new String("run");
System.out.println("s.indexOf('r'): "+s.indexOf('r'));
System.out.println("s.indexOf('r',2): "+s.indexOf('r',2));
System.out.println("s.indexOf(ss): "+s.indexOf(ss));
```

输出结果为:

```
s.indexOf('r'): 1
s.indexOf('r',2): 11
s.indexOf(ss): 11
```

如果找不到,返回结果为-1。

还有一个与 indexOf 相似的一个函数——lastIndexOf,其与 indexOf 的不同之处是该函数查找的是最后一个匹配的位置。

String replace(char oldChar, char newChar)　将字符串中第一个 oldChar 替换成 newChar,返回一个新的字符串。这个函数常用于内容过滤应用,如"脏话过滤器""安全内容过滤器"等,以下是密码验证机制中防止非法输入的一个例子:

```
String password = "aaa' or '1=1";        //原始非法字符串
password = password.replace(" ", "");    //替换空格
password = password.replace("'", "");    //替换单引号
System.out.println(password);            //输出结果
```

String substring(int beginIndex, int endIndex)　取出从 beginIndex 位置(含)开始到 endIndex (不含)位置的子字符串,如果省略 endIndex 参数,将一直取到字符串末尾。比如:

```
String str1="I am a man.";
String str2=str1.substring(2, 4);
System.out.println(str2);
String str3=str1.substring(2);
System.out.println(str3);
```

输出结果为:

```
am
am a man.
```

String[] split(String regex)　将一个字符串按照指定的分隔符 regex 分隔,返回分隔后的字符串数组。

Java 数组是相同类型数据的集合。其推荐的声明方式如下:

```
type[] 变量名 = new type[数组中元素的个数];
```

比如:

```
int[] a = new int[10];              //声明了十个元素的整型数组 a,a[0]~a[9]
String[] b=new String[10];          //声明了十个元素的字符串数组 b,b[0]~b[9]
String[] s={"abc","efg"};           //声明了两个元素的字符串数组 s,同时赋初值
```

这里的数组名指向数组元素的首地址,数组元数的索引值从 0 开始。

split 函数返回的是字符串数组,看下面的例子:

```
String r="abc:mydomain:com:cn";     //声明一个字符串 r
String[] s=r.split(":");            //将字符串 r 分隔成数组并赋值给字符串数组 s
```

```
            System.out.println(s[1]);              //输出数组 s 中索引值为 1 的元素值
```
输出结果为：
```
mydomain
```
字符串函数中返回值为数组的还有返回字节数组的 getBytes、返回字符数组的 getChars 等。

boolean equals(Object obj) 测试字符串是否相等。当比较基本数据类型时，可以用双等号（==）来判断大小，但如果是 String 对象类型，双等号（==）比较的是对象的内存地址，而不是字符串值，为此，如果需要比较两个字符串对象的值是否相等，需要使用该函数。看下面的例子：

```
String str1 = "hello";                  //存在于常量池中，堆栈
String str2 = "hello";                  //存在于常量池中，堆栈
String str3 = new String("hello");      //对象，存放在堆中
String str4 = new String("hello");      //对象，存放在堆中
System.out.println(str1==str2);         //非对象类型，true
System.out.println(str3==str4);         //对象类型，false
System.out.println(str3.equals(str4));  //true
System.out.println(str1.equals(str3));  //true
```

输出结果为：
```
true
false
true
true
```

此外，计算字符串中字符个数（也称字符串长度）的函数 length、字符串大小写转换函数 toLowerCase 和 toUpperCase、去除字符串头尾空格函数 trim、将一个字符串按指定字符拆分成数组的函数 split、字符串比较函数 compareTo、字符串连接函数 concat，以及测试是否以指定字符串开始或结尾的函数 startsWith 和 endsWith 等，使用频率都非常高。

对使用 StringBuffer 和 StringBuilder 类建立的字符串对象，除可以使用上述函数外，还可以使用其独有的一些函数，这些函数直接修改原字符串内容。看下面的例子：

```
StringBuffer sf=new StringBuffer();
sf.append("stringbuffer.");       //将指定的字符串追加到原字符串中
System.out.println(sf);            //stringbuffer.
sf.delete(1, 3);                   //删除字符串中从指定开始位置到结束位置-1 之间的字符
System.out.println(sf);            //singbuffer.
sf.deleteCharAt(1);                //删除字符串中指定位置的字符
System.out.println(sf);            //sngbuffer.
sf.insert(3, "very");              //将"very"插入字符串指定的位置
System.out.println(sf);            //sngverybuffer.
sf.setCharAt(3, 'A');              //将给定索引处的字符设置为 A
System.out.println(sf);            //sngAerybuffer.
sf.reverse();                      //颠倒字符串的所有字符
System.out.println(sf);            //.reffubyreAgns
```

输出结果为：
```
stringbuffer.
```

singbuffer.
sngbuffer.
sngverybuffer.
sngAerybuffer.
.reffubyreAgns

2.5.2　Java 的数学函数

Java 的数学函数封装在 Math 类中，包含基本的数学操作，如指数、对数、平方根和三角函数，并且有两个静态常量 E 和 PI，分别代表自然对数和圆周率。例如，求半径为 5 的圆的面积：S=Math.PI*5*5。下面列举一些常用的数学函数。

　　abs(double x)：返回 x 的绝对值。x 可以是 float、double、long 或 int 类型，如果是 byte 或 short 类型，会被强制转换成 int 类型。

　　sin(double x)：返回 x 弧度的正弦函数值。

　　cos(double x)：返回 x 弧度的余弦函数值。

　　tan(double x)：返回 x 弧度的正切函数值。

　　ceil(double x)：返回不小于 x 的最小整数值。例如，Math.ceil(0.1))返回 1.0，Math.ceil(−0.1)返回−0.0。

　　floor(double x)：返回不大于 x 的最大整数值。例如，Math.floor(0.1)返回 0.0，Math.floor(−0.1)返回−1.0。

　　exp(double x)：返回 e^x 值。

　　log(double x)：返回 x 的自然对数函数值。例如，Math.log(2)返回以 e 为底的 2 的对数，如果要求任意底数的对数，可以使用数学中的换底公式，例如，$\log_3 5$ 可以表示为 Math.log(5)/Math.log(3)。

　　max(double x,double y)：返回 x 和 y 中的较大数。

　　min(double x,double y)：返回 x 和 y 中的较小数。

　　pow(double x,double y)：返回 x 的 y 次幂的值。例如，0.1^3 表示为 Math.pow(0.1,3)，$\sqrt[13]{5^7}$ 可以表示为 Math.pow(5,7.0/13)。

　　sqrt(double x)：返回 x 开平方值。如果 x 是非数字类型（NaN），或者小于零，则返回 NaN。

　　round(double x)：返回 x 的四舍五入值。

　　rint(double x)：返回最接近 x 的整数值。如果两个数一样接近，则返回偶数。

　　toDegrees(double angrad)：将 angrad 弧度转换成角度值并返回。

　　toRadians(double angdeg)：将 angdeg 角度转换成弧度值并返回。

　　random()：返回随机数值，产生一个 0～1 的随机数（不包括 0 和 1）。

为更好地理解上述函数，我们来看一个简化的例子，将 10 元钱分为 3 个随机的红包并输出每个红包的金额：

```
double money=10.0;
double lucky1=Math.random()*(money-0.02);
/*上式随机产生 0～(10-0.02)中的数，
留下 0.02 是至少为后面两个红包每个留 0.01 元
*/
```

```
lucky1=Math.round(lucky1*100)/100.0;            //红包1保留两位小数
System.out.println("第一个红包："+lucky1);
money=money-lucky1;                              //分完红包1后剩余的金额
double lucky2=Math.random()*(money-0.01);
//上式随机产生0~（剩余金额-0.01）之间的数
lucky2=Math.round(lucky2*100)/100.0;            //红包2保留两位小数
System.out.println("第二个红包："+lucky2);
money-=lucky2;                                   //分完红包1、2后剩余的金额
double lucky3=money;
lucky3=Math.round(lucky3*100)/100.0;            //红包3保留两位小数
System.out.println("第三个红包："+lucky3);
```

输出结果为（随机）：

第一个红包：2.79
第二个红包：3.94
第三个红包：3.27

第 3 章 程序设计结构

Java 的程序设计结构即程序的流程控制,是对语句序列的执行步骤所做的安排与管理。Java 程序设计有三种结构,即顺序结构、选择结构和循环结构。

 ## 3.1 顺序结构

顺序结构(如图 3.1 所示)是最简单的程序结构,语句块(即{ }括起来的部分)从上到下逐句执行,每条语句都会执行一次。这种结构通常用来解决简单的输入、处理和输出问题。

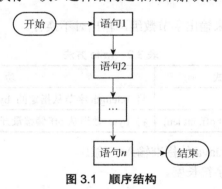

图 3.1 顺序结构

Java 的输入、输出设备被当作系统对象处理,分别是 System.in 和 System.out。

3.1.1 标准输入

System.in 作为 InputStream 类的对象实现标准输入,可以调用它的 read 方法来读取键盘数据。read 方法见表 3.1。

表 3.1 read 方法

返回值类型	格 式	功 能
int	read()	从输入流中读取数据的下一字节,返回值为该字节的 ASCII 码值

续表

返回值类型	格式	功能
int	read(byte[] b)	从输入流中读取一定数量的字节，并将其存储在缓冲区数组 b 中，返回值为读取的字节个数
int	read(byte[] b, int off,int len)	将输入流中最多 len 个数据字节读入 byte 数组，off 为数组的初始偏移量（即数组的开始存放位置），返回值为读取的字节个数

注意：
（1）在 UTF8 编码格式下，回车(\r)和换行(\n)各占 1 字节。
（2）如果输入流结束，返回-1。
（3）当发生 I/O 错误时，会抛出 IOException 异常。

3.1.2 标准输出

System.out 作为 PrintStream 打印流类的对象实现标准输出，可以调用它的 print、println 或 write 方法来输出各种类型的数据。

print 和 println 的参数完全一样，都用于输出字符串，不同之处在于 println 输出后换行，而 print 不换行。

write 方法（表 3.2）用来输出字节数组，输出时不换行。

表 3.2 write 方法

返回值类型	格式	功能
void	write(byte[] b)	将 b.length 字节从指定的 byte 数组写入此输出流
void	write(byte[] buf, int off, int len)	将 byte 数组从 off 偏移量开始的 len 字节写入此输出流

下面通过两个例子来看 Java 的标准输入、输出。

示例 1：显示键盘输入字符长度。

```
import java.io.IOException;
public class Test {
  public static void main(String[] args) throws IOException {   //throws 抛出 IO 异常
        byte[] buf = new byte[100];
//建立 100 个元素的字节数组作为缓冲区，即 buf[0]...buf[99]
        int len = 0;
//读取之后的实际长度，在 UTF8 编码下，回车（\r）和换行（\n）各占 1 字节
        System.out.print("请输入：");
        len = System.in.read(buf);
//读取内容到字节数组 buf
        System.out.println("读取的实际长度:" + len);
        System.out.write(buf, 0, 4);
```

```
                                    //输出操作,从 0 开始输出 4 个
        }
    }
```

运行结果：

请输入：abcdef
读取的实际长度:8
abcd

上例中，缓冲区存储的字符如下：

| 'a' | 'b' | 'c' | 'd' | 'e' | 'f' | '\13' | '\10' | | |

示例 2：根据身高体重计算身体质量指数（BMI）。

```
import java.io.IOException;
import java.text.DecimalFormat;
public class Test {
  public static void main(String[] args) throws IOException {
//throws 抛出 I/O 异常
    byte[] buf=new byte[10];
    int len;
    double height=1,weight=0,BMI=0;
    System.out.print("请输入您的身高：");           //不换行输出
    len=System.in.read(buf);                        //读取内容到字节数组 buf
    if(len>2)height=Double.parseDouble(new String(buf)); //类型转换
    System.out.print("请输入您的体重：");           //不换行输出
    len=System.in.read(buf);                        //读取内容到字节数组 buf
    if(len>2)weight=Double.parseDouble(new String(buf)); //类型转换
    BMI=weight/(height*height);
    DecimalFormat df=new DecimalFormat("#.00");     //定义数值格式
    System.out.println("您的 BMI 是："+df.format(BMI));
  }
}
```

输入输出结果为：

请输入您的身高：1.76
请输入您的体重：72
您的 BMI 是：23.24

3.2　选择结构

选择结构的程序基于条件选择执行语句或语句块。Java 的条件控制的形式见表 3.3（以及这几种形式的嵌套）。

表 3.3　Java 的条件控制的形式

单分支选择	双分支选择	多分支选择

if(条件){
语句块
}
	if(条件){
	语句块 1
	} else {
	语句块 2
	}
		switch(表达式){
		case 常量表达式 1:
		语句块 1;break;
		case 常量表达式 2:
		语句块 2;break;
		…
		case 常量表达式 n:
		语句块 n;break;
		default:缺省语句块
		}

3.2.1　单分支选择

单分支选择（如图 3.2 所示）是如果条件成立则执行后面的语句（块），否则不执行（跳过）。

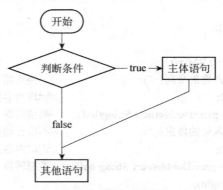

图 3.2　单分支选择

看下面的例子。
从键盘输入两个数 *a* 和 *b*，比较两个数的大小：

```
import java.util.Scanner;
public class Test {
    public static void main(String[] args) {
Scanner sc=new Scanner(System.in);                //利用扫描器对象监听键盘输入
        System.out.print("请输入 a=");
        int a=sc.nextInt();                       //等待输入并获得整数
        System.out.print("请输入 b=");
        int b=sc.nextInt();                       //等待输入并获得整数
        if(a>b){
            System.out.println("a 大于 b");
        }
        if(a<b){
            System.out.println("a 小于 b");
        }
```

```
            if(a==b){
                System.out.println("a 等于 b");
            }
        }
    }
```

结果：

```
请输入 a=345
请输入 b=678
a 小于 b
```

3.2.2 双分支选择

双分支选择（如图 3.3 所示）是一种二者选其一执行的结构，即如果条件成立，则执行语句主体 1 部分，否则执行语句主体 2 部分。

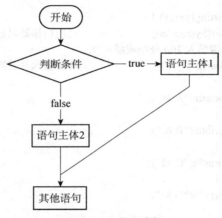

图 3.3 双分支选择

看下面的例子。

从键盘输入一个整数，判断它是奇数还是偶数：

```
import java.util.Scanner;
public class Test {
    public static void main(String[] args) {
        Scanner sc = new Scanner(System.in);        //利用扫描器对象监听键盘输入
        System.out.print("请输入 X=");
        int X = sc.nextInt();                       //等待输入并获得整数
        if (X % 2 == 0) {                           //如果除以 2 的余数为 0，则为偶数
            System.out.println("X 是偶数！");
        } else {                                    //否则为奇数
            System.out.println("X 是奇数！");
        }
    }
}
```

结果：

```
请输入 X=456
X 是偶数!
```

在简单的双分支选择中,通常会使用更简便的条件运算符(?:)。例如,上例中核心部分可以表示为:

```
System.out.println(X%2==0?"X 是偶数":"X 是奇数");
```

3.2.3 嵌套选择

嵌套选择是指选择结构中受条件控制执行的语句块内又包含另一个选择结构模块,甚至包含多层次的选择结构模块,来看下面的例子。

判断学生成绩等级,90~100 分为 A 级,80~89 分为 B 级,70~79 分为 C 级,60~69 分为 D 级,低于 60 分为 E 级。

```java
import java.util.Scanner;
public class Test {
    public static void main(String[] args) {
        Scanner sc = new Scanner(System.in);          //利用扫描器对象监听键盘输入
        System.out.print("请输入 100 分制成绩: ");
        float x = sc.nextFloat();                      //等待输入并获得浮点数
        if (x >= 90) {
            System.out.println("A 级");
        } else if (x >= 80) {
            System.out.println("B 级");
        } else if (x >= 70) {
            System.out.println("C 级");
        } else if (x >= 60) {
            System.out.println("D 级");
        } else {
            System.out.println("E 级");
        }
    }
}
```

结果:

```
请输入 100 分制成绩: 79
C 级
```

多层次的嵌套选择结构易导致逻辑关系混乱,宜采用 switch 多分支选择。

3.2.4 多分支选择

多分支选择(如图 3.4 所示)使用 switch 语句,该语句由一个控制表达式和多个 case 标签组成。switch 控制表达式,即 switch(A)格式中的 A 部分,可支持的类型有 byte、short、char、int、enum、String。

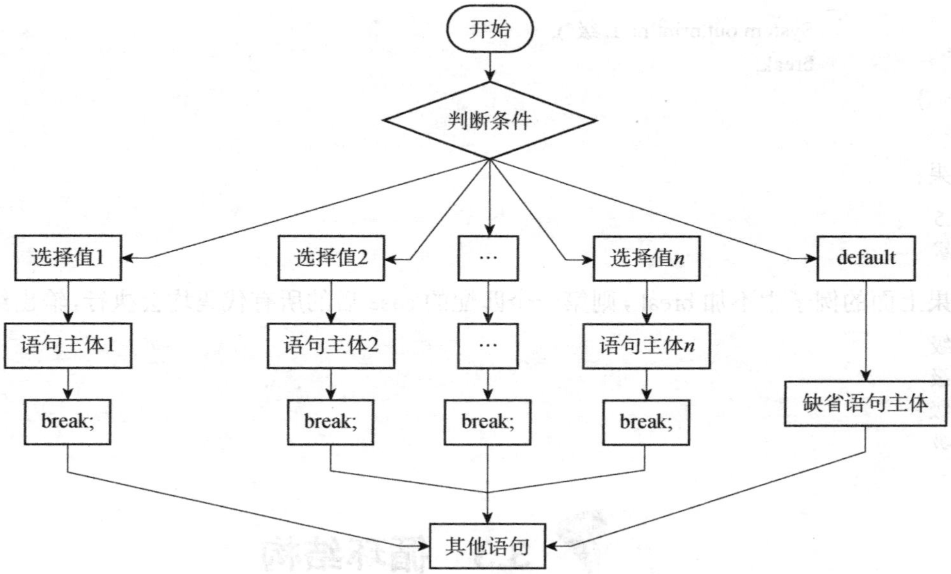

图 3.4 多分支选择

case 后跟一个常量,一旦该常量与控制表达式匹配,就会顺序执行后面的程序代码,而不管后面的 case 是否匹配,直到遇见 break,这也是通常每个独立的 case 项后面都会配上 break 的原因。

default 在当前 switch 找不到匹配的 case 时执行,不是必需的。

switch-case 语句完全可以与 if-else 语句互相转换,但通常来说,switch-case 语句执行效率要高一些。下面利用 switch 多分支选择改写上述成绩等级的例子:

```java
import java.util.Scanner;
public class Test {
    public static void main(String[] args) {
        float score;                              //声明学生分数
        Scanner sc = new Scanner(System.in);
        score = sc.nextFloat();                   //从键盘获得学生分数
        switch ((int) score / 10) {               //取整学生分数
        case 10:
        case 9:
            System.out.println("A 级");
            break;
        case 8:
            System.out.println("B 级");
            break;
        case 7:
            System.out.println("C 级");
            break;
        case 6:
            System.out.println("D 级");
            break;
        default:
```

```
            System.out.println("E 级");
            break;        }
      }
}
```
结果:

89.5
B 级

如果上面的例子中不加 break,则第一个匹配的 case 后的所有代码均会执行,输出结果为:

B 级
C 级
D 级
E 级

 ## 3.3 循环结构

顺序结构的程序语句只能被执行一次,选择结构的程序语句被选择执行,如果想要同样的程序段执行多次,就需要使用循环结构。循环结构根据判断条件的成立与否,决定程序段落的执行次数,而这个程序段称为循环主体或循环体。为控制循环的有穷性,一般会在完成一次循环后修改判断条件涉及的变量(循环控制变量),使其在一定次数后满足循环的停止条件。

Java 有三种主要的循环结构:
- while 循环
- do-while 循环
- for 循环

在 Java 5 中还引入了一种主要用于数组的增强型 for 循环。

循环结构如图 3.5 所示。

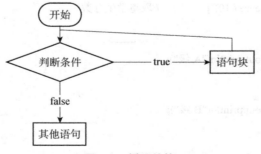

图 3.5 循环结构

3.3.1 while 循环

while 循环是最基本的循环(如图 3.6 所示),先判断条件是否成立,如果成立则进入循环，不成立则跳过循环。只要循环条件判断为 true，循环体就会一直执行下去，来看下面的例子。

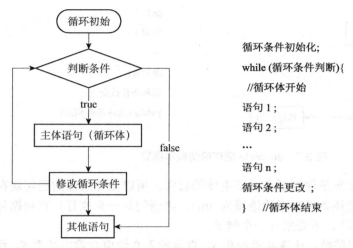

图 3.6 while 循环

计算 $S=1+2+3+\cdots+n+\cdots$，当 S 第一次大于 3000 时，n 是多少？
程序代码如下：

```
public class Test {
    public static void main(String[] args) {
        int n = 0, S = 0;              //初始化条件
        while (S <= 3000) {             //判断循环条件，循环体开始
            n++;
            S += n;                     //更改循环控制条件
        }                               //循环体结束
        System.out.println("当 S 第一次大于 3000 时，n 的值是：" + n);
    }
}
```

结果为：

当 S 第一次大于 3000 时，n 的值是：77

对于 while 语句而言，如果不满足条件，则不能进入循环，即循环主体一次也不执行。但有时候会出现这样一种情况：即使不满足条件，也至少执行一次，这时可以使用 do-while 循环。

3.3.2 do-while 循环

while 循环与 do-while 循环的最大不同之处就是进入 while 循环前，while 语句会先测试判断条件的真假，再决定是否执行循环主体，而 do-while 循环则是"先执行一次再说"，每次都是先执行一次循环主体，然后测试判断条件的真假，再决定是否继续执行循环主体。所以无论循环成立的条件是什么，使用 do-while 循环时，至少都会执行一次循环主体。do-while 循环的结构和格式如图 3.7 所示。

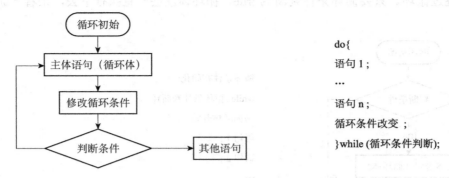

图 3.7 do-while 循环的结构和格式

从格式上可以看出，循环条件判断在循环主体的后面，所以循环主体的语句块在检测条件之前已经执行了。如果循环条件判断的结果为 true，则语句块一直执行，直到循环条件判断的结果为 false 才结束循环。下面来看一个例子。

从键盘上连续输入一组整数，计算其累加和 S，直至输入 0 结束并输出结果 S。程序代码如下：

```java
import java.util.Scanner;
public class Test {
    public static void main(String[] args) {
        Scanner sc = new Scanner(System.in);
        int n, S = 0;
        do {                            //循环体开始
            n = sc.nextInt();           //从键盘获取整数
            S += n;                     //循环体结束
        } while (n != 0);               //判断循环条件
        System.out.println("S=" + S);
    }
}
```

结果如下：

```
2
33
1
0
S=36
```

3.3.3 for 循环

对于 while 和 do-while 两种循环而言，操作时并不一定明确地知道循环的次数，因此，这两种循环适用于未知循环次数的情况。如果已经明确知道了循环次数，那么就可以使用 for 循环，其结构和格式如图 3.8 所示。

```
                    ┌─────────────────────┐
                    │ 初始化循环控制变量  │
                    └─────────────────────┘
                              │
                              ▼
                         ╱判断条件╲
              ┌─────────╲        ╱
              │          ╲      ╱
              │       true ╲  ╱  false
     继续判断 │            ▼
              │      ┌──────────┐
              │      │ 主体语句 │
              │      └──────────┘
              │            │
              │            ▼
              │      ┌────────────────┐
              └──────│修改循环控制变量│
                     └────────────────┘
                              │
                              ▼
                       ┌──────────┐
                       │ 其他语句 │
                       └──────────┘
```

for(赋值初值；判断条件；赋值增减量){
语句 1 ；
….
语句 n ；
}

图 3.8 for 循环结构和格式

循环最简单和典型的应用就是解决三类问题：累加和、累乘积和计数。我们来看几个例子。

求数列 1-1/3+1/5-1/7+…前 5000 项的和 S，输出该结果的 4 倍（即 4*S）。这是一个数列求和的例子，解决这种问题的思路通常是先设和 $S=0$，用 for 循环控制指定循环次数，循环主体语句为"和=和+通项公式"，循环结束后输出结果。

本例数列的通项公式为：

$$a_n = \frac{(-1)^{n-1}}{2*n-1}$$

对应的 Java 表达式为 Math.pow(-1, n-1)/(2*n-1)，完整程序代码如下：

```java
public class Test {
    public static void main(String[] args) {
        double S = 0;                              //1.先设和为 0
        for (int n = 1; n <= 5000; n++) {          //2.确定循环次数
        S = S + Math.pow(-1, n - 1) / (2 * n - 1); //3.和=和+通项公式
        }
        System.out.println("4*S="+4*S);            //4.输出结果
    }
}
```

输出结果：

S=3.141392653591791

本例中的结果即圆周率的近似值，随着循环次数的增加（如 50000 次），这个值将更精确地逼近圆周率。

对于累乘积，与累加和类似，只需要把初始结果 S 设为 1，循环主体中将加号改为乘号即可。例如，计算 10！（10 的阶乘），示例代码如下：

```java
public class Test {
    public static void main(String[] args) {
        long S = 1;                         //1.先设积为 1
        for (int n = 1; n <= 10; n++) {     //2.确定循环次数
```

```
            S = S * n;                     //3.积=积*通项公式
        }
        System.out.println("S="+S);        //4.输出结果
    }
}
```

输出结果：

S=3628800

对于计数操作，通常是在程序段（通常是循环主体）中加入 n=n+1，用于跟踪程序段执行次数。例如，判断以下循环体部分执行次数：

```
public class Test {
    public static void main(String[] args) {
        double s = 0;
        int i = 1;
        int n = 0;                         //初始化计数器 n
        while (s < 6) {                    //循环体开始
            s = s + 1.0 / i;
            i++;
            n = n + 1;                     //每执行一次 n+1
        }                                  //循环体结束
        System.out.println("循环体执行次数为： "+n);
    }
}
```

输出结果：

循环体执行次数为：227

3.3.4 Java 增强型 for 循环

Java 5 引入了一种主要用于数组的增强型 for 循环。其格式如下：

```
for(声明语句：表达式)
{
    //代码句子
}
```

声明语句：声明新的局部变量，该变量的类型必须和数组元素的类型匹配，其作用域限定在循环语句块内，其值与当次数组元素的值相等。表达式：要访问的数组名，或者是返回值为数组的方法。下面来看一个例子。

```
public class Test {
    public static void main(String[] args) {
        //声明并初始化一个字符串数组
        String[] names={"夜华","白浅","墨渊","折颜"};
        for(String name:names){
```

```
            System.out.print(name+"\t");
        }
    }
}
```

输出结果：

夜华 白浅 墨渊 折颜

3.3.5 嵌套的循环结构

和嵌套的选择结构类似，Java 程序中也存在嵌套的循环结构，即循环结构的循环主体内又包含另一个循环结构模块（内循环），甚至包含多层次的循环结构模块，来看下面的例子。

利用双重循环输出数字矩阵，一般用外层循环控制输出的行数，用内层循环控制每行输出的列数，例如，用程序输出九九乘法表的示例代码如下：

```
public class Test {
    public static void main(String[] args) {
        // 使用 for 循环打印 99 乘法表
        for(int i=1;i<=9;i++){              //外循环,9 行
            for(int j=1;j<=i;j++){          //内循环,每行 i 列
                System.out.print(j+"*"+i+"="+(j*i)+"\t");
            }
            System.out.println();           //内循环结束后换行
        }
    }
}
```

输出结果：

```
1*1=1
1*2=2   2*2=4
1*3=3   2*3=6   3*3=9
1*4=4   2*4=8   3*4=12  4*4=16
1*5=5   2*5=10  3*5=15  4*5=20  5*5=25
1*6=6   2*6=12  3*6=18  4*6=24  5*6=30  6*6=36
1*7=7   2*7=14  3*7=21  4*7=28  5*7=35  6*7=42  7*7=49
1*8=8   2*8=16  3*8=24  4*8=32  5*8=40  6*8=48  7*8=56  8*8=64
1*9=9   2*9=18  3*9=27  4*9=36  5*9=45  6*9=54  7*9=63  8*9=72  9*9=81
```

再如：有 1 元、2 元、5 元的硬币共 10 枚，要刚好凑够 25 元，且每种硬币至少有 1 枚，如何组合。这是非常典型的利用循环穷举求解问题的方法，即将所有可能的组合求出来，判断是否满足要求。示例代码如下：

```
public class Test {
    public static void main(String[] args) {
        int a,b,c;                          //a,b,c 分别代表 1 元、2 元、5 元的硬币枚数
        for (a = 1; a <= 8; a++) {
            for (b = 1; b <= 8; b++) {
```

```
                    c = 10 - a - b;
                    if (c > 0 && a * 1 + b * 2 + c * 5 == 25) {
                        System.out.println("a="+a + ",b=" + b + ",c=" + c);
                    }
                }
            }
        }
    }
}
```

输出结果：

a=1,b=7,c=2
a=4,b=3,c=3

3.3.6 break、continue 和 return 语句

在使用循环结构编写程序时，有时会需要根据某个条件变动正常的循环控制流程，此时可以借助 break、continue 和 return 语句。

break 语句可以强迫程序中断循环，当程序执行到 break 语句时，即会离开循环，继续执行循环外的下一个语句。如果 break 语句出现在嵌套循环中的内层循环，则 break 语句只会跳出当前层的循环。

continue 语句可以强迫程序跳到循环的起始处，当程序运行到 continue 语句时，即会停止运行剩余的循环主体，而回到循环的开始处继续运行。

下面用 break 和 continue 语句举个例子。定义一个 10 个元素的整型数组，从键盘赋值，当输入 0 时，终止赋值；再累加数组中非负元素的和并输出。

代码如下：

```
import java.util.Scanner;
public class Test {
    public static void main(String[] args) {
        int n,s=0;
        Scanner sc=new Scanner(System.in);      //新建输入设备（键盘）扫描对象
        int[] a=new int[10];
        for(int i=0;i<10;i++){
            n=sc.nextInt();                     //从键盘输入整数（以回车键确认）并存放到变量 n 中
            if(n==0) break;
            a[i]=n;
        }
        //以上用 10 次循环来给数组元素赋值，事实上不一定循环 10 次，当输入 0 时退出循环
        //输出数组元素
        for(int b:a){System.out.print(b+" ");}
        //以下累计数组中非负元素的和，当元素值为负数时，continue 语句会提前结束当次循环，
        //而从头进入下一次循环
        for(int i=0;i<10;i++){
            if(a[i]<0) continue;
            s+=a[i];
        }
        System.out.println();
```

```
            System.out.println("s="+s);
        }
    }
```

结果显示如下:

```
3
-5
8
-2
3
4
0
3 -5 8 -2 3 4 0 0 0 0
s=18
```

return 语句结束当前方法的执行并退出，或者返回到调用该方法的语句处。

下面再将上述例子做一个扩展，通过嵌套的循环来说明这三个语句的功能。

假定有 10 个元素的整型数组，每个元素用来累计一组非负整数的和，该组整数都由键盘输入，输入 0 代表当前组累计结束，输入-1 代表所有输入结束，输出结果。代码如下：

```java
import java.util.Scanner;
public class Test {
    public static void main(String[] args) {
        int n;
//声明 10 个元素的整型数组
        int[] arr = new int[10];
//建立键盘扫描器
        Scanner sc = new Scanner(System.in);
        for (int i = 0; i < 10; i++) {         //为 10 个元素循环 10 次
            while (true) {                      //设定一个死循环
                System.out.print("正在累计第" + i + "组元素的结果,请输入整数：");
                n = sc.nextInt();
//如果输入 0，则数组当前元素的累加结束，while 循环结束，进入外层循环 for 的下一个循环，
//即下一个元素的累加开始
                if (n == 0){
                    System.out.println("第" + i + "组元素累计结束。");
                    break;
                }
//如果输入-1，则输出数组所有元素的值，并用 return 语句结束整个程序
                if (n == -1) {
                    for (int j=0;j<10;j++) {
                        System.out.println("arr["+j+"]="+arr[j]);
                    }
                    return;
                }
// 如果输入的是其他负数，则不累加，回到 while 开始处继续循环
                if (n < 0)
                    continue;
```

```
                    arr[i] += n;
                }
            }
        }
    }
}
```

显示结果:

```
正在累计第 0 组元素的结果,请输入整数: 5
正在累计第 0 组元素的结果,请输入整数: 7
正在累计第 0 组元素的结果,请输入整数: 0
第 0 组元素累计结束。
正在累计第 1 组元素的结果,请输入整数: 4
正在累计第 1 组元素的结果,请输入整数: 3
正在累计第 1 组元素的结果,请输入整数: -9
正在累计第 1 组元素的结果,请输入整数: 0
第 1 组元素累计结束。
正在累计第 2 组元素的结果,请输入整数: 3
正在累计第 2 组元素的结果,请输入整数: 5
正在累计第 2 组元素的结果,请输入整数: 0
第 2 组元素累计结束。
正在累计第 3 组元素的结果,请输入整数: -1
arr[0]=12
arr[1]=7
arr[2]=8
arr[3]=0
arr[4]=0
arr[5]=0
arr[6]=0
arr[7]=0
arr[8]=0
arr[9]=0
```

3.4 Java 的异常处理

在程序的运行过程中,经常会出现各种不期而至的状况,如文件找不到、网络连接失败、非法参数等,这些状况称为异常。异常是一个事件,它发生在程序运行期间,干扰了正常的指令流程。Java 通过 API 中 Throwable 类的众多子类描述各种异常,即 Java 出现的异常都是对象,是 Throwable 子类的实例,描述了出现在一段编码中的错误条件,当条件生成时,错误将引发异常。Throwable 有两个重要的子类:Exception(异常)和 Error(错误),各自都包含大量子类。

Exception(异常)和 Error(错误)的区别在于,异常能被程序本身处理,而错误是无法处理的。通常,Java 的异常包括运行异常(RuntimeException)和非运行异常(编译异常),在程序中应当尽可能处理这些异常。

运行异常都是 RuntimeException 类及其子类异常,如 NullPointerException(空指针异常)、

IndexOutOfBoundsException（下标越界异常）等，这些异常一般是由程序逻辑错误引起的，程序应该从逻辑角度尽可能避免这类异常的发生。运行异常的特点是 Java 编译器不会检查它，也就是说，如果程序中有这类异常，即使没有用 try-catch 语句捕获它，也没有用 throws 子句声明抛出它，也会编译通过。因此，这些异常属于"不检查异常"，程序中可以选择捕获处理，也可以不处理。来看下面的代码段：

```
int[] T=new int[10];
for(int i=0;i<=10;i++){
    T[i]=i*i;
}
```

声明了 10 个元素 T[0]至 T[9]，程序运行到 i=10 时，出现了 T[10]，下标 10 已经越过了数组 T 的最大下标 9，则会产生一个运行异常 ArrayIndexOutOfBoundsException。

非运行异常（编译异常）是 RuntimeException 以外的异常，类型上都属于 Exception 类及其子类。从程序语法角度讲是必须进行处理的"可查异常"，如果不处理，程序就不能编译通过。如 IOException、SQLException 等。来看下面的代码：

```
public class Test {
    public static void main(String[] args) {
        int len = System.in.read();
    }
}
```

上述代码中的系统对象 System.in 在调用 read()方法时，可能产生输入输出异常 IOException，必须采取相应的机制处理异常，否则无法通过编译。

Java 处理异常的流程如下。

当一个方法出现错误引发异常时，方法创建异常对象并交付运行系统，异常对象中包含了异常类型和异常出现时的程序状态等异常信息。运行系统负责寻找处置异常的代码并执行。

在方法抛出异常之后，运行系统将转为寻找合适的异常处理器（Exception Handler）。潜在的异常处理器是异常发生时依次存留在调用栈中的方法的集合。当异常处理器所能处理的异常类型与方法抛出的异常类型相符时，它就是合适的异常处理器。运行系统从发生异常的方法开始，依次回查调用栈中的方法，直至找到含有合适异常处理器的方法并执行。若运行系统遍历调用栈而未找到合适的异常处理器，则运行系统终止，同时意味着 Java 程序的终止。

一个方法所能捕捉的异常，一定是 Java 代码在某处所抛出的异常。简单地说，异常总是先被抛出，后被捕获的。

在 Java 应用程序中，异常处理机制包括抛出异常和捕获异常。

3.4.1　throws 抛出异常

对于所有的可查异常，Java 规定：一个方法必须捕捉或声明抛出。也就是说，当一个方法选择不捕捉可查异常时，它必须声明将抛出异常。Java 中，使用 throws 语句抛出异常，其格式为：

```
方法声明() throws Exception1,Exception2,..,ExceptionN{
    //可能发生异常的方法代码
```

方法声明后的 throws Exception1,Exception2,...,ExceptionN 为声明要抛出的异常列表。当方法抛出异常列表中的异常时，方法将不对这些类型及其子类类型的异常进行处理，或者抛给调用该方法的主程序去处理。

例如，上述 System.in.read()的异常处理，如果采用 throws 抛出异常的处理机制，代码如下：

```java
import java.io.IOException;
public class Test {
    public static void main(String[] args) throws IOException {
        int len = System.in.read();
    }
}
```

代码中，在方法的声明部分加入了 throws IOException，表示方法的代码一旦出现 IOException 异常，将终止方法的执行。如果该方法是被调用的，则退回到调用该方法的主程序并抛出这个异常待主程序处理。

3.4.2 try、catch 和 finally 捕获异常

在 Java 中，异常更多通过 try、catch 和 finally 语句捕获。其一般语法形式为：

```
try {
    // 可能会发生异常的程序代码
} catch (Type1 id1) {
    // 捕获并处置 try 抛出的异常类型 Type1
} catch (Type2 id2) {
    // 捕获并处置 try 抛出的异常类型 Type2
}
finally{
    // 无论是否发生异常，都将执行的语句块
}
```

其规则如下：

try 块：用于捕获异常，其后的一对大括号将一段可能发生异常的代码括起来，称为监控区域。如果监控区域的代码在运行过程中出现异常，则创建异常对象，将异常抛出监控区域之外，由 Java 运行系统试图寻找其后匹配的 catch 子句以捕获异常。若有匹配的 catch 子句，则运行其异常处理代码，try-catch 语句结束。

匹配的原则：如果抛出的异常对象属于 catch 子句的异常类，或者属于该异常类的子类，则认为生成的异常对象与 catch 块捕获的异常类型相匹配。

catch 块：用于捕获 try 产生的异常。可有多个 catch 块，如果没有 catch 块，则必须跟一个 finally 块。

finally 块：无论是否捕获或处理异常，finally 块里的语句都会被执行，这里一般进行一些资源回收的工作。当在 try 块或 catch 块中遇到 return 语句时，finally 语句块将在方法返回之前被执行。在以下 4 种特殊情况下，finally 块不会被执行：

（1）在 finally 语句块中发生了异常。

（2）在前面的代码中用了 System.exit()退出程序。
（3）程序所在的线程死亡。
（4）关闭 CPU。

下面来看一个例子。

```java
import java.util.InputMismatchException;
import java.util.Scanner;
public class T2 {
    public static void main(String[] args) {
        Scanner sc = new Scanner(System.in);
        int a = 10, b;
        try {                                                           //监控区域
            System.out.print("请输入除数 b=");
            b = sc.nextInt();
            System.out.println("a/b 的值是： " + a / b);
            System.out.println("程序正常结束。");
        } catch (ArithmeticException e) {                               //捕获除数为 0 的异常
            System.out.println("程序出现异常，变量 b 不能为 0。");
        } catch (InputMismatchException e) {                            //捕获输入格式异常
            System.out.println("程序出现异常，数据输入格式不对。");
        } finally {
            System.out.println("无论是否异常都执行的部分。");
        }
    }
}
```

在运行中若出现"除数为 0"错误，将引发 ArithmeticException 异常，或者输入不为整数，将引发 InputMismatchException 异常，运行系统创建相对应的异常对象并抛出监控区域，转而匹配合适的异常处理器 catch，并执行相应的异常处理代码。本例根据输入的不同，可能出现以下三种结果：

```
请输入除数 b=2
a/b 的值是：5
程序正常结束。
无论是否异常都执行的部分。
请输入除数 b=0
程序出现异常，变量 b 不能为 0。
无论是否异常都执行的部分。
请输入除数 b=abc
程序出现异常，数据输入格式不对。
无论是否异常都执行的部分。
```

需要注意的是，一旦某个 catch 捕获到匹配的异常类型，将进入异常处理代码。一经处理结束，就意味着整个 try-catch 语句结束，其他的 catch 子句不再有匹配和捕获异常类型的机会。因此，对于有多个 catch 子句的异常程序而言，应该尽量将捕获底层异常的 catch 子句放在前面，同时尽量将捕获相对高层的异常的 catch 子句放在后面。否则，捕获底层异常的 catch 子句可能会被屏蔽。

例如，IOException 类是 Exception 类的子类，则应该把捕获 IOException 类型异常的 catch

块放在捕获 Exception 类型异常的 catch 块前面。

再如，RuntimeException 异常类包括运行时各种常见的异常，ArithmeticException 类和 ArrayIndexOutOfBoundsException 类都是它的子类。因此，RuntimeException 异常类的 catch 块应该放在最后面，否则可能会屏蔽其后的特定异常处理或引起编译错误。

在程序的调试过程中，有时需要人为地抛出异常，这时可以使用 throw 语句，如 throw new IOException。

throw 总是出现在函数体中，用来抛出一个 Throwable 类型的异常。程序会在 throw 语句后立即终止，它后面的语句执行不到，然后在包含它的所有 try 块中（可能在上层调用函数中）从里向外寻找含有与其匹配的 catch 块。

同样，也可以自定义异常类（继承自 Java 系统的异常类）。

3.4.3 Java 中的常见异常

1. RuntimeException 子类

（1）ArrayIndexOutOfBoundsException：数组索引越界异常，当对数组的索引值为负数或大于等于数组大小时抛出。

（2）ArithmeticException：算术条件异常，如整数除零等。

（3）NullPointerException：空指针异常，当应用试图在要求使用对象的地方使用了 null 时，抛出该异常。

（4）ClassNotFoundException：找不到类异常，当应用试图根据字符串形式的类名构造类，而在遍历 CLASSPATH 之后找不到对应名称的 class 文件时，抛出该异常。

（5）NegativeArraySizeException：数组长度为负抛出的异常。

（6）ArrayStoreException：数组中包含不兼容的值抛出的异常。

（7）SecurityException：安全性异常。

（8）IllegalArgumentException：非法参数抛出的异常。

2. IOException

（1）IOException：操作输入流和输出流时可能出现的异常。

（2）EOFException：文件已结束异常。

（3）FileNotFoundException：文件未找到异常。

3. 其他

（1）ClassCastException：类型转换抛出的异常。

（2）ArrayStoreException：数组中包含不兼容的值抛出的异常。

（3）SQLException：操作数据库抛出的异常。

（4）NoSuchFieldException：字段未找到抛出的异常。

（5）NoSuchMethodException：方法未找到抛出的异常。

（6）NumberFormatException：字符串转换为数字抛出的异常。

（7）StringIndexOutOfBoundsException：字符串索引超出范围抛出的异常。

（8）IllegalAccessException：不允许访问某类抛出的异常。

第 4 章 面向对象程序设计思想

如前所述，对象是指类的实例，程序中将它作为基本单元，将数据及数据的处理和访问逻辑封装在其中，以提高软件的重用性、灵活性和可扩展性。面向对象程序设计（Object-oriented Programming，OOP）是一种程序开发的方法，同时也是一种程序设计的思想，它可以把程序看成包含各种独立而又可以互相调用的对象的集合，这与传统的编程思想不同：传统的程序设计主张将程序看成一系列函数的集合，或者对计算机下达的一系列操作指令，而面向对象程序设计中的每个对象都应该能够接收数据、处理数据并将数据传达给其他对象，因此它们都可以被看成一个小型的"机器"。

对象的定义体现在其所归属的类中，一般包括属性和方法两部分。

 ## 4.1 类的定义

Java 的类是一种抽象的概念，是具备共同属性（变量）和功能（方法）的实体（对象）的集合，它就像"模具"，本身不是产品，却可用来生产产品，并规定了产品的特征和功能。因此，一个类包括表征属性的变量部分和定义功能的方法部分。类定义的一般格式如下：

```
[修饰符] class 类名 [extends 父类][ implements 接口]{
[修饰符] 变量类型 变量名；
[修饰符] 变量类型 变量名=初始值；
[修饰符] 返回值类型 方法名(参数 1,参数 2……){ }
}
```

接下来我们以"人"类为例，分析类定义中的各组成部分。"人"类的属性有姓名、年龄、体重等，功能有走路、睡觉、说话等，定义如下：

```
public class Person {
String name;              //实例变量，姓名
int age;                  //实例变量，年龄
private double weight;    //实例变量，体重
static int n;
//n 为类变量，该类产生的所有对象共享的变量（此处用作表征由该类生成的对象个数）
//------------以上为变量部分，以下为方法部分--------------
void walk(){              //实例方法
    test();
```

```java
}
void sleep(){}                    //实例方法
void say(){                       //实例方法
    String name="ABC";            //局部变量,在类的方法体内声明
    System.out.println(age+"岁的"+this.name+"会说"+name+"。");
//注意区分此句两个 name 的不同（见 4.1.2 节）
}
public Person() {                 //构造方法,与类名同名,用 new 新建对象时执行
 super();
 n++;
}
static int getCount(){return n;}  //类方法,直接用"类名.方法名"调用
private void test(){System.out.println("*******"+name+"在行走********");}
}
```

通过一个测试类可验证以上定义的 Person 类：

```java
public class Test {
    public static void main(String[] args) {
        Person p1=new Person();
        //用 Person 类生成一个具体对象实例 p1,同时会执行构造方法
        p1.name="李小明";
        //给对象的实例变量 name 赋值
        p1.age=19;
        //给对象的实例变量 age 赋值
        //p1.weight=55.8;
        //注释掉,因 Person 类中 weight 加了 private 修饰符,无法直接访问 weight 变量
        p1.say();
        //通过对象调用实例方法
        Person p2=new Person();
        p2.name="张小花";
        p2.age=18;
        //p2.weight=45.7;
        p2.say();
        System.out.println("目前人数: "+Person.getCount()+"。");
        //用"类名.类方法"名调用 static 修饰的类方法
    }
}
```

输出结果：

19 岁的李小明会说 ABC。
18 岁的张小花会说 ABC。
目前人数：2。

上述例子中使用到的面向对象程序设计知识，将在下面的几个小节中详细阐述。

4.1.1 修饰符

Java 的修饰符用于设定被修饰对象的访问权限或规则。根据修饰对象的不同，Java 修饰

符可以分为类修饰符、成员变量修饰符、方法修饰符。

1. 类修饰符

public（访问控制符），将一个类声明为公共类，它可以被任何类访问，一个 Java 文件的主类必须是公共类。

abstract，将一个类声明为抽象类，抽象类可以包含抽象方法（即没有被实现，没有方法体），不能被实例化，只能衍生子类，由子类实现方法（完成方法部分）。

final，将一个类声明为最终类（即非继承类），表示它不能被其他类继承。

friendly，默认的修饰符，只有相同包中的对象才能使用这样的类。

2. 成员变量修饰符

public（公共访问控制符），指定变量为公共变量，它可以被任何对象的方法访问。

private（私有访问控制符），指定变量只允许本类的方法访问，其他任何类（包括子类）中的方法均不能访问。

protected（保护访问控制符），指定变量可以被本类和子类访问，在子类中可以覆盖此变量。

friendly（默认的修饰符），同一个包中的类可以访问，其他包中的类不能访问。

final（最终修饰符），指定变量的值不能变，相当于符号常量。

static（静态修饰符），指定变量被该类生成的所有对象共享，即所有实例都可以使用该变量，变量属于这个类，而不单属于某一个对象。为区别开，对象中除了类变量以外的变量称为实例变量，即每个对象都拥有各自独立的实例变量。

transient（过度修饰符），指定变量是系统保留变量，即暂无特别作用的临时性变量。

volatile（易失修饰符），指定变量可以同时被几个线程控制和修改。

3. 方法修饰符

public（公共控制符），指定方法为公共的，它可以被任何对象的方法访问。

private（私有控制符），指定方法只能由本类的方法访问，其他类不能访问（包括子类）。

protected（保护访问控制符），指定方法可以被本类和子类访问。

final，指定方法不能被重载。

synchronize（同步修饰符），在多个线程中，该修饰符用于在运行前对它所属的方法加锁，以防止其他线程访问，运行结束后解锁。

native（本地修饰符），指定方法的方法体是用其他语言在程序外部编写的。

static 和变量修饰符一样，方法分为实例方法和类方法，并用有无 static 修饰区别，使用 static 关键字说明的方法是类方法，否则为实例方法。

下面结合 Person 类的定义，举例说明上述修饰符的运用。

4.1.2 成员变量与局部变量

一个类的成员变量必须在类体中声明，而不能在方法体中声明，方法（或语句块）中声明的是局部变量。成员变量的作用域是定义它的整个类，而局部变量的作用域从定义它的位置起，到方法块（或语句块）结束为止。

例如，Person 类中的第一个 name 属性是成员变量，作用范围是整个类，而 say 方法中定义的 name 是局部变量，作用范围仅在该方法内。当方法中的局部变量名与成员变量名同名时，该变量名默认代表局部变量，如果要用成员变量，可用"this.变量名"的方式引用，如 this.name，代表类的成员变量。来看下面的例子：

```java
public class MyClass {
    private int a = 2, b = 3, c = 4;    //a,b,c 均声明为 MyClass 类的成员变量
    public void f1() {
        int a = 5, c = 10;              //此处声明 a 和 c 是方法 f1 的内部变量，与上述 MyClass 类的成
                                        //员变量 a 和 c 无关
        a = a * a;                      //此处的 a 指内部变量 a
        b = b * b;                      //b 没有在 f1 内部声明，故还是 MyClass 类的成员变量
        this.c = c * c;                 //this.c 代表成员变量 c，c*c 中的 c 是内部变量
    }
    public void show() {                //输出成员变量 a,b,c
        System.out.println("a=" + a);
        System.out.println("b=" + b);
        System.out.println("c=" + c);
    }
    public static void main(String[] args) {
        MyClass mc=new MyClass();
        mc.f1();
        mc.show();
    }
}
```

输出结果：

```
a=2
b=9
c=100
```

成员变量有默认的初始值，如数值型变量的默认值是 0，布尔型变量的默认值是 false，引用类型变量的默认值是 null，而局部变量没有默认值，所以局部变量被声明后，必须经过初始化才可以使用。来看下面的例子：

```java
public class Test4 {
  int a;
    void getA(){
        int b;
        a=a+10;         //此句编译通过，a 是实例变量，初始值为 0
        b=b+10;         //此句编译出错，局部变量 b 没有被初始化
        System.out.println("a="+a);
        System.out.println("b="+b);
    }
}
```

例子中因局部变量 b 未被初始化，Java 编译出错。

成员变量前可以使用访问修饰符，对于类中的方法、构造方法或语句块是可见的，一般情况下应该把成员变量设为私有的，通过使用访问修饰符可以使成员变量对子类可见。而局

部变量则不能像成员变量一样加访问控制修饰符。

4.1.3 实例变量与静态变量

类的成员变量可以分为实例变量和静态变量。

实例变量是不用 static 修饰的成员变量,伴随类的实例存在,同一个类建立的每个实例都拥有各自独立的实例变量,互不影响。

静态变量也叫类变量,用 static 修饰,不管类创建了多少实例,系统仅在第一次调用类的时候为类变量分配内存,所有实例对象共享该类的类变量。

上述 Person 类的定义中,static int n 声明的变量 n 即类变量,其不管该类生成多少对象,n 是所有对象共享的。用以下程序代码测试说明:

```
public class Test1 {
    public static void main(String[] args) {
        Person p1=new Person();
        Person p2=new Person();
        p1.age=20;p1.n=10;
        p2.age=40;p2.n=30;
        System.out.println("p1:n="+p1.n+" age="+p1.age);
        System.out.println("p2:n="+p2.n+" age="+p2.age);
    }
}
```

输出结果为:

```
p1:n=30 age=20
p2:n=30 age=40
```

例子中,没有 static 修饰的 age 是实例变量,p1 和 p2 都是 Person 的实例,都有自己的 age 变量,互不影响;而 n 是类变量,是实例 p1 和 p2 共有的同一个(仅此一个)n,因此,p2 修改 n 时也是在修改 p1 的 n。

可以通过类本身或某个对象来访问类变量。例如,Person 类中的静态变量 n,既可以通过 Person.n 访问,也可以通过 Person 创建的对象 p1 以 p1.n 的方式来访问。

为了对类的使用者可见,大多数静态变量声明为 public 类型。关于静态变量值的初始化,Java 中还提供了一种称为"静态初始化器"的机制,在类被装入内存后执行一次(仅一次),用于初始化类中的静态变量,其格式为:static{<赋值语句组>}。例如,Person 类中若静态变量 n 不从 0 而从 10 开始计算生成的实例个数,可以加入以下代码段:

```
static{
    n=10;
    //其他需要类装载时执行的代码
}
```

4.1.4 静态方法与实例方法

静态方法也称类方法,使用 static 关键字修饰的方法是类方法,如 Person 类中的 static int

getCount()方法。第一次调用含类方法的类时，系统只为该类方法创建一个版本，这个版本被该类和该类的所有实例共享。

类方法只能访问类变量（如 Person 类中的 getCount 方法访问 n），不能访问实例变量。类方法可以在类中被调用，不必创建实例来调用，当然也可以通过对象来调用（与类变量一样）。例如，在测试类 Test 中通过"类名.类方法"方式调用的 Person.getCount()，直接通过类名调用，而无须创建实例对象。

而实例方法必须通过实例才能调用，比如：测试类 Test 中的 p1.say()，因为 say()方法是一个实例方法，所以只能通过 Person 类的实例 p1 来调用。

实例方法可以对当前对象的实例变量进行操作，而且也可以访问类变量。

实例方法和类方法都可以有返回值，在方法声明中标示返回值类型，如 int getCount(){ } 代表返回值为整数。若无返回类型，则声明为 void，如 void say(){ }。

4.1.5 构造方法

当出于安全考虑，将成员变量声明为 private 时，该变量仅能在本类中使用，不能被别的类（包括子类）使用，例如，Person 类中的 weight 成员变量，在测试类中无法用 p1.weight 访问，而没有用 private 修饰的 name 成员变量，则可以使用 p1.name 的方式来访问（赋值或取值）。

同样，成员方法有时也会因为安全或模块独立等原因被设置为 private，例如，Person 类中的成员方法 test()，只能在本类方法中访问，如同属 Person 类中的 walk()方法调用了它，而在测试类 Test 中无法通过 p1.test()来调用。

如何才能实现对被设置为私有的（private）成员方法或变量的访问呢？

一般来说，被设置为私有的成员方法不直接对外开放访问，而是通过允许被外部访问的方法来调用，例如，Person 类中的 test()方法虽然是私有的，但可以通过对外开放的 walk()方法来调用，代码如下：

```
public class Test2 {
    public static void main(String[] args) {
        Person p1=new Person();
        p1.name="刘翔";
        p1.walk();
    }
}
```

输出结果：

*******刘翔在行走*******

由此可见，通过 walk()访问 test()，这样既可以在 walk()中做一些安全过滤或必要性判断的操作后再调用 test()，又保证了程序各功能模块相对独立，遵循了软件工程中"高内聚低耦合"的设计原则。

对于类的私有成员变量，可以通过构造方法赋值，事实上，构造方法可以给类的所有实例变量赋值。

构造方法是与类同名的特殊方法，当用类新建对象开辟内存空间时自动执行（不能像普通成员方法一样用对象显式的调用方式），用于初始化新建的对象。Person 类中的 Person()方法就是该类的构造方法，当程序用 new Person() 新建对象时，就会自动执行这个方法内的代码。利用这个机制，可以使用带参数的构造方法来初始化实例变量。例如，在 MyEclipse 的类代码编辑窗口中右击，并选择 Source→Generate Constructor using Fields 选项，可以打开构造方法的设置对话框（如图 4.1 所示）。

图 4.1　打开构造方法的设置对话框

选择需要初始化的实例变量，将根据需要自动生成相应的构造方法，代码如下：

```
public Person(String name, int age, double weight) {
    super();
    this.name = name;
    this.age = age;
    this.weight = weight;
}
```

这个构造方法的参数列表中有三个参数，方法体内的 super()代表调用父类的构造方法，接下来的 this.name=name 表示来自参数列表的 name 值赋值给本对象（this 代表本对象）的成员变量 name。

一个类中可以有多个构造方法，名字都与类名相同，但是参数必须有区别，这种区别可以是类型不同、顺序不同、个数不同。在用 new 建立对象实例时，Java 会自动寻找匹配的构造方法，这叫作方法的重载。

Java 类中默认隐式声明了不带参数的构造方法，但是，一旦显示声明了构造方法，则默认的无参构造方法将消失，此时若使用 new 新建实例对象，必须有对应的构造方法，否则将编译出错。

例如，Person 类中增加了上述三个参数的构造方法后，若在测试类中使用 new Person("王小二",17,60.5)新建对象，则会自动执行这个新增的三个参数构造方法；若使用无参数的 new Person()，则执行无参数的 Person()构造方法；若使用 new Person("王小二")来新建对象，则会编译出错，因为 Person 类中找不到 Person(String name)这样的构造方法（可以增加）。

需要注意的是，上述无参数的构造方法中有 n=n+1 的操作，而在三个参数的构造方法中没有。因此，下列程序段：

```
public class Test3 {
```

```
public static void main(String[] args) {
    Person p1=new Person();
    Person p2=new Person();
    Person p3=new Person("王小二",17,60.5);
    System.out.println("当前人数： "+Person.getCount());
}
```

输出结果：

当前人数：2

新建了 3 个对象，却输出 2，因为建立第 3 个对象 p3 使用的 3 个参数构造方法中没有 n=n+1 的累计操作。为了在 3 个参数构造方法中也能实现这个操作，可以用 this()来调用无参数的构造方法，此时 3 个参数的构造方法的代码如下：

```
public Person(String name, int age, double weight) {
    this();         //代表调用本类无参数的构造方法
    this.name = name;
    this.age = age;
    this.weight = weight;
}
```

修改后的输出结果为：

当前人数：3

开发者可以根据需要，在构造方法中加入需要对类的实例进行初始化的其他自定义代码。与类的静态初始化器不同，构造方法是对类的实例初始化，仅在使用 new 新建对象实例时执行，而类的静态初始化器是对类的静态变量初始化，不依赖于具体的实例，在类装入内存时执行。

4.1.6 Getters 与 Setters 方法

访问被声明为私有（private）的成员变量，除了可以通过构造方法为其赋值外，还可以通过另一种特殊的方法，不仅可以赋值，还可以读取成员变量的值，这就是 Getters 和 Setters 方法。

Person 类中的 weight 变量是一个私有成员变量，在测试类 Test 中无法通过 p1.weight 这样的方式访问它。但是通过 Getters 和 Setters 方法，可以分别对它取值和赋值。

在 MyEclipse 中，右击类代码窗口，并选择 Source→Generate Getters and Setters 选项，可以打开 Getters 和 Setters 方法的设置对话框，如图 4.2 所示。

勾选需要通过 Getters 和 Setters 访问的实例变量，将根据需要自动生成相应的 Getters 和 Setters 方法，代码如下：

```
public double getWeight() {
    return weight;
}
public void setWeight(double weight) {
    this.weight = weight;
}
```

图 4.2 打开 Getters 和 Setters 方法的设置对话框

有了这两个方法，就可以访问私有变量了，代码如下：

```
Person p1=new Person();
p1.setWeight(66.3);                //赋值
System.out.println(p1.getWeight());    //取值
```

从代码中可以看出，Getters 和 Setters 的实质是通过公共方法访问私有变量的，以一种代理的机制来确保数据安全，在这些方法中，还可以根据业务需求加入其他安全性判断或过滤的代码。

4.2 继承与抽象类

4.2.1 继承与覆盖

继承是 Java 中代码复用和提高代码可维护性的重要思想和方法，它表达的是类和类之间"is-a"的归属关系，这种关系在现实中有很多例子，比如：学生类属于人类、大学类属于学校类、矩形类属于图形类等。我们可以把共性的结构和行为放到父类中，子类可以通过继承复用父类中的代码，并且根据需要扩展自己的代码。在 Java 中，使用 extends 关键字表示继承关系。来看一个具体的例子：

```
class Graphic{
    String name;
    public Graphic() {              //无参构造方法
        super();
    }
    public Graphic(String name) {   //有参构造方法
        super();
        this.name = name;
    }
}
```

```java
        void showMe(){ //成员方法
            System.out.println("我是一个图形。");
        }
}
```

以上定义了一个图形类 Graphic。下面以这个类为父类，新建一个三角形子类：

```java
class Triangle extends Graphic{
    double base,height;
    public Triangle(){
        super();
    }
    public Triangle(String name){
        super(name);
    }
    public Triangle(String name,double base, double height) {
        this(name);
        this.base = base;
        this.height = height;
        System.out.println("我的底是"+base+",高是"+height);
    }
    void showMe() {
        super.showMe();
        System.out.println("我同时也是"+name+"。");
        System.out.println("我的面积是： "+getArea());
    }
    private double getArea(){
        return base*height/2;
    }
}
```

子类会继承父类中的除构造函数以外的所有非 private 成员方法，以及所有非 private 成员变量。具体到这个例子中来，由于 Triangle 继承了 Graphic，它默认就具有了 name 属性和 showMe 方法，而无须自己声明。

该子类中，this 表示对当前对象的引用，而 super 表示对父类对象的引用。在子类的构造函数中，一般第一条语句是 super()，表示调用父类构造函数。也可以调用父类有参数的构造函数，如 super(name)。

子类实例化对象时，Java 默认首先调用父类的不带参数的构造方法，接下来再调用子类的构造方法，生成子类对象。如果一个类的构造函数的第一条语句既不是 this()也不是 super()，就会隐含地调用 super()。

如果子类中有和父类中非 private 方法同名的方法，且返回类型和参数表也完全相同，就会覆盖从父类继承来的方法。当两个方法形成重写关系时，可以在子类中通过 super 关键字调用父类被重写的方法。例如，子类 Triangle 中的 showMe()就覆盖了 Graphic 的 showMe()方法，同时在子类的 showMe()方法中通过 super.showMe()调用了父类的 showMe()方法。

下面代码测试了用这个子类建立对象的实例：

```java
public class Test {
    public static void main(String[] args) {
        Triangle t1=new Triangle("三角形",5,7);
        t1.showMe();
    }
}
```

输出结果为：
我的底是 5.0,高是 7.0
我是一个图形。
我同时也是三角形。
我的面积是：24.5

可以使用 Graphic 类作为父类继续建立矩形、图形等子类，而且这些子类中无须重复父类中的 name 成员变量和 showMe()成员方法，减少了代码的编写量，提高了代码复用率，同时有利于代码的维护。Java 中的继承是单继承，也就是说一个子类只能继承一个父类。

4.2.2 抽象与实现

在程序开发过程中，如果我们要定义的一个类没有足够的信息来描述一个具体的对象，还需要其他的具体类来支持，这时我们可以考虑使用抽象类。在类定义的前面增加 abstract 关键字，就表明一个类是抽象类。

例如，上述 Graphic 类中，如果要加一个求图形面积的方法是难以做到的，因为不知道具体是什么图形，无法确定如何计算，此时可以使用 abstract 来声明这个方法为抽象方法，同时把该类定义为一个抽象类，代码如下：

```java
abstract class Graphic{ //定义为抽象类
    String name;
    public Graphic() {
        super();
    }
    public Graphic(String name) {
        super();
        this.name = name;
    }
    void showMe(){
        System.out.println("我是一个图形。");
    }
    abstract double getArea();    //抽象方法，注意没有方法体
}
```

此时 Graphic 类成为抽象类，不能用来实例化对象，只有实现了抽象类的所有抽象方法，才能用来实例化对象。当我们在代码窗口中输入 class Rectangle extends Graphic{ }后，鼠标指向"Rectangle"时有提示（如图 4.3 所示），单击"Add unimplemented methods"将自动出现待实现的方法体，完成后代码如下：

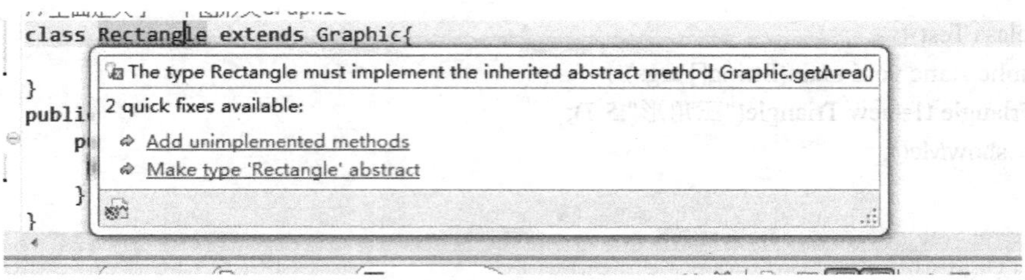

图 4.3 类实现接口方法的提示

```
class Rectangle extends Graphic{
    double l,w;
    public Rectangle() { //无参构造方法
        super();
    }
    public Rectangle(double l, double w) { //有参构造方法
        super();
        this.l = l;
        this.w = w;
    }
    double getArea() { //实现从父类继承来的抽象方法,使其成为实例方法
        return l*w;
    }
}
```

继承并实现抽象方法后,即可用它来生成实例了,代码如下:

```
public class Test {
    public static void main(String[] args) {
        Rectangle r1=new Rectangle(2.4,3.9);
        System.out.println("矩形的面积是: "+r1.getArea());
    }
}
```

输出结果:

矩形的面积是:9.36

抽象类除了不能实例化对象外,类的其他功能依然存在,成员变量、成员方法和构造方法的访问方式和普通类一样。

4.3 接口与实现

考虑这样一种场景:顾客在电商网站(EB)下单时,除了支付商品本身的价格外,还要支付商品运输费用,而运费是快递公司(EC)根据商品重量等计算的;同时,顾客在确认下单付款后,电商网站还要向快递公司交付商品寄送任务,由快递公司将商品送到顾问指定地点。为了分清工作界面并实现无缝衔接,需要在电商网站和快递公司之间建立一种契约,明确电商网站怎么从快递公司得知运费金额和如何交付运送任务,这种契约关系就是接口（如图 4.4 所示）。

接口（Interface）是一组抽象方法的集合。接口中定义的方法没有方法体，它们以分号结束。编写接口和编写类的方式大体上类似，一个接口可以有多个方法，代码保存在以接口命名且以.java 为后缀的文件中。接口使用 interface 关键字进行定义。例如，上述问题可以定义这样一个接口：

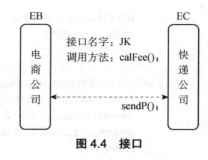

图 4.4 接口

```
public interface JK {
double calFee(double w,double v); //传递重量 w 和体积 v，返回快递费金额
int sendP(String addr,String receiver,String mobile); //传递地址等信息，返回单号
}
```

接口中的方法都是外部可访问的，因此可以不用 public 修饰，当然也不用 abstract 修饰，因为接口内的方法都是抽象的。接口本身的访问权限有两种：public 权限和默认权限。如果接口的访问权限是 public，那么所有的方法和变量都是 public；默认权限是同一个包内的类可以访问。

上述 JK 接口包含了两个抽象方法：calFee()和 sendP()，这是电商公司与快递公司协商约定好的名字，并约定了参数和返回值。有了这个接口，电商公司不需要关心快递的细节，只关心自己负责的工作即可，代码如下：

```
public class EB {
String name;
JK exp; //声明接口类型的变量，代表快递公司
public EB(String name, JK exp) { //构造方法
    super();
    this.name = name;
    this.exp = exp;
}
void pay(String pn,double price,double w,double v){ //下单
    double e=exp.calFee(w, v); //根据接口的约定直接调用计费方法
    System.out.println(pn+"价格:"+price+",快递费:"+e+",合计:"+(price+e));
}
void confirm(String addr,String receiver,String mobile){ //确认
    int dh=exp.sendP(addr, receiver, mobile); //根据接口的约定直接调用发货方法
    System.out.println(name+"公司的快递发送成功，单号："+dh);
    System.out.println("-------------------------------");
}
}
```

接口也和抽象类一样，无法被实例化，但是可以被实现。一个实现接口的类，必须实现接口内所描述的所有方法（否则就必须声明为抽象类）。类实现接口用 implements 关键字，例如，上述 JK 接口可以（根据实际情况）用如下代码实现：

```
public class EC implements JK {
    int n=0;   //初始化单号
    public double calFee(double w, double v) {
        if(w<1) return 8;
```

```
        if(w<5) return 8+(w-1)*2;
        return 16+(w-5)*3;
    }
    public int sendP(String addr, String receiver, String mobile) {
        System.out.println("收件地址："+addr);
        System.out.println("收件人："+receiver);
        System.out.println("联系电话："+mobile);
        return ++n;
    }
}
```

EC类实现了JK接口，接下来可以用它来实例化对象了。测试代码如下：

```
public class Test {
    public static void main(String[] args) {
        JK ec = new EC(); //新建快递公司类实例
        EB eb = new EB("大学商城", ec); //新建电商公司实例，并初始化关联的快递公司
        eb.pay("洗发水", 45, 2, 1); //下单
        eb.confirm("广东省广州市天河区", "李同学", "18988888888"); //确认并发货
        eb.pay("沐浴露", 25, 3, 1);
        eb.confirm("广东省东莞市麻涌镇", "陈同学", "13388888888");
    }
}
```

输出结果：

```
洗发水价格:45.0,快递费:10.0,合计:55.0
收件地址：广东省广州市天河区
收件人：李同学
联系电话：18988888888
大学商城公司的快递发送成功，单号：1
------------------------------
沐浴露价格:25.0,快递费:12.0,合计:37.0
收件地址：广东省东莞市麻涌镇
收件人：陈同学
联系电话：13388888888
大学商城公司的快递发送成功，单号：2
------------------------------
```

注意上述测试代码中的 JK ec = new EC()语句，我们用一个接口类型的变量指向实现了该接口的类的一个实例，这在 Java 中叫作向上转型，体现了类的多态性，增强了程序的简捷性。试想，如果要调整快递费计算方式，电商公司模块无须做任何代码变更，只要按新规则重建一个实现 JK 接口的类即可。

接口中也可以声明变量，一般是 final 和 static 类型的，要以常量来初始化，实现接口的类不能改变接口中的变量。例如，我们可以在 JK 接口增加一个成员变量，表示结算周期：

```
public interface JK {
    static final int SETTLE_DAYS= 30;
    double calFee(double w,double v);
```

```
int sendP(String addr,String receiver,String mobile);
}
```

一个类可以同时实现多个接口，遵循多个接口规范（必须实现所有接口的抽象方法），格式如下：

```
[修饰符] class 类名 implements 接口 1[,接口 2][…]{    }
```

一个接口能继承另一个接口，与类之间的继承方式相似。接口的继承使用 extends 关键字，子接口继承父接口的方法。例如，我们增加一个自动结算的接口：

```
interface JK2{
    double settle();
}
```

然后让 JK 接口继承这个接口：

```
interface JK extends JK2{
    static final int SETTLE_DAYS= 30;
    double calFee(double w,double v);
    int sendP(String addr,String receiver,String mobile);
}
```

此时在 EC 类中必须同时实现 calFee()、sendP()和 settle()三个抽象方法，代码格式如下：

```
class EC implements JK {
    double calFee(double w,double v){
    //计算快递费的实现代码
    }
    int sendP(String addr,String receiver,String mobile){
    //发货的实现代码
    }
    double settle(){
    //结算的实现代码
    }
}
```

通过对比我们可以发现，抽象类和接口非常相似，两者的共同点如下。

（1）都不能被实例化。

（2）都包含抽象方法，这些抽象方法用于描述系统能提供哪些服务，而这些服务是由子类提供的。

（3）在系统设计上，两者都代表系统的抽象层，当一个系统使用一棵继承树上的类时，应该尽量把引用变量声明为继承树的上层抽象类型（向上转型），这样可以提高两个系统之间的松耦合。

两者的不同点如下。

（1）在抽象类中可以为部分方法提供默认的实现，从而避免在子类中重复实现它们，而接口不能提供任何方法的实现。

（2）抽象类不支持多继承，接口支持多继承。

（3）接口代表了接口定义者和接口实现者的一种契约，而抽象类和具体类一般而言是一种归属关系，两者在本质上是不同的。

4.4 集合与泛型

如何在购物网站中存放购物车里的商品？在 Java 中，可以通过数组将一组对象组织在一起，因此可以试图定义一个商品类型的数组来保存商品。但是数组的大小是固定的，通常情况下程序总是在运行时根据条件来创建对象，我们可能无法预知将要创建对象的个数。比如：购物车中保存多少件商品，论坛列表中存放多少条跟帖，事先是不知道的。这时可以使用 Java 的集合类，方便地组织和管理一组对象。

Java 的集合类是一系列继承了 Collection 接口的子接口和类，包括不允许重复元素的 Set 接口、依添加次序排序且允许重复的 List 接口和表示"键-值"对的 Map 接口，以及实现了接口的 HashSet 类、ArrayList 类、LinkedList 类、HashMap 类等。Collection 接口是所有集合类接口的父接口，其主要方法如下。

boolean add(Object o)：在集合中增加一个对象。

boolean remove(Object o)：删除集合内的对象 o（如有）。

int size()：返回集合中元素个数。

boolean isEmpty()：判断集合内是否为空。

boolen contains(Object o)：判断集合内是否存在对象 o。

void clear()：删除集合中所有元素。

boolean addAll(Collection c)：在集合中添加集合 c 的所有元素。

boolean removeAll(Collection c)：从集合中删除集合 c 的所有元素。

Object[] toArray()：返回一个集合内所有元素组成的数组。

Iterator iterator()：返回一个迭代器，用来访问集合中的每个元素。

上述方法中，除了 iterator 和 size 在恰当的子类中实现以外，其他方法都由一个称为 AbstractCollection 的类提供实现。

有了这些方法，我们在操作不定长对象集合时将非常方便。常用的实现类有 ArrayList、LinkedList、TreeSet、HashSet、Vector、HashMap、TreeMap 等，它们与 Collection 的关系如图 4.5 所示。

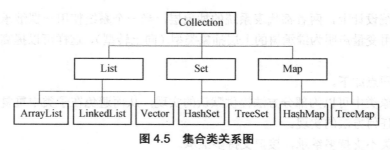

图 4.5 集合类关系图

当然，图中各接口或类之间并不一定是直接的继承或实现关系。

4.4.1 常用的集合类

1. ArrayList 类和 LinkedList 类

ArrayList 是一个可变长的数组列表，它实现了 List 接口，其中封装了一个动态再分配的对象数组，数组元素按加入顺序排序，由 ArrayList 类实例化的对象拥有 Collection 接口规定的常用方法。

与 ArrayList 类一样，LinkedList 也是一个实现了 List 接口的类，它的内部实现不是数组，而是一个链表，适合对列表元素频繁地进行插入和删除操作，而 ArrayList 适合在列表中进行查找操作。

ArrayList 类和 LinkedList 类都是异步的，也就是在多线程同时访问一个由 ArrayList 或 LinkedList 建立的列表实例时，可能存在脏读的情况，必须自己实现访问同步。然而，同样是实现 List 接口的类，Vector 类是同步的，在需要线程安全的位置可以使用 Vector 类，但其性能比 ArrayList 要低。

因为 List 是有序的，因此该接口实现的类在 Collection 父接口的基础上增加了如下方法。

Object get(int index)：返回 index 位置的元素。

Object set(int index, Object element)：用 element 替换 index 位置上的元素，返回被替换的元素。

boolean addAll(int index,Collection c)：在列表的 index 位置开始加入集合 c 的全部元素。

void add(int index, Object element)：在 index 位置插入 element 元素，原先位置及其后的元素依次后移。

Object remove(int index)：删除 index 位置上的元素，其后元素依次前移，返回被删除的元素。

int indexOf(Object o)：返回对象 o 在列表中第一次出现的位置（索引值），若无则返回-1。

int lastIndexOf(Object o)：返回对象 o 在列表中最后出现的位置（索引值），若无则返回-1。

接下来看一个简单的例子：

```java
import java.util.*;
public class Test {
    public static void main(String[] args) {
        List list = new ArrayList();
        //构建一个动态对象数组列表，注意接口类型指向实例
        list.add("A"); //在列表中添加元素
        list.add("D");
        list.add("B");
        list.add("C");
        System.out.println("列表内容是："+list);
        //输出列表，顺序与加入的顺序相同
        System.out.println("集合中存在字符 C 吗？"+list.contains("C"));
        //判断元素是否存在
        System.out.println("索引为 0 的列表元素是："+list.get(0));
        //获取索引号为 0 的列表元素
        list.set(2, "E"); //设置索引为 2 的列表项元素为 E
        System.out.println("把 E 设置到索引为 2 的位置后，列表内容为："+list);
```

```
            list.add(2,"F"); //添加索引为 2 的列表项元素
            System.out.println("把 F 添加到索引为 2 的位置后，列表内容为："+list);
            Object[] array=list.toArray(); //转成数组
            System.out.println("转成数组后索引为 1 的数组元素是："+array[1]);
                //输出索引为 1 的数组元素
            list.remove("D"); //删除元素 D
            System.out.println("删除元素 D 后列表元素个数是："+list.size());
        }
    }
```

输出结果：

列表内容是：[A, D, B, C]
集合中存在字符 C 吗？true
索引为 0 的列表元素是：A
把 E 设置到索引为 2 的位置后，列表内容为：[A, D, E, C]
把 F 添加到索引为 2 的位置后，列表内容为：[A, D, F, E, C]
转成数组后索引为 1 的数组元素是：D
删除元素 D 后列表元素个数是：4

上例中声明对象数组列表 ArrayList 时的变量 list 为 List 接口类型，而不直接用 ArrayList 类型，即向上转型，这要比声明为具体的 ArrayList 类型更灵活，甚至可以直接用根接口 Collection 类型。

2. HashSet 类和 TreeSet 类

HashSet 类和 TreeSet 类都是实现了 Set 接口的类，不允许集合中出现重复的元素。来看下面这个例子：

```
    import java.util.*;
    public class Test {
        public static void main(String[] args) {
            Collection list = new ArrayList();
//构建一个动态对象数组列表，注意接口类型指向实例
            list.add("A"); list.add("D");list.add("B");list.add("D");
            System.out.println("列表内容是："+list);
//输出列表，顺序与加入的顺序相同
            Set s1=new HashSet();
            Set s2=new TreeSet();
            s1.addAll(list); //将列表元素全部赋给 HashSet 实例
            s2.addAll(list); //将列表元素全部赋给 TreeSet 实例
            System.out.println("HashSet:"+s1);
            System.out.println("TreeSet:"+s2);
        }
    }
```

输出结果：

列表内容是：[A, D, B, D]
HashSet:[D, A, B]
TreeSet:[A, B, D]

从例子中可以看出，HashSet 和 TreeSet 中没有重复元素，HashSet 的元素是无序的，而 TreeSet 是有序的，因为它实现了 SortedSet 接口，这也使 TreeSet 类增加了一些方法，包括取集合最小元素的 first()方法和最大元素的 last()方法。

3. HashMap 和 TreeMap

Map 表达的是一种映射关系，它可以将一个对象映射到另一个对象。每组映射作为一个<键，值>对保存在 Map 集合中。Map 中不能有重复的键，即一个键最多对应一个值，如果新增的<键，值>对中的键在集合中已经存在，则会用新值取代这个<键，值>对的旧值，而不是新增。

Map 和 List 一样是一种接口，它的实现 HashMap 类是最常使用的一种集合，是插入、删除和定位元素最好的选择。HashMap 类的常用方法如下。

Object put(Object key,Object value)：将一对<键，值>对加入集合中。
Object get(Object key)：获得与 key 相关的<键，值>对的值。
Object remove(Object key)：从集合中删除与 key 相关的<键，值>对。
void clear()：清空集合。
boolean containsKey(Object key)：判断集合中是否存在键为 key 的<键，值>对。
boolean containsValue(Object value)：判断集合中是否存在值为 value 的<键，值>对。
Set keySet()：返回集合中所有关键字 key 的视图集。
Collection values()：返回集合中所有值的视图集。
Set entrySet()：返回 Map.Entry 对象的视图集，即集合中的<键，值>对。

相比 HashMap，TreeMap 实现了 SortMap 接口，是有序的，增加了 firstKey()和 lastKey()方法分别返回第一个键和最后一个键，还有其他一些与排序有关的方法。

关于 HashMap，来看一个例子：假定论坛跟帖存放在以跟帖 id 与跟帖内容组成的<键，值>对中，以 HashMap 存放。先给出帖子类的定义：

```java
class Post{
    private int id; //跟帖 id
    private String content; //跟帖内容
    private String Poster; //发布者
    //以下是自动生成的构造方法，以及 Setters 和 Getters 方法
    public Post() {
        super();
    }
    public Post(int id, String content, String poster) {
        super();
        this.id = id;
        this.content = content;
        Poster = poster;
    }
    public int getId() {
        return id;
    }
    public void setId(int id) {
        this.id = id;
```

```java
        }
        public String getContent() {
            return content;
        }
        public void setContent(String content) {
            this.content = content;
        }
        public String getPoster() {
            return Poster;
        }
        public void setPoster(String poster) {
            Poster = poster;
        }
    }
```

测试类代码如下：

```java
import java.util.Collection;
import java.util.HashMap;
import java.util.Map;
public class Test {
    public static void main(String[] args) {
        Map posts = new HashMap(); //建立 HashMap 对象
        posts.put(1, new Post(1, "这是论坛第一帖。", "管理员"));
        // 用 put 方法添加键值对
        posts.put(2, new Post(2, "我爱 Java。", "编程爱好者"));
        posts.put(3, new Post(3, "跟老师好好学习。", "好学生"));
        Post post = (Post) posts.get(2);
        // 用 get 方法获得键为 2 的值（Post 对象）
        System.out.println(post.getPoster() + "说：" + post.getContent());
        System.out.println("存在键为 2 的映射吗？" + posts.containsKey(2));
        // 判断是否存在
        posts.remove(2); //删除键为 2 的键值对
        System.out.println("还存在键为 2 的映射吗？" + posts.containsKey(2));
        // 判断是否存在
        Collection set = posts.keySet(); //获得关键字的视图集合
        System.out.println("键的集合：" + set);
    }
}
```

输出结果：

```
编程爱好者说：我爱 Java。
存在键为 2 的映射吗？true
还存在键为 2 的映射吗？false
键的集合：[1, 3]
```

上述例子中，要想遍历整个 HashMap 类生成的对象 posts 很麻烦，用 for 循环却不知道次数，用增强 for 循环却对键值对的类型不明确。为此，引用泛型和迭代的概念。

4.4.2　Java 泛型

通常我们说参数传递是指从实参到形参的值或引用（地址）的传递，但其类型是固定的。而泛型设计的思路是参数化类型，也就是在设计时把所操作对象的类型当作一个参数，这种参数类型可以用在类、接口和方法中，相应地称为泛型类、泛型接口和泛型方法。在定义或实例化泛型类的对象时，使用尖括号来指定类型参数，如<T>。程序使用<T>来代表由客户端确定的类型名称，并用它来声明成员、参数和返回值类型。值得注意的是，泛型的类型参数可以有多个，且不能是简单类型，而必须是类类型。

上述例子中，HashMap 类就是一种泛型类，它有两个类型参数，分别代表<键，值>对中键与值的数据类型。例子中的<键，值>对是<Integer,Post>类型的，因此，可以改写 HashMap 对象的实例化语句为：

Map<Integer,Post> posts = new HashMap<Integer,Post>();

再者，HashMap 中有专门返回<键，值>对（Map.Entry）集合的方法 entrySet()，可以通过增强型 for 循环来遍历，修改的关键代码如下：

```java
import java.util.HashMap;
import java.util.Map;
public class Test2 {
    public static void main(String[] args) {
        Map<Integer,Post> posts = new HashMap<Integer,Post>();
        // 用 put 方法添加键值对
        posts.put(1, new Post(1, "这是论坛第一帖。","管理员"));
        posts.put(2, new Post(2, "我爱 Java。","编程爱好者"));
        posts.put(3, new Post(3, "跟老师好好学习。","好学生"));
        for(Map.Entry<Integer, Post> map:posts.entrySet()){
        //entrySet() 返回 Map.Entry<键，值>对象集合
            Post p=map.getValue(); //获得值对象
            System.out.println(p.getPoster()+"说："+p.getContent());
        }
    }
}
```

输出结果：

管理员说：这是论坛第一帖。
编程爱好者说：我爱 Java。
好学生说：跟老师好好学习。

以上例子中的 HashMap 和 Map.Entry 分别是泛型类和泛型接口，都是 Java 系统提供的，下面通过一个自定义的泛型类和泛型方法来加深对泛型的理解。

```java
class myClass2{    //自定义一个类
    //类内部代码略
}
class myClass<T>{   //自定义一个泛型类，T 是待传进来的类型参数
    private T a;    //T 当作类型使用
    public T getA(){return a;};
    public void setA(T a){this.a=a;} //泛型方法
```

```java
        public void myPrint(){
            System.out.println(a);
            System.out.println(a.getClass().getName());
            System.out.println("----------------------");
        }
    }
    public class Test{
        public static void main(String args[]){
            myClass<String> m1=new myClass<String>(); //String 类型参数
            m1.setA("abcdefg");
            m1.myPrint();
            myClass<Integer> m2=new myClass<Integer>(); //Integer 类型参数
            m2.setA(1000);
            m2.myPrint();
            myClass<myClass2> m3=new myClass<myClass2>(); //自定义类型参数
            m3.setA(new myClass2());
            m3.myPrint();
            myClass m4=new myClass(); //未指定类型参数
            m4.setA(2000);
            m4.myPrint();
        }
    }
```

输出结果：

```
abcdefg
java.lang.String
----------------------
1000
java.lang.Integer
----------------------
myClass2@7150bd4d
myClass2
----------------------
2000
java.lang.Integer
----------------------
```

上述例子中，分别使用了字符串类、整型类、自定义类作为参数传递给泛型类来生成实例，最后还尝试未指定类型来建立泛型实例。事实上，在使用需要指定类型的泛型类生成实例时，如果不指定，MyEclipse 会有安全提示，告诉开发人员应该初始化类型参数，如图4.6所示。

泛型只在编译阶段有效，所以这种基于泛型的安全性检查也是发生在编译阶段的，可以有效避免程序在运行时发生错误。下面这段代码：

```java
List list=new ArrayList();
    list.add("abc");
    list.add(1000);
    for(int i=0;i<list.size();i++){
        String str=(String)list.get(i);
        System.out.println(str);
    }
```

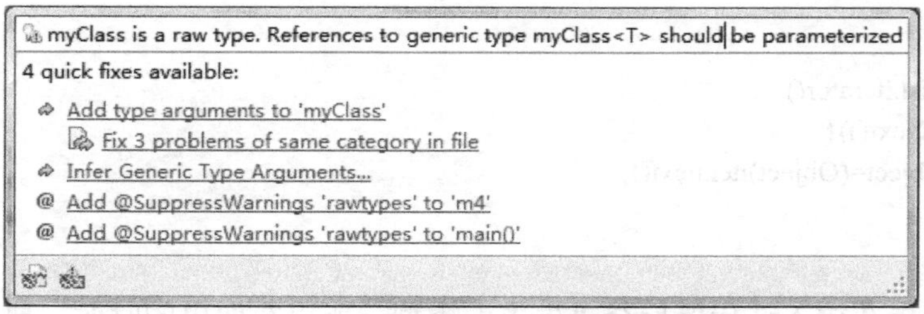

图 4.6　新建泛型类实例的安全提示

List 接口是泛型接口，但在这段代码中没有指定类型，编译是可以通过的，但是在运行时会出现 ClassCastException 错误，因为在列表中除了 String 类型，也加入了 Integer 类型。如果事先指定泛型的类型参数，这种错误就可以避免，如下：

```
List<String> list=new ArrayList<String>();
    list.add("abc");
    list.add(1000);   //本句编译时不能通过
    for(int i=0;i<list.size();i++){
        String str=(String)list.get(i);
        System.out.println(str);
    }
```

此时往字符串对象列表中加入整型对象会出现编译错误，避免在运行时出现错误。

4.4.3　迭代器

遍历是对集合容器中的每个元素都访问一次的操作，在集合中使用非常频繁。为了简化这一操作，让开发人员无须关心容器的底层结构，可以使用迭代器（Iterator）。

迭代器是一种设计模式，它是一个对象，可以遍历并选择集合中的对象。Java 中的 Iterator 功能比较简单，并且只做单向移动。使用集合（Collection）的 iterator()方法将返回一个 Iterator 对象。

Iterator 的常用方法如下。

boolean hasNext()：判断是否存在下一个可访问的元素。

Object next()：返回所要访问的下一个元素，如果集合中没有下一个元素可以访问，则会抛出异常，因此，该方法使用前一般会先进行 hasNext()的判断。

void remove()：将迭代器返回的元素删除，该方法一般应在访问一个元素后执行，否则如果上次访问后集合已被修改，会抛出错误。

迭代器通常结合 for 循环或 while 循环来遍历集合内元素。参考代码如下（假定 list 为集合对象）：

```
for (Iterator iter = list.iterator; iter.hasNext();) {
    Object object =(Object)iter.next();
    //代码
}
```

或：

```
Iterator iter=list.iterator();
while(iter.hasNext()){
    Object object=(Object)iter.next();
    //代码
}
```

集合中的元素在放入迭代器后会"失去"类型，所以在取出的时候，要强制转换为当初的类型，如上述代码中的 Object，以原来集合中的元素类型代替。

回到前面提出的问题，来看一个模拟购物车的例子：

```java
public class Product{    //定义一个商品类
    private String name;
    private double price;
    //以下自动产生构造方法和 Setters 方法、Getters 方法
    public Product() {
        super();
    }
    public Product(String name, double price) {
        super();
        this.name = name;
        this.price = price;
    }
    public String getName() {
        return name;
    }
    public void setName(String name) {
        this.name = name;
    }
    public double getPrice() {
        return price;
    }
    public void setPrice(double price) {
        this.price = price;
    }
}
```

定义一个 Test 测试类：

```java
import java.util.ArrayList;
import java.util.Iterator;
import java.util.List;
public class Test {
    public static void main(String[] args) {
        List<Product> list = new ArrayList<Product>(); //建立 Product 型数组列表对象
        list.add(new Product("西湖龙井", 1300)); //往列表中添加对象
        list.add(new Product("信阳毛尖", 800));
        list.add(new Product("凤凰单纵", 900));
        list.add(new Product("安溪铁观音", 700));
        list.add(new Product("云南普洱", 1000));
```

```
            System.out.println("------第一次操作清单(" + list.size() + "件)：------");
            showList(list);    //调用自定义的 showList()方法，并传递列表对象引用
            System.out.println("------第二次操作清单(" + list.size() + "件)：------");
            showList(list);
        }
        static void showList(List list) {    //定义一个静态方法
            Iterator iter = list.iterator();
            while (iter.hasNext()) {
                Product p = (Product) iter.next();
                System.out.println(p.getName() + ":\t" + p.getPrice());
                iter.remove(); //输出后从迭代器中删除
            }
        }
    }
```

输出结果：

------第一次操作清单(5 件)：------
西湖龙井:1300.0
信阳毛尖:800.0
凤凰单纵:900.0
安溪铁观音: 700.0
云南普洱:1000.0
------第二次操作清单(0 件)：------

上例中使用了 ArrayList 对象来存放商品，并且使用了泛型。因为两次遍历集合，出于代码复用的考虑，把使用迭代器遍历集合的操作独立出来，成为一个可被静态方法 main()调用的静态方法 showList()。从输出结果可以看出，在迭代器中使用 remove()方法，在访问每个元素后删除该元素，也同步删除了集合中的元素。可见迭代器存放的只是引用方法，代表一种数据结构的组织形式，而本身并不存放数据对象。

Iterator 是 Java 迭代器最简单的实现，为 List 设计的 ListIterator 具有更多的功能，它可以从两个方向遍历 List，相应增加了 previous()和 hasPrevious()等方法，还可以从 List 中插入（add(Object o)方法）和替换（set(Object o)方法）元素。

4.4.4 集合的实用工具类

1. Arrays

Arrays 是集合框架中一个非常实用的工具类。该类的静态方法可以对数组进行填充、排序、查找、复制、判断等操作，格式为"Arrays.静态方法()"。

void fill(type[] a, type value)：用 value 值填充数组 a 所有元素。

void fill(type[] a, int fromIndex, int toIndex, type value)：用 value 值填充数组 a 索引号自 fromIndex 起至 toIndex 前的元素。

type[] copyOf(type[] a, int len)：从数组 a 中复制 len 个元素，返回新数组。

type[] copyOfRange(type[] a, int fromIndex, int toIndex)：从数组 a 中复制从 fromIndex 起至 toIndex 前的元素，返回新数组。

void sort(type[] a):用快速排序算法对数组 a 进行排序。

int binarySearch(type[] a, type value):用二分查找法在数组 a 中查找 value 所在的索引号,数组必须事先排好序,返回找到的索引号。如果找不到,则返回负数,这个负数的绝对值减 1 就是可维持数组 a 排序状态的 value 元素的待正确插入的位置。

boolean equal(type[] a, type[] b):判断两个数组是否相等,返回值 true 代表相等。

通过下面的例子来体验上述静态方法的使用:

```java
import java.util.Arrays;
public class Test {
    public static void main(String[] args) {
        int[] a={12,2,34,21,76,45,37}; //定义一个整型数组
        print("原始的数组 a",a);
//因反复输出数组元素,将输出模块独立成一个静态方法 print
        Arrays.sort(a); //对数组 a 进行排序
        print("排序后数组 a",a);
        int k=Arrays.binarySearch(a, 21); //在排好序的数组 a 中查找元素 21
        System.out.println("21 在数组 a 的索引号: "+k);
        k=Arrays.binarySearch(a, 22); //在排好序的数组 a 中查找元素 22
        System.out.println("22 在数组 a 的索引号: "+k); //返回-4 代表未找到
        System.out.println("22 插入数组 a 的合适索引位置为: "+(Math.abs(k)-1));
        int[] b=Arrays.copyOf(a, 6); //从数组 a 中复制 6 个元素到数组 b
        int[] c=Arrays.copyOfRange(a, 3, 5);
//从数组 a 中复制索引号为从 3 到 4 的元素到数组 c
        print("从数组 a 复制 6 个元素的数组 b",b);
        print("从数组 a 中复制索引号为从 3 到 4 的元素的数组 c",c);
        int[] d=new int[7]; //定义一个 7 元素的空整型数组 d
        print("原始的数组 d",d);
        Arrays.fill(d, 3,5,33); //用 33 填充数组 d 索引号从 3 至 4 的元素
        print("用 33 填充索引号为从 3 至 4 的元素的数组 d",d);
        System.out.println("数组 a 和数组 b 相等?"+Arrays.equals(a, b));
//判断数组 a 和数组 b 是否相等
    }
    static void print(String desc,int[] a){ //独立出来的反复被调用的数组输出模块
        System.out.print(desc+": ");
        for(int b:a)System.out.print(b+"\t"); //增强型 for 循环
        System.out.println();
    }
}
```

输出结果为:

```
原始的数组 a: 12    2    34    21    76    45    37
排序后数组 a: 2    12    21    34    37    45    76
21 在数组 a 的索引号: 2
22 在数组 a 的索引号: -4
22 插入数组 a 的合适索引位置为: 3
从数组 a 复制 6 个元素的数组 b: 2    12    21    34    37    45
从数组 a 中复制索引号为从 3 到 4 的元素的数组 c: 34    37
原始的数组 d: 0    0    0    0    0    0    0
```

用 33 填充索引号为从 3 至 4 的元素的数组 d：0   0   0   33   33   0   0
数组 a 和数组 b 相等?false

Arrays 还有一个静态方法 asList()，用于从特定的对象数组生成一个 Collection 对象，比如：

```
String[] str=new String[]{"a","b","c","d","e"};
Collection list=Arrays.asList(str);
System.out.println(list);
```

输出：

[a, b, c, d, e]

2. Collections

Collections 类是集合框架的一个工具类，提供了很多针对集合操作的方法，包括排序、混洗、查找、反转、求极值等。和 Arrays 的很多方法一样，这些方法都是静态的，参数是实现 Collection 接口的类（多数为实现 List 接口的类）的实例。

Collections 的 sort()方法可以对 List 对象进行排序，看下面的例子：

```
import java.util.ArrayList;
import java.util.Collections;
import java.util.List;
public class Test {
    public static void main(String[] args) {
        List<String> list = new ArrayList<String>();
        list.add("Betty");list.add("Alice");
        list.add("Emma");list.add("Carrie");
        System.out.print("排序前：");
        System.out.println(list);
        Collections.sort(list); //使用 Collections.sort 排序列表
        System.out.print("排序后：");
        System.out.println(list);
    }
}
```

输出结果：

排序前：[Betty, Alice, Emma, Carrie]
排序后：[Alice, Betty, Carrie, Emma]

Collections.sort()是对 List 对象排序，而 Arrays.sort()是对数组排序。使用排序的时候要注意，如果排序元素是数值对象，则按照从小到大的顺序排序；如果是字符串对象，则按照字母顺序排序（如上述例子）；如果是自定义类型对象，则要么自定义对象实现了 Comparable 接口，要么在排序时指定一个比较器（Comparator）对象。

例如，有一个商品类，包括三个成员变量：商品名称、人气、价格，展示这样的商品列表时可以采用不同的排序方式，这些不同的排序方式可以声明为相应的比较器对象，在排序时指定，来看代码：

```
import java.util.ArrayList;
import java.util.Collections;
import java.util.Comparator;
```

```java
import java.util.Iterator;
import java.util.List;
//--------------------声明一个商品类--------------------
class Product{
    String name; //商品名称
    int hot; //人气
    double price; //价格
    //以下是自动生成的构造方法和 Setters 方法/Getters 方法
    public Product(String name, int hot, double price) {
        super();
        this.name = name;
        this.hot = hot;
        this.price = price;
    }
    public String getName() {
        return name;
    }
    public void setName(String name) {
        this.name = name;
    }
    public int getHot() {
        return hot;
    }
    public void setHot(int hot) {
        this.hot = hot;
    }
    public double getPrice() {
        return price;
    }
    public void setPrice(double price) {
        this.price = price;
    }
}
//新建一个按价格排序的比较器类,实现比较器接口
class sortByPrice implements Comparator<Product>{
    public int compare(Product o1, Product o2) { //实现抽象方法
        return o1.getPrice()-o2.getPrice()<0?-1:1;
//指定排序依据,return 结果的正数、负数代表升序、降序
    }
}
//新建一个按人气排序的比较器类,实现比较器接口
class sortByHot implements Comparator<Product>{ //同上,采用人气排序依据的比较器类
    public int compare(Product o1, Product o2) {
        return o1.getHot()-o2.getHot()<0?-1:1;
    }
}
//测试类
public class Test {
    public static void main(String[] args) {
        List<Product> list=new ArrayList<Product>();
```

```java
            list.add(new Product("春款休闲学生小西装",1760,89.00));
            list.add(new Product("男修身商务休闲服  ",1650,258.00));
            list.add(new Product("青年英伦格子西服  ",121,229.00));
            list.add(new Product("修身款小西服  ",492,88.00));
            System.out.println("---------------原始排序---------------");
            showList(list); //因反复输出列表,所以独立出一个静态方法 showList()
            Collections.sort(list, new sortByPrice()); //指定按新建比较器对象排序
            System.out.println("---------------价格排序---------------");
            showList(list);
            Collections.sort(list, new sortByHot()); //指定按新建比较器对象排序
            System.out.println("---------------人气排序---------------");
            showList(list);

    }
    static void showList(List<Product> list){ //独立的列表输出方法
        Iterator<Product> iter=list.iterator(); //使用泛型的迭代器
        System.out.println("商品名称\t 人气\t 价格");
        while(iter.hasNext()){
            Product p=iter.next();
            System.out.println(p.getName()+"\t"+p.getHot()+"\t"+p.getPrice());
        }
    }
}
```

输出结果:

```
---------------原始排序---------------
商品名称              人气        价格
春款休闲学生小西装       1760      89.0
男修身商务休闲服        1650      258.0
青年英伦格子西服        121       229.0
修身款小西服           492       88.0
---------------价格排序---------------
商品名称              人气        价格
修身款小西服           492       88.0
春款休闲学生小西装       1760      89.0
青年英伦格子西服        121       229.0
男修身商务休闲服        1650      258.0
---------------人气排序---------------
商品名称              人气        价格
青年英伦格子西服        121       229.0
修身款小西服           492       88.0
男修身商务休闲服        1650      258.0
春款休闲学生小西装       1760      89.0
```

上述例子首先定义了商品类 Product,然后定义了两个分别按价格和人气排序的比较器类 sortByPrice 和 sortByHot,都实现了 Comparator 接口中的 compare 抽象方法,在该方法中指定排序的依据,通过返回值(正数、负数和 0)确定升降序。当然,也可以在定义商品类时就指定默认的排序依据,此时需要实现 Comparable 接口的 compareTo 方法,如下:

```
class Product implements Comparable<Product>{
    public int compareTo(Product o) {
            return name.compareTo(o.getName()); //按商品名称排序
    }
}
```

有了这个默认的接口实现，就可以使用不用指定比较器对象的 sort()方法排序了。

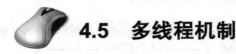 4.5　多线程机制

4.5.1　线程的创建

到目前为止，本节以前所有程序代码都是同一时间只有一个执行序列的程序流，未涉及多程序流同时执行的问题，因此都是单线程的，这样的程序执行流就是线程。然而，随着多核中央处理器（CPU）等硬件、多任务操作系统软件及互联网应用的不断发展，支持多线程协作和并发访问控制的应用程序越来越多，如火车票订票、学生选课等。

提到线程，先来了解下进程。进程是指内存中运行的一个应用程序，每个进程都有自己独立的一块内存空间，一个进程中可以启动多个线程，如在 Windows 系统中，一个运行的 exe 就是一个进程。线程是指进程中的一个相对独立、可调度的执行单元。线程总是属于某个进程，建立线程的代码本身就在一个线程中，称为主线程，进程中的多个线程共享进程的内存，同时运行以协同完成不同的任务，称为多线程。

Java 的多线程可以有两种创建方式：扩展 Thread 类和实现 Runnable 接口。

Thread 是一个空线程类。可以通过扩展 Thread 类创建一个非空线程类，此时必须覆盖 Thread 类的 run()方法。通过扩展类创建的实例可以调用 start()方法将线程装进待执行序列。run()方法体内的代码是线程启动时执行的代码。而使用 Runnable 接口来创建线程，也必须先定义一个实现了 Runnable 接口的类（类的核心也是 run()方法），用这个类的对象作为 Thread 构造函数的参数来新建线程对象实例。两种方法的对比如下。

（1）使用扩展 Thread 类创建线程：

```
class T1 extends Thread{ //新建线程类
    public void run() {
        //此处为线程的主体代码
    }
}
public class Test {
public static void main(String[] args) {
Thread t1=new T1(); //新建线程对象实例
 t1.start(); //启动线程
    }
}
```

（2）通过实现 Runnable 接口创建线程：

```
class R1 implements Runnable{ //实现接口
```

```java
        public void run() {
            //此处为线程的主体代码
        }
    }
    public class Test {
    public static void main(String[] args) {
    Runnable r1=new R1();      //新建 R1 类实例
    Thread t1=new Thread(r1); //新建线程对象实例
     t1.start(); //启动线程
        }
    }
```

下面通过一个例子来对比单线程与多线程执行方式的不同。

例如，求 $S=1+1/2+2/3+3/4+\cdots+n/(n+1)+\cdots$ 前 1 亿项的和。如果用单线程做，循环累加 1 亿次，程序如下：

```java
import java.util.Calendar;
import java.util.GregorianCalendar;
public class Test2 {
    public static void main(String[] args) {
        Calendar cld = new GregorianCalendar(); //新建日历对象
        System.out.println("开始时间：" + cld.getTimeInMillis()); //获得当前毫秒级时间戳
        double r = 0;
        for (long i = 1; i <= 100000000; i++) {
            r = r + i / (i + 1.0); //和=和+通项公式
        }
        System.out.println("结果："+r);
        Calendar cld2 = new GregorianCalendar();
        System.out.println("结束时间：" + cld2.getTimeInMillis());
        System.out.println("耗时："
                + (cld2.getTimeInMillis() - cld.getTimeInMillis()) + "毫秒");
    }
}
```

输出结果：

开始时间：1492401694923
结果：9.999998191879356E7
结束时间：1492401695790
耗时：867 毫秒

我们试想把这个问题交给 5 个线程同时解决，每个线程计算 2000 万项，最后汇总结果。为此，我们首先建立一个线程类，并在 run()方法中实现计算功能：

```java
class myThread extends Thread {         //扩展（继承）Thread 类
    String name;            //线程名称
    long t = 0;             //任务起始值
    double r = 0;           //结果
    public myThread(String name, long t) { //构造方法，参数依次为线程名和起始值
        this.name = name;
        this.t = t;
```

```java
        }
        public void run() {    //线程主体，覆盖 Thread 类的 run()方法，线程启动时执行的代码
            r = 0;
            Calendar cld = new GregorianCalendar();
            for (long i = t; i < 20000000 + t; i++) {
                r = r + i / (i + 1.0);
            }
            Calendar cld2 = new GregorianCalendar();
            System.out.println(name + "耗时："
                    + (cld2.getTimeInMillis() - cld.getTimeInMillis()));
        }
    }
```

接下来我们用这个带计算功能的线程类建立 5 个线程对象实例，分别让它们求起始值为 1、20000001、40000001、60000001、80000001 的 2000 万项累加和，最后把这些累加和汇总得到结果。程序代码如下：

```java
public class Test {
    public static void main(String[] args) {
        myThread m1 = new myThread("线程 A", 1);              //实例化线程对象 m1
        myThread m2 = new myThread("线程 B", 20000001);       //实例化线程对象 m2
        myThread m3 = new myThread("线程 C", 40000001);       //实例化线程对象 m3
        myThread m4 = new myThread("线程 D", 60000001);       //实例化线程对象 m4
        myThread m5 = new myThread("线程 E", 80000001);       //实例化线程对象 m5
        Calendar cld = new GregorianCalendar();
        System.out.println("开始时间：" + cld.getTimeInMillis());
        m1.start(); //启动线程 m1
        m2.start(); //启动线程 m2
        m3.start(); //启动线程 m3
        m4.start(); //启动线程 m4
        m5.start(); //启动线程 m5
        try { //线程合并操作可能产生异常
            m1.join();   //合并并等待 m1 线程执行完
            m2.join();   //合并并等待 m2 线程执行完
            m3.join();   //合并并等待 m3 线程执行完
            m4.join();   //合并并等待 m4 线程执行完
            m5.join();   //合并并等待 m5 线程执行完
        } catch (InterruptedException e) {
            System.out.println("合并线程错误！");//异常处理代码
        }
        System.out.println("结果："+(m1.r + m2.r + m3.r + m4.r + m5.r));   //合并结果
        Calendar cld2 = new GregorianCalendar();
        System.out.println("结束时间：" + cld2.getTimeInMillis());
        System.out.println("总耗时："
                + (cld2.getTimeInMillis() - cld.getTimeInMillis()));
    }
}
```

输出结果：

开始时间：1492403988136

```
线程 B 耗时：196
线程 A 耗时：205
线程 E 耗时：202
线程 D 耗时：261
线程 C 耗时：296
结果：9.999998199599382E7
结束时间：1492403988433
总耗时：297
```

从上面的例子可以看出，采用 5 个线程（297 毫秒）比原来的单线程（867 毫秒）明显快很多。这里有三个问题须指出，第一是计算耗时除程序本身的组织结构外，还与运行程序的计算机硬件性能有关；第二是程序中的双精度数据类型在有效位太大时会丢失精度；第三个问题是最后的汇总工作必须等待全部 5 个线程都结束后才能进行，所以使用了一个 join() 方法，等待线程完成。

4.5.2 线程的状态

上述例子中，虽然每个线程的任务量是相同的（都是 2000 万项），但所花费的时间不一定相同，这与线程排队等待系统资源有关。

线程状态的转如图 4.7 所示，线程实例调用 start() 方法时，该线程并不立即执行，而是进入就绪（Runnable）状态，排队等待获取 CPU 的使用权，一旦获取则立即执行线程体 run() 方法中的代码，此时线程处于运行（Running）状态。线程执行完（或者因异常退出）run() 方法，该线程结束生命周期（Dead）。此外，有些情况下运行中的线程还有可能被阻断（Blocked），如阻塞、等待、同步锁等，目的是让其他线程获得运行的机会。

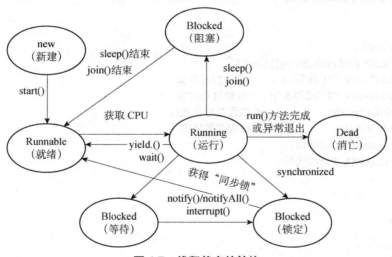

图 4.7 线程状态的转换

Thread 类除了使用 start() 实例方法来启动线程外，还有以下方法来改变或获取当前线程的状态。

静态方法 sleep(long millis)：此方法可使线程暂停 millis 指定的时间（单位是毫秒），从运行状态进入阻塞状态，等 millis 时间过了再自动唤醒，进入就绪状态等待执行。

静态方法 yield()：当前正在运行的线程放弃获得的 CPU 时间，让给其他线程，但自己不进入阻塞,而是进入就绪状态排队等待获取新的 CPU 时间。

实例方法 join(long millis):当前线程等待调用该方法的线程执行完成后或等待 milllis 毫秒后再往下执行,如上述例子中的 m1.join(),即当前线程等待 m1 线程执行完再继续执行。

实例方法 interrupt():向被调用的线程发起中断请求。如线程 A 通过调用线程 B 的 interrupt()方法来发出中断请求,以获得运行机会。线程 B 可能响应该请求,也可能忽略,自己并没有中断线程运行。

实例方法 final boolean isAlive():判断线程是否处于运行状态。

静态方法 Thread currentThread():代表当前线程对象的引用。

事实上,现在的桌面及服务器操作系统均使用抢占式调度方法,当给线程分配的时间片用完时,运行权即让给其他线程,这种情况在单 CPU 系统中频繁发生。

那么哪些线程可以优先获取 CPU 资源呢?Java 用线程优先级(Priority)来解决这个问题。

Java 中的线程优先级的范围是 1~10,默认的优先级是 5,优先级高的线程优先获得 CPU 时间。程序中可分别通过 setPriority()和 getPriority()方法来更改和获得线程优先级,如下面的例子中,t2 的优先级是 10,t1 的优先优先级是 1,相继启动后并行时 t2 优先获得 CPU 时间。

```
class T1 extends Thread{            //新建线程类
    public T1(String name){         //构造方法初始化线程名
        super(name);
    }
    public void run() {
        for(int i=1;i<=10;i++)
            System.out.println(Thread.currentThread().getName()+":\t"+i);
            //获得当前线程的名字
    }
}
public class Test3 {
    public static void main(String[] args) {
        Thread t1=new T1("线程-A");   //新建线程对象
        Thread t2=new T1("线程-B");   //新建线程对象
        t2.setPriority(10);          //更改线程对象优先级
        t1.setPriority(1);           //更改线程对象优先级
        t1.start(); //启动线程
        t2.start(); //启动线程
    }
}
```

输出结果:

线程-A:1
线程-B:1
线程-B:2
线程-B:3
线程-B:4
线程-B:5
线程-B:6
线程-B:7
线程-B:8

线程-B:9
线程-B:10
线程-A:2
线程-A:3
线程-A:4
线程-A:5
线程-A:6
线程-A:7
线程-A:8
线程-A:9
线程-A:10

4.5.3 线程的同步

上面多线程的例子中，各线程都不涉及访问公共数据的问题，线程之间都是各自独立互不影响的。然而，现实中有很多情况是各线程需要访问公共数据的，如典型的火车票订票系统。各种售票渠道（如窗口、互联网等）相当于一个个互相独立的线程，但票库是大家共享的。一般售票的过程是先检索存票，然后售出存票。那么就存在这样一个问题：几个线程同时检索到同一张存票，都认为这张票可售，结果导致一票多售的情况。为了避免出现这种情况，Java 提供了同步锁（synchronized），对多个线程共同访问的售票代码段加锁。

模拟售票模型如图 4.8 所示，首先定义两个类，一个是车票类（Ticket），一个是票库管理类（TicketManage），分别如下。

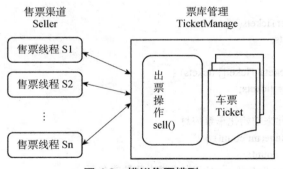

图 4.8　模拟售票模型

Ticket 类：

```
public class Ticket {          //车票
    String number;             //票号
    String passenger;          //乘客姓名
    //以下为构造方法、Getters 方法和 Setters 方法
    public Ticket(String number, String passenger) {
        super();
        this.number = number;
        this.passenger = passenger;
    }
    public Ticket() {
        super();
```

```java
        }
        public String getNumber() {
            return number;
        }
        public void setNumber(String number) {
            this.number = number;
        }
        public String getPassenger() {
            return passenger;
        }
        public void setPassenger(String passenger) {
            this.passenger = passenger;
        }
    }
```

TicketManage 类：

```java
    public class TicketManage { // 票库
        int count; // 余票数量
        Ticket[] tickets; //车票数组
        //Getters 方法和 Setters 方法
        public int getCount() {
            return count;
        }
        public void setCount(int count) {
            this.count = count;
        }
        public Ticket[] getTickets() {
            return tickets;
        }
        public void setTickets(Ticket[] tickets) {
            this.tickets = tickets;
        }
        //构造方法，借此来初始化车票信息
        public TicketManage(int count) {
            this.count = count;
            tickets = new Ticket[count]; //生成指定数量的车票
            for (int i = 0; i < count; i++) {
                tickets[i] = new Ticket("高级车厢" + (i + 1)+"号座", ""); //初始化车票号，乘客留空}
        }
        public void sell(String passenger, String name) {
    //出票过程参数分别代表乘客和售票点名称
            System.out.println("---------------------" + name + "---------------------");
            if (count <= 0) { // 检索存票
                System.out.println(name + ":余票已经售完！ ");
            } else {
                for (int i = 0; i < tickets.length; i++) { //查询哪张票还没售出
                    if (tickets[i].getPassenger().equals("")) {
                        System.out.println(name + "检索到余票，" + passenger + "正在下单...");
                        tickets[i].setPassenger(passenger);
```

```
                        count--;
                        System.out.println(name + " 出票成功!\n 乘客：" 
                                        + tickets[i].getPassenger() + "\n 票号："
                                        + tickets[i].getNumber());
                        return;
                    }
                }
                System.out.println("购票异常！");
        }
    }
```

接下来建立一个简单的线程类，其中的 run()方法只要调用售票方法即可，代码如下：

```
public class Seller extends Thread {
    String passenger;
    String name;
    TicketManage tm;
    public void run() {
        tm.sell(passenger, name); //调用出票方法
    }
    //以下为构造方法
    public Seller(String passenger, String name, TicketManage tm) {
        super();
        this.passenger = passenger;
        this.name = name;
        this.tm = tm;
    }
}
```

最后，可以建立一个测试类来看看结果：

```
public class Test4 {
    public static void main(String[] args) {
        TicketManage tm = new TicketManage(3); //建立车票管理对象，初始化 5 张票
        Seller s1 = new Seller("李达康", "京州火车站售票点", tm); //新建线程对象
        Seller s2 = new Seller("高育良", "12306 售票点", tm); //新建线程对象
        Seller s3 = new Seller("侯亮平", "北京火车站售票点", tm); //新建线程对象
        Seller s4 = new Seller("赵东来", "市内代售点", tm); //新建线程对象
        //启动线程
        s1.start();s2.start();s3.start();s4.start();
        //以下等全部子线程结束后显示票库信息，使用 join()方法时要捕获异常
        try {
                s1.join();    s2.join();    s3.join();    s4.join();
        } catch (InterruptedException e) {
                e.printStackTrace();
        }
        System.out.println("*******************票库信息*****************");
        for (int i = 0; i < tm.getTickets().length; i++) {
                System.out.println(tm.getTickets()[i].getNumber() + ":"
                        + tm.getTickets()[i].getPassenger());
```

            }
        }
    }

结果如下:

```
--------------------12306 售票点--------------------
--------------------京州火车站售票点--------------------
12306 售票点检索到余票,高育良正在下单...
京州火车站售票点检索到余票,李达康正在下单...
12306 售票点  出票成功!
乘客:高育良
票号:高级车厢 1 号座
京州火车站售票点  出票成功!
乘客:李达康
票号:高级车厢 1 号座
--------------------北京火车站售票点--------------------
北京火车站售票点检索到余票,侯亮平正在下单...
北京火车站售票点  出票成功!
乘客:侯亮平
票号:高级车厢 2 号座
--------------------市内代售点--------------------
市内代售点:余票已经售完!
******************票库信息******************
高级车厢 1 号座:李达康
高级车厢 2 号座:侯亮平
高级车厢 3 号座:
```

上述结果混乱,仔细观察发现,1 号座同时售给两位乘客。出现这样的原因,是因为车票管理对象 tm 是所有线程共享的,其中的出票操作 sell()没有加锁,多个线程同时并发导致错读错写。要解决这个问题,只要在 sell()方法前加上 synchronized 修饰符即可,形式如下:

```
public synchronized void sell(String passenger, String name){ }
```

synchronized 用来修饰一个方法或一个代码块时,能够保证在同一时刻最多只有一个线程执行该段代码,其他线程等待。修改后,测试程序的输出结果为:

```
--------------------12306 售票点--------------------
12306 售票点检索到余票,高育良正在下单...
12306 售票点  出票成功!
乘客:高育良
票号:高级车厢 1 号座
--------------------市内代售点--------------------
市内代售点检索到余票,赵东来正在下单...
市内代售点  出票成功!
乘客:赵东来
票号:高级车厢 2 号座
--------------------北京火车站售票点--------------------
北京火车站售票点检索到余票,侯亮平正在下单...
北京火车站售票点  出票成功!
乘客:侯亮平
```

票号：高级车厢 3 号座
--------------------京州火车站售票点--------------------
京州火车站售票点:余票已经售完！
********************票库信息********************
高级车厢 1 号座：高育良
高级车厢 2 号座：赵东来
高级车厢 3 号座：侯亮平

第 5 章　数据库技术与 JDBC

 ## 5.1　数据库与 SQL 语言

不论是网站、PC 软件还是移动 App，这些应用程序的本质是提供用户与数据交互的界面，根据用户的业务逻辑实现对数据的读取或保存。为实现这一点，程序必须与数据库管理系统（DBMS）连接起来，根据数据库管理系统的读写规则对数据库进行操作。Java 数据库编程模型如图 5.1 所示。

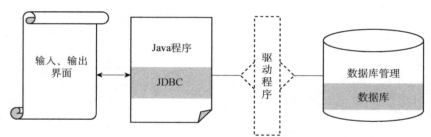

图 5.1　Java 数据库编程模型

5.1.1　数据库概述

数据库最重要的组成部分是数据表。数据表（Table）是存储原始数据的基本表，是真实存在的物理记录。除了数据表外，数据库中还有视图（view）、索引（index）、存储过程（procedure）等，这些都是在基本表之上建立的虚拟表或对表进行操作的程序段，本身并不存储数据，它依赖基本表的存在而存在。例如，一个视图就是从一个或多个基本表中根据一定的投影运算、选择运算及其他关系逻辑抽象出的新关系。

数据表是二维表，由纵向的逐个记录和横向的多个字段组成，如图 5.2 所示。

数据表中，最主要的是表内字段的定义，包括字段名称、字段类型和长度、主键（可明确标识其中唯一一条记录的字段）和其他完整性约束（如是否允许为空）等。

数据库管理系统是一种操纵和管理数据库的软件，用于建立、使用和维护数据库，对数据库进行统一的管理和控制，以保证数据库的安全性和完整性。大部分数据库管理系统提供结构化查询语言（Structured Query Language，SQL）。SQL 不区分大小写，主要包括数据定义语言（Data Definition Language，DDL）和数据操作语言（Data Manipulation Language，DML），供用户定义数据库的模式结构与权限约束，实现对数据的查询、更新、追加、删除等操作。

字段1	字段2	字段3	字段4	
id	name	age	weight	
1	张三	50	60	记录1
2	李四	30	70	记录2
3	王五	40	65	记录3
4	马六	30	55	记录4

图 5.2　数据表

目前，数据库管理系统为数众多，常用的有 Access、SQL Server、MySQL、Oracle、DB2、Sybase 等。为了解决程序语言与不同数据库管理系统之间的连接问题，一般在程序语言与数据库管理系统之间使用驱动程序连接，以实现数据库平台的无关性。

为了方便开发人员读写数据库，Java 提供了内置的数据库访问连接库 JDBC（Java Data Base Connectivity）。JDBC 是一种用于执行 SQL（结构化查询语言）语句的 Java API（应用程序接口），可以为多种关系数据库提供统一访问，它由一组用 Java 语言编写的类和接口组成，位于 java.sql 包内。JDBC 提供了一种基准，据此可以构建更高级的工具和接口。

5.1.2　SQL 语句

SQL 语言包括数据定义语言（DDL）和数据操作语言（DML）。数据定义语言（DDL）中有 CREATE DATABASE（创建数据库）、CREATE TABLE（创建数据表）、CREATE VIEW（创建视图）。

例如，T2 表（仅有表结构，即无记录空表）可以用如下语句创建：

CREATE TABLE T2(id INT AUTO_INCREMENT,name VARCHAR(20),age INT,weight DOUBLE,PRIMARY KEY(id));

其中，表内的字段名后是字段类型的声明，如 name VARCHAR(20)代表 name 字段的类型是长度为 20 个字符的字符类型，age INT 代表 age 字段是整数类型，而 id INT AUTO_INCREMENT 代表 id 字段是一个可自动递增的整数类型。声明中，PRIMARY KEY(id) 代表 id 字段作为整个表的主键，在表中唯一标识一条记录。

修改表字段类型：

alter table 待修改表名 alter column 字段名 类型;

增加表字段：

alter table 待修改表名　add 字段名 类型;

删除表字段：
alter table 待修改表名 drop column 字段名;
drop（删除）：drop table 待删除表名;
drop database 待删除数据库名;

数据操作语言（DML）中常见的操作有四种，分别是查询（SELECT）、插入（INSERT）、删除（DELETE）和更改（UPDATE）。这四种操作语句在数据库管理系统中非常普遍，下面分别举例说明。

1. 查询（SELECT）

SELECT 语句用于从表中选取数据，结果存储在一个结果表中（称为结果集），其基本语法格式为：

SELECT 字段列表 FROM 表名称 [WHERE 子句] [GROUP BY 子句] [ORDER BY 子句]

例如，对上述表（T2）使用如下查询语句：

SELECT name,age,weight FROM T2 WHERE age=30 ORDER BY weight;

结果为：

name	age	weight
马六	30	55
李四	30	70

其中，字段列表可以选择表中已有的字段名，也可以用"*"来代表所有的字段；WHERE 子句用来选择符合条件的记录，可以使用关系运算（=、>、<），甚至可以使用 AND 和 OR 进行多条件逻辑运算；ORDER BY 用于排序（默认为升序，如果需要降序则在排序字段后加 DESC）。

在字段列表中还可以用一些统计函数，例如，求平均值的 AVG、计数的 COUNT、求和的 SUM 等，使用统计函数往往与 GROUP BY 子句配合使用，指定分类字段。继续以 T2 表为例，分年龄统计平均体重：

SELECT age,AVG(weight) FROM T2 GROUP BY age;

结果：

age	AVG(weight)
30	62.5
40	65
50	60

当查询的结果记录很多时，可以在字段列表前加入"TOP n"表示仅返回前 n 条记录；当不想出现重复值的记录时，可以在字段前加入 DISTINCT 关键字，此时重复记录中仅显示第一条记录。

SELECT 查询语句还支持嵌套和连接，限于篇幅，本书不再展开，读者可在其基本语法格式的基础上自行扩展学习。

2. 插入（INSERT）

INSERT INTO 语句用于向表格中插入新的行，其语法格式为：

INSERT INTO 表名称 VALUES (值1, 值2,…)

也可以指定所要插入数据的字段列：

INSERT INTO 表名称（列1, 列2,…） VALUES（值1, 值2,…)

例如，向上表中插入一条新记录，可以使用下列语句：

INSERT INTO T2(NAME,AGE,WEIGHT) VALUES("小齐",25,57);

3. 删除（DELETE）

DELETE 语句用于删除表中的行，其语法格式为：

DELETE FROM 表名称 [WHERE 子句]

例如，用如下语句删除姓名为"小齐"的记录：

DELETE FROM T2 WHERE name="小齐";

如果省略 WHERE 子句，将删除表中所有记录。

4. 更改（UPDATE）

UPDATE 语句用于修改表中的数据。其语法格式为：

UPDATE 表名称 SET 列名称 = 新值 [WHERE 子句]

例如，用如下语句可以把 name 为"王五"的记录的 age 字段值改为 66：

UPDATE T2 SET age=66 where name="王五";

5.2 MySQL 及驱动下载

本章以 MySQL 数据库管理系统为例，介绍如何使用 Java 语言构建数据库应用程序。

5.2.1 MySQL Server 的安装与配置

登录 https://dev.mysql.com，依次单击 Download→Windows→MySQL Installer 选项，根据操作系统选择下载 MySQL Server 的安装文件后开始安装（如图 5.3 所示）。安装过程中注意根据需要选择安装类型，安装类型包括开发者类型、服务器类型、客户端类型、完整类型和自定义类型。安装参数一般使用默认值，注意在连接性（Connectivity）设置中，MySQL 默认 TCP/IP 服务端口号（Port Number）是 3306，在用户和角色（Account and Roles）设置中，设置根用户（Root）的密码（如设置为 123456）。

安装完成后,可在开始菜单中找到 MySQL 5.6 Command Line Client 选项（如图 5.4 所示），单击，出现命令行窗口。

这种方式下，对数据库的操作可通过输入相应的命令来完成。输入原先设置的密码，即可用命令行格式操作数据库管理系统。上面提到的 SQL 语句，都可以在这个命令行窗口中运行。例如，我们可以用以下程序创建一个名为 mydb 的数据库，并在这个数据库里创建名为 T2 的表，对表执行插入和查询操作（如图 5.5 所示）。

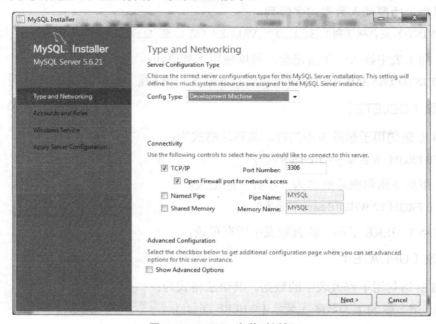

图 5.3　MySQL 安装对话框

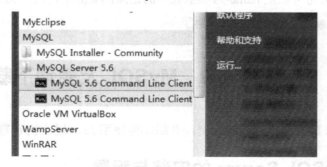

图 5.4　MySQL 5.6 启动菜单

```
create database mydb;      /* 建立 mydb 数据库 */
use mydb;      /* 打开 mydb 数据库 */
create table T2(id int auto_increment,name varchar(20),age int,weight double,primary key(id));      /* 建立 T2 表，其中 id 是可自动递增的主键 */
insert into T2(name,age,weight) values('张三',50,60);   /* 在 T2 表中插入一条记录 */
insert into T2(name,age,weight) values('李四',30,70);
insert into T2(name,age,weight) values('王五',40,65);
insert into T2(name,age,weight) values('马六',30,55);
select * from T2;   /* 查询 T2 表的内容 */
```

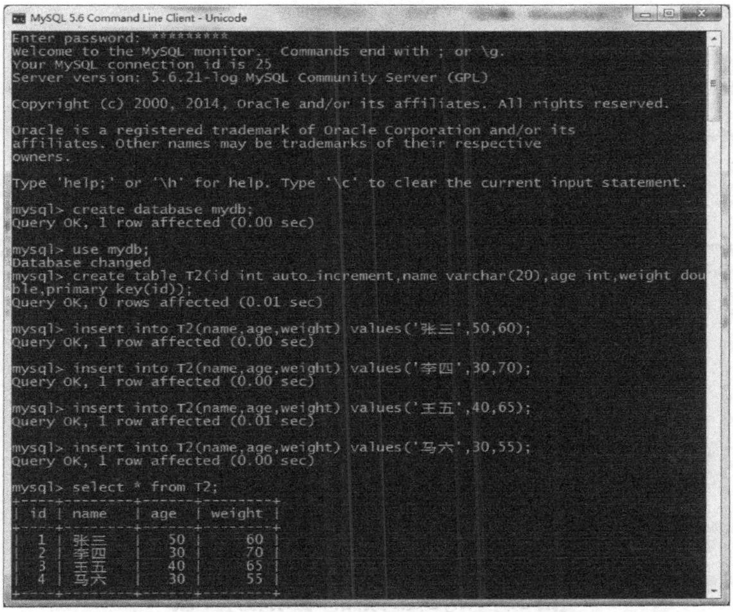

图 5.5 使用 MySQL 命令行创建数据库和表

如果要直接操作数据库，使用命令行显然不够直观，可以借助一些可视化的工具来管理数据库。Navicat for MySQL 是一套专为 MySQL 设计的数据库管理及开发工具，其图形化用户界面使得数据库的管理更直观，Navicat for MySQL 对话框如图 5.6 所示。

图 5.6 Navicat for MySQL 对话框

5.2.2 数据库驱动程序下载

MySQL 数据库的驱动程序，可以登录 https://dev.mysql.com，依次单击 Download→Windows→MySQL Connectors→Connector/J 选项下载，如图 5.7 所示。

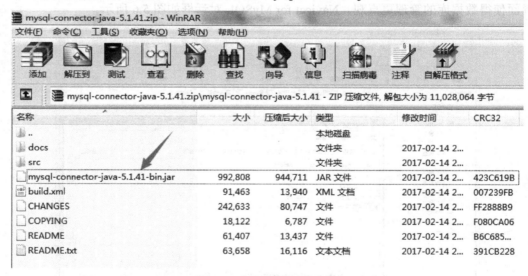

图 5.7　MySQL 数据库驱动程序下载

选择 Windows 平台下的压缩文件。网站建议注册以获得更多帮助，也可以单击"No thanks,just start my download"跳过，直接下载。

从下载的压缩文件中解压出驱动程序文件 mysql-connector-java-5.1.41-bin.jar，如图 5.8 所示。

图 5.8　解压驱动程序文件

5.3　JDBC 编程

有了前面的准备，就可以使用 JDBC 来进行数据库编程了。JDBC 提供了利用 Java 语言开发访问数据库的类和接口的功能，使用 JDBC 操作数据库的一般步骤如下：

（1）加载并注册驱动程序（Driver）。
（2）获得连接对象（Connection）。
（3）创建语句对象（Statement）。
（4）执行操作并获得结果集（ResultSet）。
（5）显示或利用结果集。
（6）关闭结果集。

为了说明上述步骤，我们通过建立一个名为 DBTest 的 Java 项目逐步演示。

5.3.1 驱动程序的加载与注册

首先是加载驱动程序文件，外来的程序文件需被加载到项目中，并告知 Java 的驱动管理器（DriverManager）要加载新来的驱动程序。在项目名称上右击，选择 Build Path→Configure Build Path 选项，打开对话框后切换到 Libraries 选项卡（如图 5.9 所示）。单击 Add External JARs 按钮，选择并增加驱动程序文件。确定后项目中名为 Preferences Libraries 的引用库目录下多了新增的驱动程序文件，展开可找到 com.mysql.jdbc.Driver.class 一项，即已经编译的驱动程序类。

注册新加载的类的方式是使用 Class.forName("Driver 的类名")，如上述驱动程序的注册语句应为：

```
Class.forName("com.mysql.jdbc.Driver");
```

注册成功后，DriverManager 就会根据连接请求自动寻找匹配的驱动程序了。

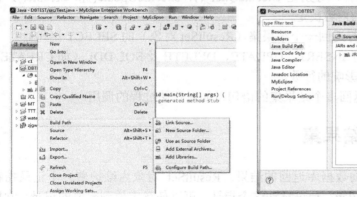

图 5.9　添加 JARs 扩展包

5.3.2 连接与语句类

注册驱动程序后，可以通过驱动程序管理器（DriverManager）获得 Connection 连接对象。Connection 连接对象表示与特定数据库的连接。一般来说，连接数据库需要的参数信息包括数据库所在的位置 URL、用户名和密码。一个完整的数据库位置 URL 应包括如下信息：jdbc:mysql://主机:端口号/数据库名称。主机如果是本地的，可以使用 localhost，如果是远程的，可以使用远程计算机的 IP 地址；端口号即数据库服务的端口号（MySQL 默认端口号为 3306）。例如，要从 DriverManager 中获得本地数据库 mydb 的连接，可以使用如下语句：

```
String url="jdbc:mysql://localhost:3306/mydb";   //将连接参数保存为字符串变量，下同
String user="root";
String password="123456";
Connection con=DriverManager.getConnection(url,user,password);
```

有了连接，就可以在这个连接上创建可执行 SQL 语句的容器了。Statement 接口对象主要用于包容 SQL 语句。Statement 对象有三种，分别是执行不带参数的简单 SQL 语句的 Statement、用于执行带参数占位符 "?" 的 SQL 语句的 PreparedStatement，以及用于执行对数据库已有存储过程调用的 CallableStatement。例如，可以使用下面两种方法中的任意一种查询 T2 表中姓名为"李四"的记录。

方法一，使用简单 SQL 语句的 Statement：

```
Statement st1=con.createStatement();
ResultSet rs1=st1.executeQuery("select name from T2 where name='李四'");
```

方法二，使用带参数占位符的 PreparedStatement：

```
PreparedStatement st2=con.prepareStatement("select name from T2 where name=?");
st2.setString(1, "李四");   //1 代表语句中字符串类型 "？" 出现的次序
ResultSet rs2=st2.executeQuery();
```

在使用第二种方法时，SQL 语句用"?"代替了参数值，再用一个 SetXXX()方法指定参数值。其中，XXX 代表占位符参数值的类型。两种方法相比，第二种方法是一种向已经预编译的 SQL 语句填充参数的方式，执行速度更快，更适用于语句频繁执行的情况。

语句类对象的执行方式有三种，分别是 executeQuery()、executeUpdate()和 execute()，使用哪个方法由 SQL 语句所产生的内容决定。

executeQuery() 通常用于执行返回一个结果集（ResultSet 对象）的 SELECT 语句。

executeUpdate 通常用于执行 INSERT、UPDATE、DELETE 及 SQL DDL（如 CREATE、DROP、ALTER）语句，返回受影响的行数。

execute() 通常用于执行能返回多个结果集的语句，如对存储过程的调用。

5.3.3 ResultSet 结果集

ResultSet 对象用于存储查询数据库返回的结果。ResultSet 对象内维护着一个记录指针（Cursor），指向结果集中的当前记录，通过移动这个指针，可以任意定位到需要的记录，常用的移动方法如下。

boolean next() 将指针移到当前记录的下一条记录，如果记录行存在则返回 true，否则返回 false。

boolean first() 将指针移到结果集的第一条记录，如果记录行存在则返回 true，否则返回 false。

boolean last() 将指针移到结果集的最后一条记录。

boolean absolute(int row) 将指针移到结果集的指定行，如果 row 为正数则从前往后数，如果为负数则从后往前数。如果记录行存在则返回 true，否则返回 false。

从结果集的当前记录行读取字段内容的方法是 getXXX()，XXX 代表字段数据类型，括号内参数可以是字段名，也可以是字段所在列的序号，例如，从上述结果集中读取 name 字段值

的方法可以是 rs1.getString(1)，也可以是 rs1.getString("name")。

要遍历结果集中的所有记录，一般采用 while 循环，形式如下：

```
while(rs.next()){   //记录处理代码 }
```

数据库编程中，一般会将读写数据库的信息封装成对象实例，为此需要先定义对象的类模型。通常，表征传输信息的类模型成员变量对应数据库中的一张表或表中若干字段，操作中再用类模型的 Set 或 Get 方法读写字段。例如，上述 T2 表对应的类模型可以这样定义：

```
public class Person {
  private int id;
  private String name;
  private int age;
  private double weight;
//对应的构造方法和 Getters 方法、Setters 方法（略）
}
```

当结果集返回多条记录时，即返回多个实例对象，可以将这些对象组织在一个对象列表（List）中，通过对对象列表的遍历来处理结果。这种模式多用在 DAO 编程模式中。

5.3.4 JDBC 编程实例

如前所述，JDBC 编程的步骤如图 5.10 所示。

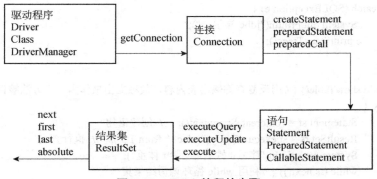

图 5.10　JDBC 编程的步骤

下面通过一个读写数据库的例子，结合注释来进一步认识 JDBC 编程。

```java
import java.sql.*;   //导入 java.sql 包里的所有类和接口
public class Test {
    static Connection con = null;   //连接对象变量，类中的两个静态方法共用
    public static void main(String[] args) {
        String driver = "com.mysql.jdbc.Driver";   // 驱动程序
        String url = "jdbc:mysql://localhost:3306/mydb";   // 数据库位置
        String user = "root";   // 用户名
        String password = "123456";   // 密码
        try { //捕获可能产生的异常
            Class.forName(driver);   // 注册驱动程序
            con = DriverManager.getConnection(url, user, password); // 连接数据库
            showTable();   // 调用另一方法，显示表内容
```

```java
            // 以下执行插入操作
PreparedStatement pst = con.prepareStatement("insert into T2(name,age,weight) values(?,?,?)");   // 占位符
            pst.setString(1, "肖七");      // 填充第 1 个占位符
            pst.setInt(2, 25);             // 填充第 2 个占位符
            pst.setDouble(3, 55);          // 填充第 3 个占位符
            int n=pst.executeUpdate();     // 执行 INSERT 语句添加记录
            System.out.println("成功插入" + n + "条记录。");
            showTable();
            // 以下执行更新操作
pst = con.prepareStatement("update T2 set age=age+1 where name='肖七'");
// 更新操作，年龄+1
            n = pst.executeUpdate();
            System.out.println("成功更新" + n + "条记录。");
            showTable();
            // 以下执行删除操作
            pst = con.prepareStatement("delete from T2 where name='肖七'");
            n = pst.executeUpdate();
            System.out.println("成功删除" + n + "条记录。");
            showTable();
            con.close();        //关闭连接
        } catch (ClassNotFoundException e) {
            System.out.println("找不到驱动程序类文件。");
            e.printStackTrace();
        } catch (SQLException e) {
            System.out.println("jdbc 异常。");
            e.printStackTrace();
        }
    }
    static void showTable() { //因反复查询输出表内容，故独立出来作为一个方法被调用
        try {
            Statement st = con.createStatement();   // 创建语句
            ResultSet rs = st.executeQuery("select * from T2");  // 执行查询
            System.out.println("序号\t 姓名\t 年龄\t 体重");
            while (rs.next()) { //利用 while 循环遍历结果集
                System.out.println(rs.getInt(1) + "\t" + rs.getString(2) + "\t"
                        + rs.getInt(3) + "\t" + rs.getDouble(4));
            }
            rs.close(); //关闭结果集
            System.out.println("------------------------------");
        } catch (SQLException e) {
            System.out.println("jdbc 异常。");
            e.printStackTrace();
        }
    }
}
```

程序的输出结果：

序号	姓名	年龄	体重
1	张三	50	60.0

```
2       李四      30      70.0
3       王五      40      65.0
------------------------------
成功插入 1 条记录。
序号    姓名    年龄    体重
1       张三      50      60.0
2       李四      30      70.0
3       王五      40      65.0
4       肖七      25      55.0
------------------------------
成功更新 1 条记录。
序号    姓名    年龄    体重
1       张三      50      60.0
2       李四      30      70.0
3       王五      40      65.0
4       肖七      26      55.0
------------------------------
成功删除 1 条记录。
序号    姓名    年龄    体重
1       张三      50      60.0
2       李四      30      70.0
3       王五      40      65.0
------------------------------
```

关于数据库编程中的事务处理（transation），JDBC 的 Connection 连接对象默认将每个语句作为单独的事务自动提交。可以通过其 setAutoCommit(false)方法修改默认状态，此时 SQL 语句将归入同一事务，待执行 commit()方法时提交，或通过 rollback()方法回滚。

上述 JDBC 对象，包括连接（Connection）、语句（Statement）、结果集（ResultSet）都有 close()方法，表示关闭并释放资源。

5.4 JDBC 的 DAO 模式

上述 JDBC 编程直接根据 JDBC 的步骤访问了数据库。事实上，真实环境下的应用程序往往将用户角度的业务逻辑与底层的数据访问分层设计，即 DAO 模式。DAO（Data Access Object，数据访问对象）是标准 J2EE 设计模式之一，它将所有对数据源的访问操作抽象封装在一个接口中，这样的接口定义了应用程序将会用到的所有事务方法，应用程序需要和数据进行交互时使用这个接口。为此，还要编写一个单独的类来实现这个接口，在逻辑上对应这个特定的数据访问操作。

以上述 T2 表为例，假设需要从键盘上输入新用户信息并保存到 T2 表，再从表中检索共有多少条记录。如果继续按上述 JDBC 的流程，键盘输入、连接数据库、读写表逻辑、输出结果等都混在一起，分不清层次，对复杂的业务系统来讲难以理解和维护。为此，我们可以先定义一个 Dao 接口，将需要的功能都在接口中定义，如下：

```java
public interface Dao {
    boolean add(Person p); //增加人员信息，信息封装到 Person 对象中，Person 为前面定义的类
    int getCount(); //获取人数
}
```

假设有一个名为 DaoImpl 的类实现了这个接口，那么用户主程序就可以直接调用这个接口的相应方法。代码如下：

```java
public class Test {
    public static void main(String[] args) {
        Dao dao=new DaoImpl(); //建立 DaoImpl 类对象
        Person p=new Person();
        String name;
        int age;
        double weight;
        Scanner sc=new Scanner(System.in);
        System.out.println("请输入姓名：");
        name=sc.nextLine();
        System.out.println("请输入年龄：");
        age=sc.nextInt();
        System.out.println("请输入体重：");
        weight=sc.nextDouble();
        p.setName(name);p.setAge(age);p.setWeight(weight);
        dao.add(p);
        System.out.println("表中共有记录数："+dao.getCount());
    }
}
```

至此，对用户主程序来说，它关心的全部问题都解决了，剩下就是数据层 Dao 的实现类 DaoImpl 要解决的问题了。实现类 DaoImpl 如下：

```java
import java.sql.*;
public class DaoImpl implements Dao {
    private static Connection con = null; //声明所有方法共用的连接对象
    private static Statement st = null; //声明所有方法共用的语句
    static { //静态代码块初始化数据库连接，程序运行时自动执行
        String driver = "com.mysql.jdbc.Driver";
        String url = "jdbc:mysql://localhost:3306/mydb";
        String user = "root";
        String password = "123456";
        try {
            Class.forName(driver); //加载驱动
            con = DriverManager.getConnection(url, user, password); //获得连接
            st = con.createStatement();   //创建语句
        } catch (ClassNotFoundException e) {
            e.printStackTrace();
        } catch (SQLException e) {
            e.printStackTrace();
        }
    }
    public boolean add(Person p) {
```

```java
            String sql = "insert into T2(name,age,weight) values('" + p.getName()
                    + "'," + p.getAge() + "," + p.getWeight() + ")";
            try {
                st.executeUpdate(sql);
            } catch (SQLException e) {
                e.printStackTrace();
                return false;
            }
            return true;
        }
        public int getCount() {
            int n=0;
            String sql="select count(*) from T2";
            try {
                ResultSet rs=st.executeQuery(sql);
                if(rs.next())n=rs.getInt(1);
            } catch (SQLException e) {
                e.printStackTrace();
            }
            return n;
        }
    }
```

至此，用户层面和数据层面的所有任务都完成了，层次清楚，分工明确，便于后续的扩展和维护。例如，需要增加一个获取 T2 全表内容的功能，要做的事情是：在 Dao 接口中增加这一功能的接口方法，让用户和数据层都"知悉"双方共同遵守的规范；接下来用户和数据层各自完成自己的工作即可，即用户在主程序中调用这个新增的接口方法，数据层实现这个接口方法。

上例中，用户主程序必须先知道由"谁"来实现 Dao 接口（例子中的 DaoImpl），即由哪个类来实现具体的功能，然而这在系统分析与设计阶段往往是不知道的。解决这个问题的方法是增加一个"指派者"，由它来专门指派"谁"来实现具体的功能，这个"指派者"叫工厂类（Factory），这种模式也叫工厂模式。

上述例子还可以在两个问题上继续细化：一是用户层可以把一些业务逻辑再分出去，如输入数据并封装、输出格式排版、流程组合等，分出去一个服务层；二是从数据层把与数据库建立连接的代码也独立出去，将数据库连接和关闭、释放连接资源的功能独立出来。上述例子中，连接数据库的功能代码也在 Dao 实现类中，自程序运行时即初始化，并且一直维持，没有释放，显然浪费了连接资源。

类比一个例子，DAO+工厂类例子模型如图 5.11 所示，顾客要订一个套餐（实体类对象），可以到服务窗口（服务接口）前请求服务，工厂指派具备服务资质的服务员组（实现了服务接口的类）中的一个服务员为顾客提供具体服务；服务员能提供组合、包装、收款等服务，但自己不生产套餐，也要转向后台厨师窗口（DAO 接口）请求提供套餐，这时工厂指派具备厨师资质的厨师组（实现了 DAO 接口的类）中的一个厨师为服务员提供套餐。厨师在制作套餐的时候借助传送带（数据库连接类）到仓库存取原材料。

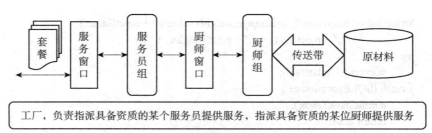

图 5.11 DAO+工厂类例子模型

仍然以访问上述的 T2 表为例，通过取出并展示 T2 表全部人员信息，来说明 DAO+工厂类模式设计的具体流程。

首先，要创建一个与 T2 表对应的类模型（实体类）Person，该类包含表的字段名（属性）和对应的 GET 方法、SET 方法及构造方法。下面给出 Person 的完整定义：

```
package com.mydb.model;
public class Person {
  private int id;
  private String name;
  private int age;
  private double weight;
public int getId() {
    return id;
}
public void setId(int id) {
    this.id = id;
}
public String getName() {
    return name;
}
public void setName(String name) {
    this.name = name;
}
public int getAge() {
    return age;
}
public void setAge(int age) {
    this.age = age;
}
public double getWeight() {
    return weight;
}
public void setWeight(double weight) {
    this.weight = weight;
}
public Person(int id, String name, int age, double weight) {
    super();
    this.id = id;
    this.name = name;
    this.age = age;
```

```java
        this.weight = weight;
    }
    public Person() {
        super();
    }
}
```

为了复用连接数据库的代码,编写一个连接数据库和释放数据库连接的类 DBUtil,该类包含连接数据库所需要的驱动程序和连接参数,一个获取连接的静态方法和一个释放连接的静态方法,代码如下:

```java
package com.mydb;
import java.sql.Connection;
import java.sql.DriverManager;
import java.sql.ResultSet;
import java.sql.SQLException;
import java.sql.Statement;
public final class DBUtil { // final 把该类声明为不可被继承
    private DBUtil() {
    } // 该类构造函数被声明为 private,即不允许任何其他类实例化该类对象
    private static Connection con = null;
    private static String driver = "com.mysql.jdbc.Driver";
    private static String url = "jdbc:mysql://localhost:3306/mydb";
    private static String user = "root";
    private static String password = "123456";
    // 以上 5 行代码初始化数据库连接参数,也可以将参数保存在一个 properties 文件中再加载进来,此处略
    static { // 静态代码段,类装载时运行一次,用来注册驱动程序
        try {
            Class.forName(driver); // 加载驱动
        } catch (ClassNotFoundException e) {
            e.printStackTrace();
        }
    }
    public static Connection getConnection() { // 该静态方法用于获取连接对象
        try {
            con = DriverManager.getConnection(url, user, password);
        } catch (SQLException e) {
            e.printStackTrace();
        }
        return con;
    }
    // 以下方法用于关闭释放与连接数据库有关的资源
    public static void closeConnection(Connection con, Statement st,
            ResultSet rs) {
        if (rs != null) {
            try {
```

```
                    rs.close();
                } catch (SQLException e) {
                    e.printStackTrace();
                }
            }
            if (st != null) {
                try {
                    st.close();
                } catch (SQLException e) {
                    e.printStackTrace();
                }
            }
            if(con!=null){
                try {
                    con.close();
                } catch (SQLException e) {
                    e.printStackTrace();
                }
            }
        }
    }
```

DBUtil 类中有两个地方比较特殊：一是使用一个 private 修饰符的构造方法覆盖了类默认的构造方法，使得该类无法被其他类实例化，事实上也不用实例化，因为可以直接通过"类名.静态方法"的方式调用获取连接和释放连接的功能；二是使用了一个 static 加{ }的静态代码块，静态代码块只在类加载时运行一次，不依赖于具体的实例对象，可用于注册数据库驱动程序等初始化工作。

有了上述两个基本类，我们就可以根据业务流程定义和实现相关接口了：

（1）"用户"希望得到的服务是展示所有人员信息，为此定义一个服务接口 PersonService；

（2）"服务员"必须提供相应的服务，所以要实现上述服务接口，实现类名为 PersonServiceImpl；

（3）"服务员"在实现上述服务接口时，要读取数据库获得 T2 表内容，为此需要定义访问数据库的接口 Dao；

（4）后端必须按照"服务员"的需求实现 Dao 接口，完成对数据库的保管，实现类名为 DaoImpl；

（5）能实现服务接口的服务员和实现 Dao 接口的后端可能很多，除了这里的 PersonServiceImpl 和 DaoImpl 类外，还可能随着业务的变更增加其他的实现类，为此用一个"工厂"类（Factory）来专门指定由哪个实现类来提供服务。

PersonService 接口：

```
package com.mydb.service;
public interface PersonService {
    public void showAll();
```

```
//其他接口略
}
```

上述服务接口还可以根据"客户"的需要继续增加，如增、删、改、查，以及将它们任意组合的服务。

Dao 接口：

```
package com.mydb.dao;
import java.util.List;
import com.mydb.model.Person;
public interface Dao {
    public List<Person> findAll();  //找出所有人
    //public Person findPersonById(int id);  根据 id 号找人
    //public int AddPerson(Person person);  增加人
    //public int deletePersonById(int id);  删除人
    //public int updatePerson(Person person);  更新人
}
```

上述 Dao 接口定义了数据库的基本操作。其中 findAll()抽象方法代表从数据库表中找出全部信息，再交由 PersonService 服务接口的 showAll()方法展示（如加标题、排版等）。Dao 接口定义的是对数据库的基本操作，而服务接口是从"客户"的角度出发定制的功能，可能需要调用 Dao 的一个或多个基本操作。

管理 Dao 和 PersonService 实现类的工厂类 Factory：

```
package com.mydb.dao;
import com.mydb.dao.impl.DaoImpl;
import com.mydb.service.PersonService;
import com.mydb.service.impl.PersonServiceImpl;
public class Factory {
    //工厂本身不被外部类创建，只能有一间工厂，这称为单例模式
    private Factory(){   } //private 修饰符，不允许外部类建立工厂实例
    //在工厂类内部建立一个自身的实例
    private static Factory instance=new Factory();
    public static Factory getInstance(){ //获取这个唯一的实例
        return instance;
    }
    //获取 Dao 实例的方法，实现 Dao 接口的类由工厂指定
    public Dao getDao(){     //获取 Dao 对象
        return new DaoImpl(); //工厂指定由实现 Dao 接口的 DaoImpl 类实例提供服务
                              //采用的实现类也可以在 properties 文件中指定，加载读取即可
    }
    //获取 PersonService 实例的方法，实现 PersonService 接口的类由工厂指定
    public PersonService getService(){
        PersonService ps=new PersonServiceImpl();
        return ps;
    }
}
```

对于用户表现层面来讲，有了上述接口和工厂，就可以直接编写自己工作层面的代码了，剩下的工作就与自己无关了。如下：

```java
import com.mydb.service.PersonService;
import com.mydb.service.impl.PersonServiceImpl;
public class Test {
    public static void main(String[] args) {
PersonService ps=Factory.getInstance().getService(); //从工厂获得实例方法
        ps.showAll();        }
}
```

而在服务层面,有了工厂类,就可以从工厂中得到 Dao 的实例,实现 PersonService 接口的功能了。

PersonServiceImpl 实现类:

```java
package com.mydb.service.impl;
import java.util.List;
import com.mydb.dao.Dao;
import com.mydb.dao.Factory;
import com.mydb.model.Person;
import com.mydb.service.PersonService;
public class PersonServiceImpl implements PersonService {
    public void showAll() {
        Dao dao=Factory.getInstance().getDao(); //从工厂中获得 Dao 对象
        List<Person> list=dao.findAll();
        System.out.println("id\t 姓名\t 年龄\t 体重");
        for(Person p:list){
System.out.println(p.getId()+"\t"+p.getName()+"\t"+p.getAge()+"\t"+p.getWeight());
        }
    }
    //其他接口的实现
}
```

最后在数据层面,不再需要关心连接数据库的细节(驱动、位置、用户名、密码等)了,只要实现 Dao 接口即可。

DaoImpl 实现类:

```java
package com.mydb.dao.impl;
import java.sql.Connection;
import java.sql.ResultSet;
import java.sql.SQLException;
import java.sql.Statement;
import java.util.ArrayList;
import java.util.List;
import com.mydb.DBUtil;
import com.mydb.dao.Dao;
import com.mydb.model.Person;
public class DaoImpl implements Dao {
    public List<Person> findAll(){        //实现 findAll 接口
        List<Person> list=new ArrayList<Person>(); //声明数组列表
        Connection con=null;
        Statement st=null;
        ResultSet rs=null;
        try{
```

```java
            con=DBUtil.getConnection(); //通过 DBUtil 的静态方法获得连接
            st=con.createStatement(); //创建语句
            rs=st.executeQuery("select * from t2");
            while(rs.next()){
                Person person=new Person();
                person.setId(rs.getInt("id"));
                person.setName(rs.getString("name"));
                person.setAge(rs.getInt("age"));
                person.setWeight(rs.getDouble("weight"));
                list.add(person);
            }
        }catch(SQLException e){
            e.printStackTrace();
//一般在业务逻辑代码中不直接处理异常，可抛给一个专门的异常处理对象
        }finally{
            DBUtil.closeConnection(con, st, rs); //关闭并释放连接数据库的资源
        }
        return list;
    }
    //其他接口的实现（略）
}
```

完整代码运行后的结果如下：

id	姓名	年龄	体重
1	张三	50	60.0
2	李四	30	70.0
3	王五	40	65.0
4	张小花	20	53.4
5	张小花	20	45.5
6	张小花	20	45.5

以上 PersonServiceImpl 和 DaoImpl 是对 PersonService 和 Dao 接口的一个实现类，例子中由这两个实现类提供服务。随着系统的扩展，可能会用新的实现类来代替它，为了实现新旧需求间的灵活切换，可以在工厂类中指定由哪个实现类产品来提供服务。

在分层模式设计中，包的组织非常重要，可以对接口和类按层次进行分类和归总。Dao+工厂模式的文件结构如图 5.12 所示。

由此可见， Dao+工厂模式包括了以下几个构件：

（1）封装的实体类，是数据请求和交付的传输对象（有时称为值对象，例子中的 Person）；
（2）一个 Dao 接口；
（3）一个实现了 Dao 接口的具体类（例子中的 DaoImpl）；
（4）一个 Dao 工厂类（例子中的 Factory）；
（5）一个更靠近用户的服务接口及实现（例子中的 PeronService 及 PersonServiceImpl）。

上述例子中，数据库连接类 DBUtil 中的数据库连接信息（如驱动、数据库位置、用户名和密码）和工厂类 Factory 中指定 Dao 和 PersonalService 实现类的信息，都可以通过参数文件保存，而不是固定在类文件中，这样做的好处是变更这些信息时不用重新编译类文件。

例如，DBUtil 中几个变量的初始值，可以不用在声明变量时初始化，而是将它们保存在

一个 properties 类型文件中（假设该文件在 DBUtil 包中以 myppt.properties 命名，如图 5.13 所示），通过在静态代码块中加载该文件，获取参数值以初始化这几个变量：

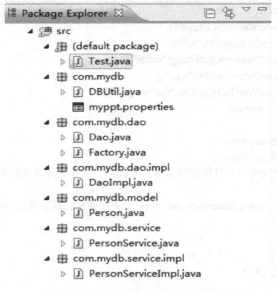

图 5.12　Dao+工厂模式的文件结构

```
try {
        Properties prop=new Properties();
        InputStream is=DBUtil.class.getResourceAsStream("myppt.properties");
        prop.load(is);
        driver=prop.getProperty("driver");
        url=prop.getProperty("url");
        user=prop.getProperty("user");
        password=prop.getProperty("password");
} catch (IOException e) {
        e.printStackTrace();
}
```

图 5.13　用 properties 文件保存变量

同样地，在 Factory 工厂类中，也可以不固定由 DaoImpl 实现类来提供服务，而是从参数文件中指定，此时 getDao( )方法改为如下代码：

```
public Dao getDao() { // 获取 Dao 对象
    Dao dao=null; //声明 Dao 类型变量
    try {
        Properties prop = new Properties();        //新建参数值对象
        InputStream is = new BufferedInputStream(new FileInputStream("src/com/mydb/myppt.properties"));
        //读取参数文件
        prop.load(is); //从文件获取参数
        Class<?> DI=Class.forName(prop.getProperty("dao"));   //根据参数获得类
        dao=(Dao)DI.newInstance(); //由类得到实例
    } catch (Exception e) {
        e.printStackTrace(); }
    return dao; // 工厂根据 properties 文件指定采用的实现类
}
```

Dao 模式小结：Dao 模式使得系统各层次的功能更加清晰，业务层只根据客户的需求做好流程组合，不需要关心数据操作的细节，更不用管数据库管理系统是否有变化；同样，数据层只管访问数据，为业务层提供基础服务，而与具体的业务流程组合无关。这样做可以让系统的耦合性更加松散，有利于系统的扩展和变更。

第 2 部分
Java Web 技术

到目前为止，本书第 1 部分内容已经结束。这部分包括了后续学习需要的 Java 环境的搭建、Java 编程的基本规范、函数和表达式、程序设计结构、Java 编程思想、数据库与 JDBC 编程等内容，重点是 Java 编程思想，编者将复杂的 Java 编程思想进行了精简，突出了应用，以导学为主旨，以够用为原则。以此为基础，读者可以选择 PC Web 开发、移动 Web 开发、App 开发、嵌入式开发等多个方向。

本书将继续以培养 Java 的应用能力为目标，以 Web 应用为主线，将前面的知识点与 Web 应用开发连贯起来，兼顾前后端知识，力求读者在熟读本书并充分练习后可胜任相关领域的工作。

Java 语言在 Web 上的应用，除了可以作为前端表现层的脚本（Javascript）外，更重要的还是解决后端业务逻辑的应用程序开发，包括 JSP、JavaBean 和 Servlet 等。本书第 2 部分将从 Web 基本原理出发，介绍涉及 Web 前端开发的 HTML、CSS 和 Javascript 技术，以及由这部分知识延展的 Ajax 和 jQuery 技术；介绍涉及后端开发的 JSP、JavaBean 和 Servlet 技术，以及由这部分知识延展的 MVC 框架技术。

第 6 章　Web 基本原理及开发平台

 ## 6.1　Web 基本原理

随着互联网和智能移动终端的普及，Web 应用开发已经成为软件开发的主流。无论是内容管理还是网络购物，不管是事务处理还是调查问卷，几乎所有的应用都迁移到 Internet 或 Intranet 上，用户只需要通过浏览器就可以参与到具体的业务流程中，这种 B/S（浏览器/服务器）架构越来越受用户和开发者的欢迎。基于 B/S 架构的 Web 运行流程如图 6.1 所示。

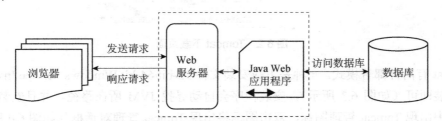

图 6.1　基于 B/S 架构的 Web 运行流程

（1）用户通过浏览器按网址（URL）向对应的 Web 服务器发送请求；
（2）Web 服务器将请求转给 Java Web 应用程序；
（3）Java Web 应用程序根据业务逻辑访问数据库；
（4）Java Web 应用程序将数据库执行结果返回给 Web 服务器；
（5）Web 服务器将响应返回给用户浏览器。

Web 服务器是运行及发布 Web 应用的容器，只有将开发的 Web 项目放置到该容器中，才能使网络中的所有用户通过浏览器进行访问。Java Web 应用所采用的服务器主要是与 JSP、Servlet 兼容的 Web 服务器，比较常用的有 Tomcat、Resin、JBoss、WebSphere 和 WebLogic 等。本书选用最常用的 Tomcat 作为 Web 服务器。

6.2 Tomcat 的安装及目录结构

6.2.1 Tomcat 的安装

登录 http://tomcat.apache.org，在 Download 中选择合适版本的 Tomcat，根据操作系统平台下载相应的 Tomcat（如图 6.2 所示）。

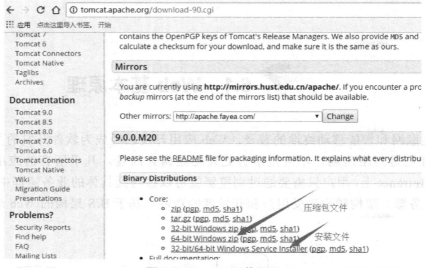

图 6.2 Tomcat 下载页面

Tomcat 有两种部署模式。一种是下载安装文件 32-bit/64-bit Windows Service Installer.exe，按提示安装即可（如图 6.3 所示），安装程序会自动寻找 JVM 所在路径。并且安装结束后会在任务栏中出现 Tomcat 管理图标，双击图标将出现 Tomcat 管理对话框（如图 6.4 所示），可启动或关闭 Tomcat。

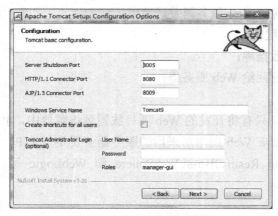

图 6.3 Tomcat 安装对话框

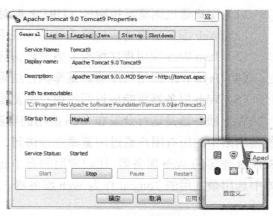

图 6.4 Tomcat 管理对话框

另一种是直接下载压缩文件，再解压到一个文件夹，此时需要手动指定 JVM 路径，具体方法：编辑 Tomcat 目录中 bin 文件夹下的 startup.bat 文件，在头部加入 JDK 所在的路径和当前 Tomcat 所在的路径，比如：

SET JAVA_HOME=C:\Program Files\Java\jdk1.8.0_102
SET CATALINA_HOME=C:\Program Files\Tomcat9

设置成功后，双击运行 startup.bat 文件即可启动 tomcat，出现 Tomcat 命令行对话框，如图 6.5 所示。

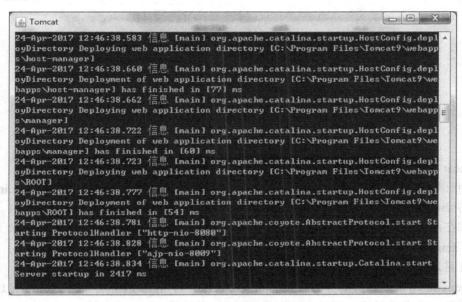

图 6.5　Tomcat 命令行对话框

可以打开浏览器，输入 http://localhost:8080，如果能打开如图 6.6 所示页面，代表 Tomcat 正常启动。其中 localhost 代表本机，8080 是 Tomcat 默认的服务端口号。

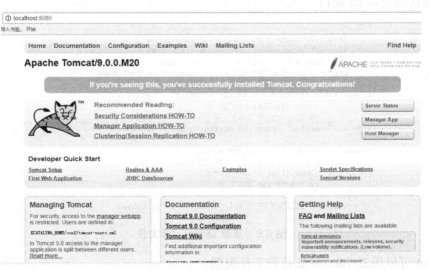

图 6.6　Tomcat 默认启动页面

6.2.2 Tomcat 的目录结构

不论使用哪种部署方式，Tomcat 的目录结构都是一样的，如图 6.7 所示。

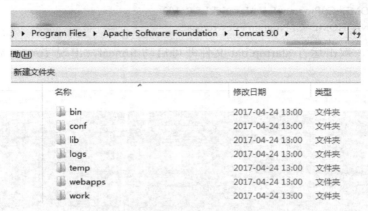

图 6.7 Tomcat 的目录结构

Tomcat 各目录的作用如下。

bin 目录主要是用来存放 tomcat 的命令，有两大类，一类是以.sh 结尾的用在 Linux 操作系统中的 shell 命令，另一类是以.bat 结尾的用在 Windows 操作系统中的批处理文件。很多环境变量都在此处设置，例如，上面提到 JDK 路径、Tomcat 路径的设置等。bin 目录下的众多文件中，startup 和 shutdown 分别用来启动和关闭 Tomcat。

conf 目录主要是用来存放 Tomcat 的一些配置文件。

server.xml 用来设置与服务器有关的配置，可以设置 Web 服务端口号、域名或 IP、默认加载的项目、请求编码等。例如，要修改 Tomcat 默认的 8080 端口号，可以编辑 server.xml 文件的 Connector port="8080" protocol="HTTP/1.1" 标签（如图 6.8 所示），令 port=80，保存重启后在浏览器输入 http://localhost 即可访问默认主页，而无须在后面加上 ":8080"，这是因为 HTTP 默认的就是 80 端口。

```
Java HTTP Connector: /docs/config/http.html
Java AJP  Connector: /docs/config/ajp.html
APR (HTTP/AJP) Connector: /docs/apr.html
Define a non-SSL/TLS HTTP/1.1 Connector on port 8080
-->
<Connector port="8080" protocol="HTTP/1.1"
           connectionTimeout="20000"
           redirectPort="8443" />
<!-- A "Connector" using the shared thread pool-->
<!--
<Connector executor="tomcatThreadPool"
           port="8080" protocol="HTTP/1.1"
           connectionTimeout="20000"
           redirectPort="8443" />
-->
<!-- Define a SSL/TLS HTTP/1.1 Connector on port 8443
```

图 6.8 修改 server.xml 文件

web.xml 可以设置 Tomcat 支持的文件类型。

context.xml 可以用来配置数据源等信息，如全局的数据库连接信息。

tomcat-users.xml 用来配置管理 Tomcat 的用户与权限，Tomcat 支持用网页端来管理和部署网站，用户名和密码可以在这个文件中设置。

在 catalina 目录下可以设置默认加载的项目。

lib 目录主要用来存放 Tomcat 运行需要加载的 jar 包，例如，连接数据库的 JDBC 的包可以放入 lib 目录。

logs 目录用来存放 Tomcat 在运行过程中产生的日志文件，尤其是控制台输出的日志。在 Windows 环境下，控制台的输出日志在 catalina.xxxx-xx-xx.log 文件中（xxxx-xx-xx 代表具体日期），在 Linux 环境下，控制台的输出日志在 catalina.out 文件中。

temp 目录用于存放 Tomcat 在运行过程中产生的临时文件，例如，文件上传的临时文件。

webapps 目录用来存放 Web 应用程序，当 Tomcat 启动时会加载 webapps 目录下的 Web 应用程序。可以以文件夹、war 包、jar 包的形式发布应用。当然，也可以把 Web 应用程序放置在磁盘的任意位置，在配置文件中映射即可。例如，Web 应用程序在 E:\h5 目录下，可以修改 conf\server.xml 配置文件，在<Host></Host>标签中加入：

<Context path="myWeb" docBase="E:/h5" />

即可用 http://localhost/myWeb 访问 E:/h5 目录下的 Web 应用了。

work 目录用来存放 Tomcat 编译后的文件，例如，JSP 编译后的文件。清空 work 目录，然后重启 Tomcat，可以实现缓存的清除。

6.3 Tomcat 与 MyEclipse 的集成配置

为方便开发调试，需要将 Tomcat 集成到 MyEclipse 中来，实现网站部署、服务启动和关闭都在 MyEclipse 中完成。本书选用 MyEclipse 10+Tomcat 7 作为集成开发环境，需要更高版本的读者可参考本书的配置方法。

单击 MyEclipse 工具栏中服务器配置按钮旁边的下拉按钮，如图 6.9 所示。

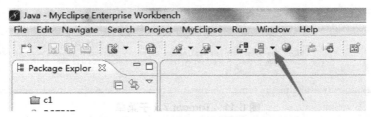

图 6.9 单击 MyEclipse 工具栏中务器配置按钮旁边的下拉按钮

在下拉菜单中单击 Configure Server 选项，打开服务器配置对话框，如图 6.10 所示。

依次展开左侧 Servers 项下的 Tomcat→Tomcat 7.x，在右侧 Tomcat 7.x server 中选择 Enable 单选按钮，在 Tomcat home directory 项中单击 Browse 按钮选择 Tomcat 7 所在目录，确定后后续两项（base 和 temp 目录）将自动填充，单击 OK 按钮即配置成功。

此时 MyEclipse 工具栏的服务器配置按钮的下拉菜单中将添加 Tomcat 7.x 项，子菜单有 Start、Stop Server 和 Configure Server Connector，分别代表启动 Tomcat、关闭 Tomcat 和配置 Tomcat 服务连接器（如图 6.11 所示）。

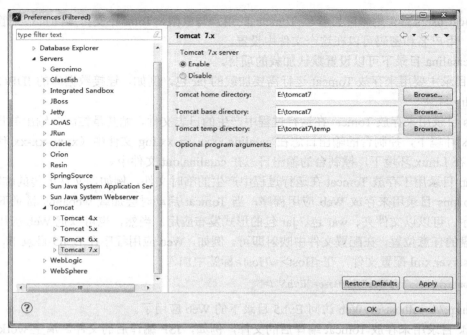

图 6.10　服务器配置对话框

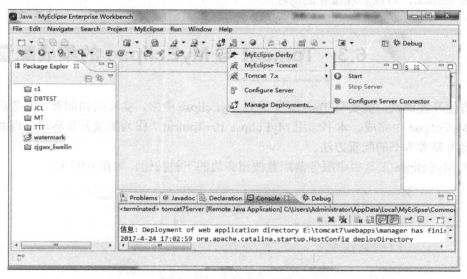

图 6.11　Tomcat 7.x 子菜单

至此，Tomcat 就集成到 MyEclipse 中了。

下面通过一个例子来理解如何将 MyEclipse 开发的 Web 应用项目部署到 Tomcat 中。

在 MyEclipse 中单击 File→New→Web Project 选项，打开新建 Web 项目对话框，除项目名称外，其他项目全部保留默认值，完成后可见新项目的目录结构（如图 6.12 所示）。

其中：

src 目录是存放 Java 源代码的。

WebRoot 代表 Web 应用程序的根目录，里面是要部署到 Tomcat 平台的内容，WEB-INF 目录下的 web.xml 文件，用来配置当前 Web 应用（如默认主页、错误页、Servlet 等），lib 目录用来保存编译好的 class 字节文件。

 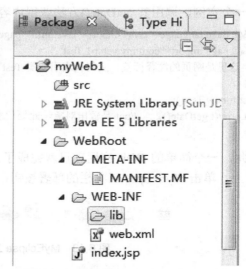

图 6.12　新建 Web 项目对话框及项目目录结构

index.jsp 是默认的主页，打开该文件第一行，代码如下：

```
<%@ page language="java" import="java.util.*" pageEncoding="ISO-8859-1"%>
```

<%%>标签代表里面是 Java 语言，按 Java 的规范书写和编译，本句意义：声明本页面使用的是 Java 语言，并导入了 java.util.*包，页面编码方式是"ISO-8859-1"。

为更好地支持中文，可以把编码格式修改为"utf-8"，即 pageEncoding="utf-8"。为避免新建 JSP 文件时每次都要修改编码格式，可以在 MyEclipse 中设置 JSP 文件的默认编码格式，方法：依次单击菜单中 Window→Preferences 选项，在打开对话框的左侧依次展开 MyEclipse →Files and Editors→JSP，在 Encoding 中选择 ISO 10646/Unicode(UTF-8)选项即可。关于 JSP 文件，后面的章节将详细介绍。

在 src 目录下新建一个包，命名为 com.myweb.p1，在该包下新建一个类文件，命名为 Test.java，该类主要包括一个成员方法 getDate()，返回指定格式的时间信息，内容如下：

```java
package com.myweb.p1;
import java.text.SimpleDateFormat;
import java.util.Date;
public class Test {
    public String getDate(){
        SimpleDateFormat sdf=new SimpleDateFormat("yyyy-MM-dd HH:mm:ss");
        return "服务器当前时间："+sdf.format(new Date());
    }
}
```

在 Web 项目开发中，尤其注意将 Java 源代码分类整理到相应的包里，这对大中型项目的开发尤为重要。

回到 index.jsp 文件中，删除除第一行外的其他内容，引入 src 中定义的 Test 类，并新建该类的一个实例，调用其 getDate()方法获得内容并输出。index.jsp 的内容如下：

```
<%@ page language="java" import="java.util.*" pageEncoding="utf-8"%>
<%@ page import="com.myweb.p1.Test" %>
<!--这里是网页的注释标签，上句代表引入类 Test -->
<%
Test t=new Test();
out.print(t.getDate());    //out 是输出对象，此处代表页面
%>
```

至此，一个简单的 Web 应用项目就完成了。接下来需要把这个项目部署到 Web 服务器 Tomcat 上。单击 MyEclipse 工具栏的部署按钮，如图 6.13 所示。

图 6.13　MyEclipse 工具栏的部署按钮

打开项目部署对话框（如图 6.14 所示），在 Project 中选择要部署的项目名称 myWeb1，并在右侧单击 Add 按钮，添加需要部署的目标服务器，这里选择 Tomcat 7.x。

部署类型有两个选项，分别是适合开发模式的暴露部署（Exploded Archive）和适合产品模式的包部署（Packaged Archive）。在程序开发阶段，建议采用暴露部署模式，以便及时发现问题，配合程序的调试。

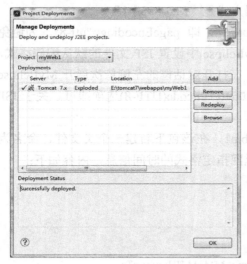
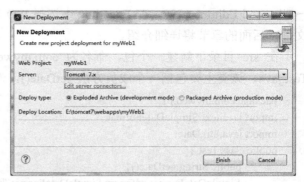

图 6.14　项目部署对话框

成功部署后，启动 Tomcat 7.x，待控制台最后出现 Server startup in XXXX ms 时启动完成，如图 6.15 所示。

此时打开浏览器输入 http://localhost/myWeb1（假设默认端口已经修改为 80），可以看到已经成功部署的 Web 项目，如图 6.16 所示。

```
2017-4-25 11:38:38 org.apache.catalina.startup.HostConfig deployDirectory
信息: Deploying web application directory E:\tomcat7\webapps\ROOT
2017-4-25 11:38:38 org.apache.catalina.startup.HostConfig deployDirectory
信息: Deployment of web application directory E:\tomcat7\webapps\ROOT has finished in 60
2017-4-25 11:38:38 org.apache.catalina.startup.HostConfig deployDirectory
信息: Deploying web application directory E:\tomcat7\webapps\watermark
2017-4-25 11:38:40 com.opensymphony.xwork2.util.logging.commons.CommonsLogger info
信息: Parsing configuration file [struts-default.xml]
2017-4-25 11:38:40 com.opensymphony.xwork2.util.logging.commons.CommonsLogger info
信息: Parsing configuration file [struts-plugin.xml]
2017-4-25 11:38:40 com.opensymphony.xwork2.util.logging.commons.CommonsLogger info
信息: Parsing configuration file [struts.xml]
2017-4-25 11:38:40 org.apache.catalina.startup.HostConfig deployDirectory
信息: Deployment of web application directory E:\tomcat7\webapps\watermark has finished i
2017-4-25 11:38:40 org.apache.coyote.AbstractProtocol start
信息: Starting ProtocolHandler ["http-apr-80"] 端口
2017-4-25 11:38:40 org.apache.coyote.AbstractProtocol start
信息: Starting ProtocolHandler ["ajp-apr-8009"]
2017-4-25 11:38:40 org.apache.catalina.startup.Catalina start
信息: Server startup in 4361 ms  启动时间
```

图 6.15　Tomcat 7.x 启动过程

服务器当前时间：2017-04-25 11:51:12

图 6.16　成功部署的 Web 项目

第 7 章 HTML 与 HTML5 基础

 ## 7.1 HTML 基础

HTML（Hyper Text Markup Language，超文本标记语言）不是一种编程语言，而是一种标记语言，它用一套标签来描述网页元素，并由浏览器负责解释和展现。

一个 Web 项目下的所有网页应能被编译为包含 HTML 标签和纯文本的 HTML 文档，由浏览器根据标签来解释并展示网页的内容，而浏览器不会直接显示 HTML 标签。

HTML 标签是由尖括号包围的关键词，如 <html>；它通常是成对出现的，一对就是一个 HTML 元素，如 <b> 和 </b>，成对标签的第一个标签是开始标签，第二个标签是结束标签，开始和结束标签之间的部分是 HTML 元素的内容。开始标签内还可以有元素的属性和属性值。

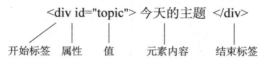

HTML 标签是可嵌套的，即一个元素的内容可以是另一个元素。

下面结合例子来介绍 HTML 各主要标签。

```
<%@ page language="java" import="java.util.*" pageEncoding="utf-8"%>
<!DOCTYPE html>
<!-- 这里是注释内容 -->
<html>
  <head>
    <title>这是窗口标题栏</title>
  </head>
  <body>
    <h1>这里是一级标题</h1>
    <h2>这里是二级标题</h2>
    <p>这里是段落内容 1。</p>
    <p>这里是段落内容 2。</p>
    <a href="www.qq.com">这里是一个超链接</a><br/>
    <img src="images/1.jpg" width="300" height="200" />
  </body>
</html>
```

其中的标签说明如下：

<!DOCTYPE html>：说明文档类型。

<!-- -->：文档中的注释部分。

html：此元素可告知浏览器其自身是一个 HTML 文档。

head：定义文档的头部，定义关于文档的信息。它是所有头部元素的容器。文档的头部描述了文档的各种属性和信息，包括文档的标题、在 Web 中的位置，以及和其他文档的关系等。<base>、<link>、<meta>、 <script>、<style>及<title>都可以被包含在 head 元素内。

title：定义文档的标题，它是 head 部分中唯一必需的元素。

h1…h2：定义标题文字。

p：定义段落。

a：定义超链接，其内的 href 属性指向要链接的目标 URL，target 属性指定在哪个目标窗口打开。

br：换行符号，是非成对标签，按 HTML5 的标准写成
。

img：定义图像，src 属性指向图像文件的 URL，按 HTML5 的标准，也可非成对出现。

以上代码的页面效果和嵌套关系如图 7.1 所示。

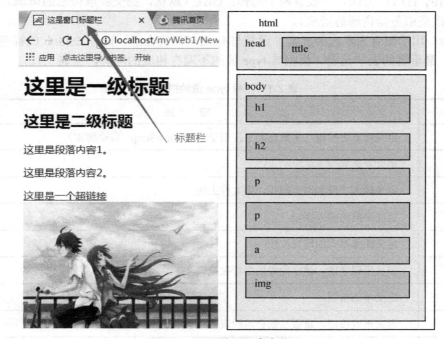

图 7.1　页面效果和嵌套关系

HTML 元素的属性中，有些是几乎所有元素共有的，如下：

id 属性，元素在文档中的唯一标识；

name 属性，元素的名称标识；

style 属性，元素的行内 CSS 样式；

class 属性，元素的类名，规定元素的所属分类；

title 属性，有关元素的额外信息；

width 属性，元素的宽度；

height 属性，元素的高度；

hidden 属性，对元素进行隐藏，可用于防止用户查看元素，直到匹配某些条件（如选择某个复选框）；

accesskey 属性，定义激活（使元素获得焦点）元素的快捷键。

此外，HTML 文档内元素还可以响应系统事件，如单击元素（onclick）、按键（onkeypress）、鼠标滑过（onmouseover）等，可以在事件发生后触发一些程序代码的运行，在后续 JavaScript 内容中将会介绍。

7.2 HTML 表单

表单是用户与网站交互的界面，用于收集用户输入。HTML 用下列基本标签定制表单。

form：定义表单。form 标签有两个重要的属性，一个是 action，定义在提交表单时执行的动作，一般被设置成提交到 Web 服务器上的网页或 Servlet；另一个是 method，规定在提交表单时所用的 HTTP 方法，一般有两个选择：GET（默认，提交获取信息的请求）或 POST（提交可能改变服务器资源的请求）。

fieldset：用于组合表单内的元素，通常与 legend 标签合用，设置 fieldset 的标题。

input：最重要的表单元素，根据其 type 值的不同有相应的形态，见表 7.1。

表 7.1 不同 type 值的描述

type 值	描 述
button	定义可单击按钮（多数情况下，用于通过 JavaScript 启动脚本）
checkbox	定义复选框
file	定义输入字段和浏览按钮，供文件上传
hidden	定义隐藏的输入字段
image	定义图像形式的提交按钮
password	定义密码字段，该字段中的字符被掩码
radio	定义单选按钮
reset	定义重置按钮，重置按钮会清除表单中的所有数据
submit	定义提交按钮，提交按钮会把表单数据发送到服务器
text	定义单行的输入字段，用户可在其中输入文本，默认宽度为 20 个字符

textarea：定义多行的文本输入控件。

select：可创建下拉列表控件，与 option 标签联合，用于定义列表中的可用选项。

来看一个 HTML 表单的例子：

```
<form action="" medthod="post">
    <fieldset>
```

```
            <legend>表单窗口</legend>
                用户名：<br /> <input type="text" size="20" /><br />
                密码框：<br /> <input type="password" size="20" /><br />
                意见框：<br /><textarea rows="3" cols="21"></textarea><br />
                多选项：<input type="checkbox" value="C1" />C1 <input type="checkbox" value="C2" />C2<br />
                单选项：<input type="radio"  value="1" name="mr" checked="checked" />1 <input type="radio" value="0" name="mr" />0<br />
                下拉项：<br />
                    <select name="items">
                        <option value="T1">T1</option>
                        <option value="T2">T2</option>
                        <option value="T3">T3</option>
                        <option value="T4">T4</option>
                    </select> <br />
                <input type="reset" value="Reset" />   <input type="submit" value="Login" />
        </fieldset>
    </form>
```

表单窗口如图 7.2 所示。

图 7.2 表单窗口

7.3 HTML 框架

HTML 框架是在一个页面中内嵌多个页面的框架。HTML 使用 frameset 定义外框架，其主要属性是 cols 或 rows，分别定义水平框架和垂直框架，其属性值是一个百分比列表，分别代表各部分所占的比例；使用 frame 标签来定义框架内窗格，其主要属性是 src，代表本窗格显示的页面 URL。常用 HTML 框架见表 7.2。

表 7.2 常用 HTML 框架

类别	HTML 代码	样式	说明

三列框架	`<html>`
	`<frameset cols="25%,50%,25%">`
	`  <frame src="a.html">`
	`  <frame src="b.html">`
	`  <frame src="c.html">`
	`</frameset>`
	`</html>`
		a.html | b.html | c.html	cols 的值分别代表三列的比例

三行框架	`<html>`
	`<frameset rows="25%,50%,25%">`
	`  <frame src="a.html">`
	`  <frame src="b.html">`
	`  <frame src="c.html">`
	`</frameset>`
	`</html>`
		a.html / b.html / c.html	rows 的值分别代表三行的比例

混合框架	`<html>`
	`<frameset rows="20%,80%">`
	`  <frame src="a.html">`
	`  <frameset cols="25%,75%">`
	`    <frame src="b.html">`
	`    <frame src="c.html">`
	`  </frameset>`
	`</frameset>`
	`</html>`
		a.html / b.html | c.html	首先是两行的框架，第二行又是另一个两列的框架

内联框架	`<html>`
	`<body>`
	`<iframe src="a.html"></iframe>`
	`</body>`
	`</html>`
		a.html	iframe 用于在网页中嵌入一个内联网页

HTML 框架中用得比较多的是混合框架，如多数的邮箱页面（如图 7.3 所示），上部一般是邮箱基本信息，左侧是导航窗格，右侧大部分是列表和内容展示窗格。单击导航窗格的链接应在右侧显示内容，这需要在定义右侧窗格的时候声明窗格的名称（name），并在导航窗格的链接标签中指定目标（target）的值为这个名称。

举例说明：我们定义一个混合框架，其中右侧名称为 content，导航窗格的页面文件为 link.html，有三个链接项分别链接到 a.html 文件、b.html 文件和 b.html 文件的指定位置（称为锚点）。框架页面效果如图 7.4 所示。

```
<%@ page language="java" contentType="text/html; charset=UTF-8"
    pageEncoding="UTF-8"%>
<!DOCTYPE html PUBLIC "-//W3C//DTD HTML 4.01 Transitional//EN"
"http://www.w3.org/TR/html4/ loose.dtd">
<html>
  <head>
```

```html
<title>混合框架</title>
</head>
<frameset rows="20%,80%">
  <frame> </frame>
  <frameset cols="25%,75%">
    <frame src="link.html" noresize="noresize"></frame> <!-- 窗格大小不可改变 -->
    <frame name="content"></frame> <!-- 指定内容窗格名称 -->
  </frameset>
</frameset>
<noframes>   <!—如果浏览器不支持的提示 -->
<body>您的浏览器无法处理框架！</body>
</noframes>
</html>
```

link.html 代码如下：

```html
<html>
<meta charset="utf-8">
<a href="a.html" target="content">这是第一个内容</a><br />
<a href="b.html" target="content">这是第二个内容</a><br />
<a href="b.html#ppp" target="content">这是第二个内容的指定位置</a>
</html>
```

a.html 代码如下：

```html
<html>
<meta charset="utf-8">
<body>
这是第一个内容
</body>
</html>
```

b.html 代码如下：

```html
<html>
<meta charset="utf-8">
<body>这是第二个内容
<div style="height:500px;"></div>
<!-- div 占位盒子，用于拉开距离 -->
<a name="ppp">这是第二个内容的指定位置</a>
<div style="height:500px;"></div>
</body>
</html>
```

需要注意的是，body 标签不能与 frameset 标签一起使用。如果需要为不支持框架的浏览器添加一个提示，可以使用 noframes 标签，此时务必将 body 标签放置在 noframes 标签中，如上例。

frame 标签中可以用 noresize 属性限制对窗格大小的改变，因为窗格大小默认是可改变的。frame 标签的常用属性见表 7.3。

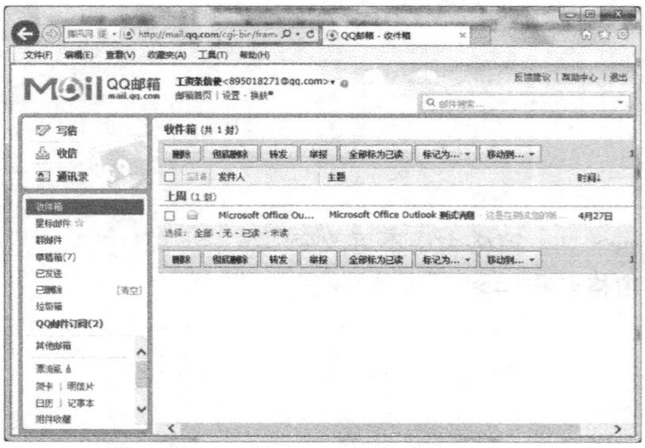

图 7.3 邮箱页面 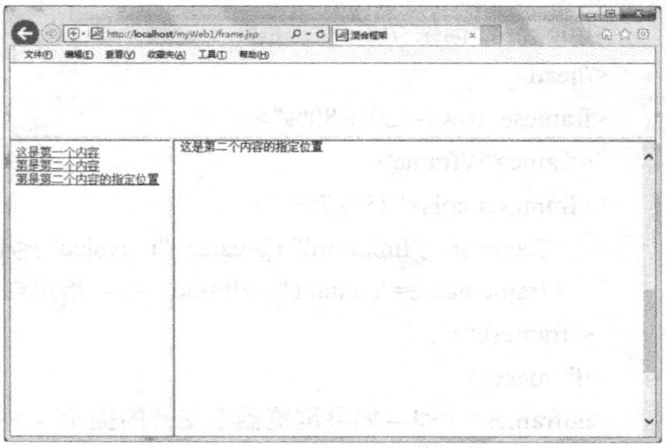　　　　　　　　　　　图 7.4 框架页面效果

表 7.3　frame 标签的常用属性

属　性	值	描　述
frameborder	0 或 1	规定是否显示框架周围的边框
marginheight	pixels	定义框架的上方和下方的边距
marginwidth	pixels	定义框架的左侧和右侧的边距
name	name	定义框架的名称
noresize	noresize	规定无法调整框架的大小
scrolling	yes no auto	规定是否在框架中显示滚动条
src	URL	定义在框架中显示的文档的 URL

7.4　HTML 的布局和列表

表格除了可以在网页中展示数据关系以外，还可以用来安排 HTML 布局（如早期的 Dreamweaver 中的表格布局）。简单的 HTML 表格由 table 标签，以及一个或多个 tr、th 或 td 标签组成。

table 标签定义 HTML 表格，tr 标签定义表格行，th 标签定义表头，td 标签定义表格单元。下面的代码产生一个三行两列的表格（见表 7.4）：

```
<table border="1" width="200" cellspacing="0"
cellpadding="10" align="center">
   <tr> <th>姓名</th> <th>性别</th></tr>
   <tr><td>张三</td><td>男</td></tr>
   <tr><td>李四</td><td>女</td></tr>
</table>
```

表 7.4 三行两列的表格

姓名	性别
张三	男
李四	女

table 标签的常用属性包括上述的 border（规定表格边框的宽度）、width（表格的宽度）、cellspacing（单元格之间的空白）、cellpadding（单元格边沿与其内容之间的空白）、align（水平对齐方式）等。单元格 td 标签还有与单元格合并（跨行或跨列）有关的两个属性 colspan=n 和 rowspan=n，分别代表向右合并 n 个单元格和向下合并 n 个单元格。看下面表格的代码：

```
<table border="1" cellspacing="0" cellpadding="10" >
    <tr> <td> </td><td colspan=2> </td></tr>
    <tr><td rowspan=2    </td><td> </td><td> </td></tr>
    <tr><td> </td><td> </td></tr>
</table>
```

合并后的表格见表 7.5。

表 7.5 合并后的表格

随着浏览器对 HTML5 和 CSS 样式的支持不断丰富，目前使用表格布局来设计网页的越来越少了，更多的是使用 CSS 支持的区块。

HTML 的传统区块主要是 div 和 span。div 标签可以把文档分割为独立、不同的部分。它可以用作严格的组织工具，并且不使用任何格式与其关联，除了"换行"。因为 div 是一个块级元素，这意味着它的内容自动地开始一个新行。

与 div 不同，span 标签被用来组合文档中的行内元素，没有固定的格式表现，并且它"不换行"。

div 和 span 构造的元素都没有固定格式，其作用主要是用来组织一个单元区块，通过给这个区块设置 id 或 class 属性，对该区块进行丰富的 CSS 样式修饰。

HTML 的列表分为有序列表和无序列表，分别用 ol 标签和 ul 标签表示，列表项都用 li 标签。表 7.6 中的代码分别定义了几种列表。

表 7.6 代码定义的几种列表

代　　码	列　　表

`<ol>`
　　`<li>鞋类</li>`
　　`<li>服装类</li>`
　　`<li>化妆品类</li>`
`</ol>`
	1. 鞋类
	2. 服装类
	3. 化妆品类

`<ol start="20">`
　　`<li>鞋类</li>`
　　`<li>服装类</li>`
　　`<li>化妆品类</li>`
`</ol>`
	20. 鞋类
	21. 服装类
	22. 化妆品类

续表

代 码	列 表

`<ul>`
　　`<li>`鞋类`</li>`
　　`<li>`服装类`</li>`
　　`<li>`化妆品类`</li>`
`</ul>`
	• 鞋类
	• 服装类
	• 化妆品类

7.5　HTML5 基础

HTML5 是 HTML 的第 5 个版本。HTML 在这个版本中不断推出新功能，Web 开发人员可以利用这些新功能提高程序的互操作性。为了实现这些新功能，HTML 不仅扩展了标签库，而且同时提供了对 PC 和移动终端的支持，具有强大的跨平台优势。例如，微信小程序，通过交互式网页，用户无须下载安装 App 即可通过任何终端浏览器获得想要的信息，更加符合用户分享、浏览的习惯，更能适应市场需求，也因此广受好评和关注。

HTML5 本身是由 W3C 推荐的技术标准，这个技术标准是公开的，这就意味着各种浏览器或每个平台都会遵照这个标准去实现。2016 年 11 月 1 日，W3C 发布了 HTML5 的第一个小版本 HTML5.1（如图 7.5 所示）。事实上，目前还有一些浏览器对新特性的支持有待完善。

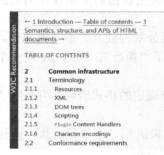

图 7.5　W3C 发布的 HTML5.1

相比过往版本的 HTML，HTML5 主要增加了以下新特性：

（1）用于绘画的 canvas 元素；

（2）用于媒介回放的 video 和 audio 元素；

（3）更好地支持本地离线存储；

（4）新的特殊内容元素，如 article、footer、header、nav、section；

（5）新的表单控件，如 calendar、date、time、email、url、search。

下面列举一些 HTML5 新增的标签。

7.5.1　video 和 audio 标签

目前，网页上的大多数视频是通过插件（如 Flash）来显示的。然而，并非所有浏览器都安装了所需的插件。HTML5 规定了一种通过 video 元素来包含视频的标准方法，如下：

```
<video width="320" height="240" controls="controls">
    <source src="m1.ogg" type="video/ogg">
    <source src="m1.mp4" type="video/mp4">
您的浏览器不支持 video 标签。
</video>
```

controls 属性提供了播放、暂停和音量控件。source 元素提供多个视频源供浏览器选择，浏览器将使用第一个可识别的格式。如果只有一个视频源，可以不需要 source 元素，而直接在 video 标签中加入 src 属性，把视频源的 URL 赋值给它。

video 还有以下属性，用来对视频进行设置：

autoplay="autoplay"：设置一旦视频就绪便自动开始播放。

loop="loop"：设置视频循环播放。

preload="auto" preload：设置在页面加载后载入视频，如果设置了 autoplay 属性，则忽略该属性。

HTML5 用于插入音频的标签是 audio，其用法与 video 一样。对于 Flash 动画，HTML5 增加了 embed 标签，用<embed src="XXX.swf">即可简单、快速地插入 Flash 动画。

7.5.2 HTML5 表单

HTML5 提供了多个新的表单输入类型，包括 email、url、number、range、search、color 和日期时间（date、 month、week、time、datetime、 datetime-local）等，还有配套的属性。HTML5 表单常用属性的功能及各大主流浏览器的支持情况见表 7.7。

表 7.7 HTML5 表单常用属性的功能及各大主流浏览器的支持情况

input type	功 能 简 述	IE	Firefox	Opera	Chrome	Safari
autocomplete	自动填充	8.0	3.5	9.5	3.0	4.0
autofocus	默认焦点	No	No	10.0	3.0	4.0
list	关联 datalist 列表	No	No	9.5	No	No
min, max step	设置最小值、最大值和步长值	No	No	9.5	3.0	No
multiple	设置可多选	No	3.5	No	3.0	4.0
novalidate	设置是否验证	No	No	No	No	No
pattern	设置匹配的正则表达式	No	No	9.5	3.0	No
placeholder	占位提示文字	No	No	No	3.0	3.0
required	声明为必填项	No	No	9.5	3.0	No

这些新特性提供了更好的输入控制和验证。来看一个例子：

```
<!DOCTYPE html>
<html>
<meta charset="utf-8">
<body>
```

```html
<form action="" method="post">
<fieldset>
            <legend>h5 表单</legend>
YourName:<br /> <input type="text" placeholder="请输入名字" autofocus /><br />
YourEmail:<br /> <input type="email" required="required" /><br />
WebSite:<br /> <input type="url" name="url" autocomplete="on" /><br />
YourAge: <input type="number" min="16" max="30" value="18" step="1" /><br />
YourRate: <input type="range" min="16" max="30" value="18" step="1" /><br />
YourBirth: <input type="date" /><br />
YourPhone:<br /> <input type="telephone" /><br />
YourFavorate:<br /> <input type="text" list="fv" />
            <datalist id="fv">
                <option value="http://www.baidu.com" label="百度" />
                <option value="http://www.qq.com" label="腾讯" />
                <option value="http://www.ifeng.com" label="凤凰网" />
            </datalist>
            <br />
YourColor:<input type="color" /><br />
<input type="search" /> <input type="submit" />
</fieldset>
</form>
</body>
</html>
```

上述代码中，第一句<!DOCTYPE html>是对使用 HTML5 的声明，告诉浏览器以 HTML5 标准解释代码。

fieldset 标签用于对表单内的相关元素分组，用 legend 设置分组的标题。fieldset 标签有 disabled 属性，当其值为 disabled 时（即 disabled="disabled"），这个分组内的所有输入域将不可用。

datalist 元素规定输入域的选项列表，列表是通过 datalist 内的 option 元素创建的。如需要把 datalist 绑定到输入域，将 datalist 的 id 值赋值给输入域的 list 属性即可。

对这些输入类型和属性的支持，目前各大浏览器会有所区别，图 7.6 是 Chrome 和 IE 浏览器的显示情况。可见 IE 对 date、number 、color 输入类型暂不支持。

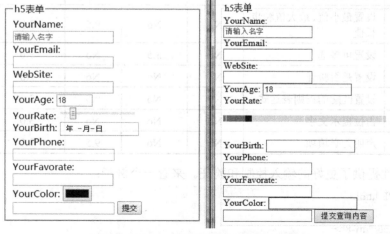

图 7.6　Chrome 和 IE 浏览器的显示情况

HTML5 的这些新特性，有些在移动终端的效果会更好。例如，iPhone 中的 Safari 浏览器支持 number 输入类型，并通过改变触摸屏键盘来配合它（显示数字）；而对 url 输入类型，会自动显示包含".com"的键盘来配合。HTML5 表单验证效果如图 7.7 所示。

图 7.7 HTML5 表单验证效果

7.5.3 HTML5 的文档结构标签

在 HTML5 以前的 HTML 页面中，大多使用了表格或 div+CSS 的布局方式。搜索引擎抓取页面的内容时，只能猜测页面的某个 td 或 div 内的内容是文章内容容器，或者是导航模块的容器，或者是作者介绍的容器等，整个 HTML 文档结构定义不清晰。HTML5 为了解决这个问题，专门添加了 header（页眉）、footer（页脚）、nav（导航）、article（文章）、section（章节）、aside（附记）等与文档结构相关的结构元素标签，HTML5 推荐的文档结构如图 7.8 所示。

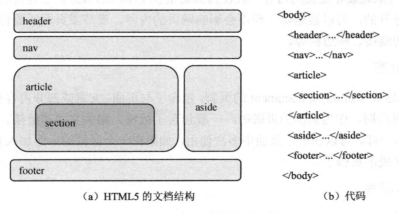

图 7.8 HTML5 推荐的文档结构

HTML5 中的相关结构标签如下。

1. header 标签

header 标签定义文档的页眉，通常是一些引导和导航信息。它不局限于写在网页头部，也可以写在网页内容里。通常 header 标签至少包含(但不局限于)一个标题标记(<h1>~<h6>)，也可以包括 hgroup（标题组）标签，还可以包括表格内容、标识、搜索表单、<nav>导航等。

2. nav 标签

nav 标签代表页面的一部分，是一个可以作为页面导航的链接组，其中的导航元素链接到其他页面或当前页面的其他部分，使 HTML 代码在语义化方面更加精确，同时对于屏幕阅读器等设备的支持也更好。

3. section 标签

section 标签定义文档中的节，如章节、页眉、页脚或文档中的其他部分，一般用于成节的内容，会在文档流中开始一个新的节。它用来表现普通的文档内容或应用区块，通常由内容及其标题组成。但 section 元素并非一个普通的容器元素，它表示一段专题性的内容，一般会带有标题。当描述一件具体的事物时，通常鼓励使用 article 来代替 section；当使用 section 时，仍然可以使用 h1 来作为标题，而不用担心它所处的位置，以及其他地方是否用到；当一个容器需要被直接定义样式或通过脚本定义行为时，推荐使用 div 元素而非 section。

4. article 标签

article 是一个特殊的 section 标签，它比 section 具有更明确的语义，它代表一个独立、完整的相关内容块，可独立于页面其他内容使用。例如，一篇完整的论坛帖子、一篇博客文章、一个用户评论等。一般来说，article 会有标题部分(通常包含在 header 内)，有时也会包含 footer。article 可以嵌套，内层的 article 对外层的 article 标签有隶属关系。例如，一篇博客的文章，可以用 article 显示，然后一些评论可以以 article 的形式嵌入其中。

5. aside 标签

aside 标签用来装载非正文的内容，被视为页面里一个单独的部分。它包含的内容与页面的主要内容是分开的，可以被删除，而不会影响网页的内容、章节或页面所要传达的信息，如广告、成组的链接、侧边栏等。

6. footer 标签

footer 标签定义 section 或 document 的页脚，包含了与页面、文章或部分内容有关的信息，如文章的作者或日期。作为页面的页脚时，一般包含了版权、相关文件和链接。它的使用和 header 标签基本一样，可以在一个页面中多次使用，如果在一个区段的后面加入 footer，那么它就相当于该区段的页脚了。

7. hgroup 标签

hgroup 标签是对网页或区段 section 的标题元素（h1~h6）进行组合。例如，在一区段中有连续的 h 系列的标签元素，则可以用 hgroup 将它们包含起来。

8. figure 标签

figure 标签用于对元素进行组合，多用于图片与图片描述组合。

结合上述标签来看一个例子：

```html
<!DOCTYPE html>
<html>
<meta charset="utf-8">
  <body>
    <header>
      <hgroup>
        <h1>国际新闻</h1>
        <h2>世界动态早知道</h2>
      </hgroup>
    </header>
    <nav>
      <ul>
        <li>亚洲新闻</li>
        <li>美洲新闻</li>
        <li>欧洲新闻</li>
        <li>非洲新闻</li>
      </ul>
    </nav>
    <article>
      <header>
        <hgroup>
          <h1>韩国总统大选倒计时 8 天 文在寅支持率单独领跑</h1>
          <h2>原标题：韩国总统大选倒计时 8 天 文在寅支持率单独领跑</h2>
        </hgroup>
      </header>
      <time datetime="2017-05-01">2017.05.01</time>
      <p>中新网 5 月 1 日电 中新网 5 月 1 日电 据韩联社报道,将于 5 月 9 日举行的第 19 届韩国总统选举进入倒计时 8 天,主要候选人支持率出现"1 强 2 中 2 弱"的新局面,</p>
      <figure>
            <img src="img.gif" alt="figure 标签" title="figure 标签" />
            <figcaption>这里是图片的描述信息</figcaption>
      </figure>
      <section>
         <h3>新闻延伸</h3>
         <p>美日韩军演施压,朝鲜方面也毫不示弱……</p>
      </section>
    </article>
    <aside>
      关注<a href="">凤凰网</a>,今日新闻早知道
    </aside>
    <footer>&copy;凤凰网</footer>
  </body>
</html>
```

从 HTML5 文档结构效果上看（如图 7.9 所示），新的结构性标签并没有排版功能，具体的排版工作还有赖于编写相应的样式。但是，这些标签让 HTML 文档结构更加清晰，可阅读性更强，更有利于被搜索引擎理解并优化。

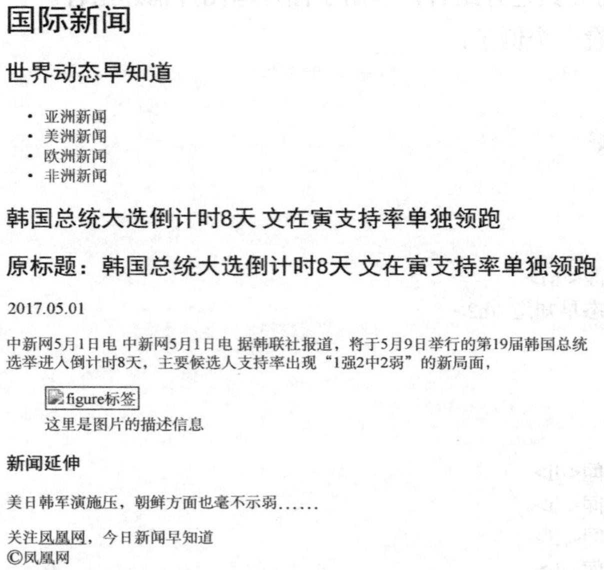

国际新闻

世界动态早知道

- 亚洲新闻
- 美洲新闻
- 欧洲新闻
- 非洲新闻

韩国总统大选倒计时8天 文在寅支持率单独领跑

原标题：韩国总统大选倒计时8天 文在寅支持率单独领跑

2017.05.01

中新网5月1日电 中新网5月1日电 据韩联社报道，将于5月9日举行的第19届韩国总统选举进入倒计时8天，主要候选人支持率出现"1强2中2弱"的新局面。

[figure标签]
这里是图片的描述信息

新闻延伸

美日韩军演施压，朝鲜方面也毫不示弱……

关注凤凰网，今日新闻早知道
ⓒ凤凰网

图 7.9　HTML5 文档结构效果

第 8 章 层叠样式表基础

前面介绍的 HTML 语言在网页中用于定义元素，声明是什么种类的元素。在表达元素的显示样式方面，HTML 自有标签和属性（例如，字体和颜色）已经不能满足日益丰富的网页元素的需求了。为了解决这个问题，W3C 创造出了层叠样式表（CSS），用样式表来定义如何显示 HTML 元素。

 ## 8.1 样式的基本语法

"属性:值"这样的键值对是 CSS 样式声明的基本单位，属性是希望设置的样式属性，每个属性有一个值，属性和值之间用冒号分开。当需要设置多个属性时，用分号把多个键值对分开，格式如下：

属性 1:值 1;属性 2:值 2;属性 3:值 3……

例如，声明一个字体大小为 14px，行距为 25px，首行缩进两个字符，字体为红色黑体字的样式，可以用下面的代码：

font-size:14px;line-height:25px;text-indent:2em;color:#ff0000;font-family: "黑体"

CSS 支持的样式属性可参阅参考手册，属性值的类型除了表征数量的类型外，还有文本类型（注意要加双引号）、颜色值等。

CSS 的颜色值有多种表示方式，可以是常用颜色的英文单词，如 red、blue、green、white、black 等，也可以用"#"加十六进制的六位数（前两位表示红色、中间两位表示绿色、最后两位表示蓝色）来表示三原色的叠加效果，或者用"#"加十六进制的三位数（每位分别代表红绿蓝），还可以使用 rgb(r,g,b) 函数形式表示（r、g、b 的取值为 0~255）。例如，上述红色除了可以用#FF0000 表示外，还可以用 red、#F00、rgb(255,0,0)表示。

 ## 8.2 样式应用方式

CSS 允许以多种方式规定 HTML 元素的样式信息。样式可以规定在单个的 HTML 元素中，也可以在 HTML 页的头元素中，或在一个外部的 CSS 文件中，甚至可以在同一个

HTML 文档内部引用多个外部样式表。

1. 元素内联样式

元素内联样式是在定义元素时使用元素的 style 属性来规定样式。例如，某一段落元素标签内的 style 属性可以这样设置：

```
<p style="font-size:14px;line-height:25px;text-indent:2em;">段落文字</p>
```

这种元素内联样式只影响本元素，无法应用到别的元素或页面内其他相同类型的元素。

2. 使用样式表元素

HTML 语言中有专门的样式表标签 style，用于构建样式表元素，利用样式表元素的内容可以对本页所有指定的元素应用声明的样式。样式表元素的格式如下：

```
<style>
选择器{
属性1:值1;
属性2:值2;
…
}
</style>
```

这里的"选择器"通常是需要改变样式的 HTML 元素，这些受影响的 HTML 元素可以是一个，也可以是一组，取决于选择器的类型。

CSS 的选择器有四种，分别是标签类型、id 类型、class 类型和属性类型。

第一种是标签类型的选择器。它直接用标签名作为选择器，这时声明的样式将作用于页面中所有该标签定义的 HTML 元素。比如：

```
<style>
h1{
text-align:center;
font-size:18px;
text-decoration:bold;
}
</style>
```

上述样式元素放在 HTML 文档的 head 元素内，将使页面中所有的 h1 元素按这里声明的样式修饰。

第二种是 id 类型的选择器。利用页面内 HTML 元素的 id 值前加"#"作为选择器，此时声明的样式仅修饰该 id 值标识的元素。

例如，页面中有一个 id="myDiv" 的 div 元素，利用如下样式元素可以对它进行修饰：

```
<style>
#myDiv{width:200px;}
</style>
```

这种样式也只能修饰单一元素。

第三种是 class 类型的选择器。页面内 HTML 元素的 class 值前加"."作为选择器，此时声明的样式可作用于所有具有相同 class 值的元素。

例如，页面中有一个 div 元素的 class 属性值为 news，一个 footer 元素的属性值也为 news，则通过如下代码定义的样式，可以使这两个元素的顶端都空出 20px 的位置：

```
<style>
. news{margin-top:20px;}
</style>
```

第四种是属性类型选择器。这种选择器可以对带有指定属性的 HTML 元素设置样式，而不仅限于 class 和 id 属性。使用"[ ]"将包含属性和值的选择条件括起来，比如：

```
<style>
[title]{color:#0f0;}              /* 选择所有设置了 title 属性的元素，无论其值 */
[title=hello]{font-size:20px;}    /* 选择所有设置了 title 属性且其值为 hello 的元素 */
input[type=text]{color:red;}      /* 选择 input 元素中 type 属性值为 text 的元素   */
</style>
```

属性类型的选择器在为不带 class 或 id 的表单设置样式时特别有用。

此外，在定义样式表元素时，可以多个选择器共享一段样式声明，此时多个选择器之间用逗号隔开。例如，将页面 h1~h6 标题都声明为蓝色，可以用如下样式代码：

```
<style>
h1,h2,h3,h4,h5,h6{color:blue;}
</style>
```

除了选择器共用样式声明外，还有一种派生选择器，即样式声明仅作用在一个选择器内部的派生选择器，父选择器与派生选择器之间用空格分隔，比如：

```
<style>
p .myclass{ color:red;}
#myid p{background-color:blue; }
</style>
<span class="myclass">文本 1</span>
<body>
<p>文本 2
<span class="myclass">文本 3</span>
</p>
<p>文本 4</p>
<div id="myid">
<p>文本 5</p>
</div>
</body>
```

上述例子中，文本 3 为红色字，文本 5 为蓝色背景，这是因为：

p .myclass 代表选择 p 元素内的所有 class="myclass"的元素，文本 1 所在元素虽然规定了 class="myclass"，但它并不在 p 元素内，所以没有被样式修饰。文本 3 满足被选择条件，被指定样式修饰。

#myid p 代表选择 id="myid"的元素内的 p 元素，文本 2 和文本 4 虽然都是 p 元素内容，但其所在的 p 元素都不在 id="myid"的元素内，故也不被样式修饰，而文本 5 满足被选择条件，能被指定样式修饰。

此外还有用">"分隔的子元素选择器，用于选择某个元素的子元素；用"+"分隔的相邻兄弟选择器，用于选择紧接在另一个元素后的元素。

例如，如果希望设置只作为 h1 元素子元素的 strong 元素字体为红色，可以这样写：

h1 > strong {color:red;}

再如，如果要设置紧接在 h1 元素后出现的段落的上边距为 50px，可以这样写：

h1 + p {margin-top:50px;}

3. 独立的样式表文件

可以将上述的样式表元素内容独立成为一个以".css"为后缀名的样式表文件，在需要使用这些样式时引入这些样式表文件。引用的代码为：

\<link rel="stylesheet" type="text/css" href="XXX.css"\>

其中 XXX.css 代表文件名。使用这种方式可以实现有效的样式代码重用，允许同时控制多重页面的样式和布局，而且简单地改变样式文件，就可以同时改变站点中所有页面的布局和外观。

以上样式应用的三种方式，如果同时对一个 HTML 元素进行修饰，也就是说当同一个 HTML 元素被不只一个样式修饰时，会使用哪个样式呢？一般而言，所有的样式会根据规则层叠于一个新的虚拟样式表中，这些规则的优先级（从左到右优先级依次降低），如图 8.1 所示。

图 8.1　规则优先级

由此可见，内联样式（在 HTML 元素内部）拥有最高的优先权，只有在内联样式中没声明的样式，才会依次往下寻找匹配的样式。

8.3　CSS 常用样式

CSS 的常用样式主要应用在字体、文本、列表、盒子、表格元素上。

字体（font）样式主要是对字体系列（font-family）、大小（font-size）、倾斜（font-style）、粗细（font-weight）、颜色（color）、字符间距（letterspacing）等进行修饰。

文本（text）样式主要是修饰文本的行间距（line-height）、对齐方式（text-align）、方向（direcation）、缩进（text-indent）、画线装饰（text-decoration）、阴影（text-shadow）、溢出（text-overflow）等。

对列表元素（li）的修饰包括列表图标（list-style-type）、图像（list-style-image）和位置（list-style-position）。

HTML 中的大多数元素，都可以当成容器盒子，元素内容放在盒子里面，对应的 CSS 样式主要用于修饰盒子的大小（width 和 height）、位置（position、top、right、bottom 和 left）、边距（margin）、填充（padding）、边框（border）等，CSS 盒子模型都具备这些属性。

如图 8.2 所示盒子模型中，margin（外边距）代表盒子外边框与父元素内边界对应的空白距离，padding（内边距）是指盒子内内容与盒子内边框之间的空白距离，而 border（边框）有厚薄和颜色之分，content（内容）在网页设计中常指文字、图片等元素，也可以是另一个小盒子（div 嵌套）。

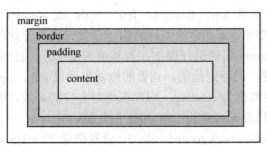

图 8.2　盒子模型

盒子模型内的内容如果溢出盒子的大小（overflow），此时可选择在盒子边框外显示（visible）、自动裁剪掉溢出部分（hidden）、提供滚动机制（scroll）等处理方式。

每个盒子都有四个方向，即上、左、下、右，对应的边框、外边距、内边距及四个角的样式可以分开定义，也可以四个方向一起定义，如下列样式声明中，s1 和 s2 是等效的，s3 和 s4 也是等效的，依次类推。

```
.s1{
border-width:1px;
    border-style:solid;
    border-color:red;}

    .s2{border:1px solid red;}

    .s3{
    border-width:2px;
    border-style:solid;
    border-top-color:red;
    border-right-color:green;
    border-bottom-color:yellow;
    border-left-color:blue;
    }

    .s4{
    border-width:2px;
    border-style:solid;
```

```
        border-color:red green yellow blue;
    }
```

  CSS3 对盒子模型还增加了圆角（radius）和阴影效果（shadow）的样式，使元素展现得更加丰富多彩。例如，使用"border-radius:5px"将使盒子的四个角呈现圆角，数值 5px 或百分比代表曲率，值越大曲率越大。还可以只对其中一个角做圆角修饰，如对右下角修饰时使用"border-bottom-right-radius:5px;"，依次类推。

  盒子模型的阴影效果使用 box-shadow 属性，其值前三个数值依次代表水平阴影的位置、垂直阴影的位置、模糊距离，第四个参数代表颜色值，如 box-shadow:5px 5px 10px #999。

  盒子模型的 position 属性用于规定元素的定位类型，其默认值（static）没有定位功能，元素出现在正常的流中（忽略 top、bottom、left、right 或 z-index 声明）；其值为 absolute，代表绝对定位的元素，相对 static 定位以外的第一个父元素进行定位，此时元素的位置通过 left、top、right 及 bottom 属性进行规定；若其值为 fixed，也代表绝对定位的元素，不同的是它是相对于浏览器窗口进行定位的，元素的位置也通过 left、top、right 及 bottom 属性进行规定；若 position 属性取值为 relative，则代表相对定位的元素，即相对于其正常位置进行定位，如"left:20px;"，代表元素左边空出 20px 的位置。

  背景样式包括背景颜色（background-color）、背景图像（background-image）、背景开始位置（background-position）、背景铺设方式（background-repeat）、背景绘制区域（background-clip）、背景的定位区域（background-origin）、背景的大小（background-size）、背景与页面的附着方式（background-attachment）等。

  根据上述样式属性，可以对 HTML5 的文档布局结构做如下修饰。假设有以下的 HTML5 标准的文档布局结构：

```html
<body>
<header>header</header>
<nav>
  <ul>
    <li>链接一</li><li>链接二</li><li>链接三</li>
  </ul>
</nav>
<article>article</article>
<aside><p>aside</p></aside>
<footer>footer</footer>
</body>
```

使用如下样式定义（结合注释理解）：

```css
<style>
header{                              /*定义头部样式*/
    top:0px;                         /*定义头部在父元素（此外为 body）内上侧的距离*/
    width:100%;                      /*定义头部的宽度，100%即浏览器宽度*/
    height:100px;                    /*定义头部高度，为绝对高度 100px*/
    background-color:#aaaaaa;        /*定义背景颜色 */
}
```

```css
/*以下布局元素样式定义与 header 元素类似*/
nav{
top:100px;
width:100%;
height:40px;
background-color:#ccffcc;
}
article{
top:140px;
width:80%;
height:400px;
background:#f4f4f4;
}
aside{
top:140px;
width:20%;
height:400px;
left:80%;
background:#cccccc;
}
footer{
top:540px;
width:100%;
height:50px;
background:#aaaaaa;
}
header,footer,article,aside,nav{    /*定义所有布局元素公共的样式*/
position:absolute;                  /*定义绝对定位*/
font-size:30px;                     /*定义字体大小为 30px*/
text-align:center;                  /*定义居中对齐*/
}
ul{                                 /*定义列表样式*/
  margin-top:10px;                  /*定义列表上侧距离*/
  padding-left:0px;                 /*定义列表在父元素内左侧距离*/
}
li{                                 /*定义列表项样式*/
    font-size:14px;                 /*定义列表项字体大小为 14px*/
    cursor:pointer;                 /*定义列表项鼠标图标为手形*/
    float:left;                     /*定义列表项为左侧浮动样式,即接左侧元素不换行*/
    margin-left:50px;               /*定义列表项左侧距离*/
    list-style-type:none;           /*定义列表项前无图标*/
    font-weight:bold;               /*定义列表项字体加粗*/
}
</style>
```

此时，CSS 修饰的 HTML5 文档样式如图 8.3 所示。CSS 的常用样式属性及取值可参阅本书附录。

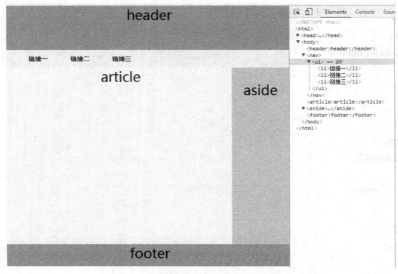

图 8.3　CSS 修饰的 HTML5 文档样式

第 9 章 前端脚本语言 JavaScript

HTML 定义了网页的内容，CSS 描述了网页的布局，而 JavaScript 执行网页的行为。JavaScript 是一种直译式脚本语言，它不需要像 C、VB、Java 等编程语言一样先编译再执行，其源代码在发往客户端运行之前不用经过编译，而是将文本格式的字符代码发送给浏览器，由浏览器的 JavaScript 引擎解释运行。JavaScript 引擎为浏览器的一部分，广泛用于客户端的脚本语言，用来给 HTML 网页增加交互功能。

HTML 页面中使用 JavaScript 的方式是使用 script 标签，格式如下：

```
<script>
//JavaScript 代码
</script>
```

也可以将 JavaScript 代码放置在以.js 为后缀的专门文件中，通过标签引入该文件，格式如下：

```
<script src=XXX.js"></script>
```

使用后者可以让 JavaScript 代码被多个 HTML 页面共同使用，同时使 HTML 页面与 JavaScript 分离，互不干扰。

在一些旧版本的 HTML 代码中，script 标签中会使用 type="text/javascript"或 language="javascript" 这样的属性说明，现在已经不必这样做了，因为 JavaScript 是所有现代浏览器及 HTML5 中的默认脚本语言。

script 标签可以放置在 head 元素中，也可以放在 body 元素中。通常，需要将在页面加载时输出的 script 脚本放在 body 元素中，而一些在页面加载完成后等待触发某一事件才执行的函数则放在 head 元素中。

JavaScript 是基于事件驱动的动态语言，当需要在某个事件发生时（如单击 onclick 按钮）执行代码，可以把这段代码放入函数中，在事件发生时调用该函数。

看两个简单的应用（见表 9.1）。

表 9.1 两个简单的应用

script 放在 body 元素中	script 放在 head 元素中

`<body>`
　`<script>`
	`<head>`
	`<script>`
	`function MyFunction(){`

续表

script 放在 body 元素中	script 放在 head 元素中
document.write("<h1>通过 JS 在 BODY 中输出内容。</h1>"); </script> </body>	alert("这是被触发事件时的弹出窗口。");} </script> </head> <input type="button" onclick="MyFunction()" value="点我执行函数。" /> </body>
通过JS在BODY中输出内容。	这是被触发事件时的弹出窗口。

9.1 JavaScript 的数据类型

JavaScript 的表达式、语句语法、流程结构和面向对象等特性与 Java 相似，但它是一种弱类型的脚本语言，拥有动态类型特性，用 var 关键字来声明所有类型的变量，这意味着相同的变量可拥有不同的类型。

JavaScript 的数据类型包括字符串、数字、布尔、数组、日期、自定义对象、空（Null）类型、未定义（Undefined）类型等。例如，用以下语句定义 x：

```
var x;              //未定义类型
x=3;                //数字型，Number 对象
x="abcdefg";        //字符串型，String 对象
x=true;             //布尔型，Boolean 对象
x=new Array();      //数组型，Array 对象
x=new Date();       //日期型，Date 对象
```

JavaScript 的变量均为对象，声明一个变量时，就创建了一个新的对象。如"var x=3;"与"var x=new Number(3);"是一样的，"var x=true;"与"var x=new Boolean(true);"也是一样的。

Date 类型创建的对象，可以使用一系列的 getXXX 方法和 setXXX 方法访问其属性值，其中 XXX 代表 Seconds、Minutes、Hours、Date、Day、Month、FullYear 等，Date 类型创建的对象见表 9.2。

表 9.2 Date 类型创建的对象

```
<script>
var x=new Date();
alert(x);
alert(x.getDay());
//输出一周中的第几天
</script>
```

除了系统已有的这些对象类型（如 String、Number、Boolean、Date）外，也可以自定义对象类型，见表 9.3。

表 9.3 自定义对象类型

```
<script>
function Person(name,age){
//定义了一个全局函数，相当于类的构造方法
this.name=name;
this.age=age;
}
var p=new Person("Jim",20);
//新建了自定义对象
alert(p.name +' is '+p.age+ ' years old.'); //通过"对象.属性"
的方式访问对象的属性
</script>
```

JavaScript 的 Math 并不像 Date 和 String 那样是对象的类，而是通过把 Math 作为对象使用，就可以调用其所有属性和方法，如 Math.sin()，使用其函数功能；如 Math.PI，使用其属性值。事实上，Math 对象还有 ceil、floor、abs、exp、pow、random、sqrt、round 等方法，和 Java 中的 Math 类的静态方法是一样的。来看一个发红包的例子，通过弹出窗口分别输入红包总金额和红包个数，随机输出一组红包，代码及相关注释如下：

```
<script>
    var money = prompt("请输入红包金额：", 10); //使用 prompt 弹出输入框
    var n = prompt("请输入红包个数：", 10);
    if (money < n * 0.01) { //如果总金额不够（每个红包按不少于 0.01 元算）
        alert("红包不够分呀！");
    } else {
    for ( var i = 1; i < n; i++)
{ //发 1 至(n-1)个红包，剩下的即最后一个（第 n 个）红包
  //两次随机，避免大金额集中在前面，money - 0.01 * (n - i)为了给剩余的 n-i 个红包预留
        var lucky = Math.round(Math.random()*Math.random() * (money - 0.01 * (n - i)) * 100) / 100;
        lucky = lucky < 0.01 ? 0.01 : lucky; //如果当前红包小于 0.01 元即以 0.01 替代
        lucky = lucky.toFixed(2); //toFixed 是格式化输出方法，红包按两位小数输出
        document.write("第" + i + "个红包：" + lucky + "<br />");
        money = money - lucky; //分完红包 i 后剩余的金额
    }
```

```
        document.write("第" + n + "个红包：" + money.toFixed(2));
        //最后剩下的即最后一个红包
    }
</script>
```

输出结果：

第 1 个红包：0.99
第 2 个红包：3.82
第 3 个红包：0.38
第 4 个红包：2.19
第 5 个红包：0.18
第 6 个红包：0.52
第 7 个红包：0.04
第 8 个红包：0.43
第 9 个红包：0.04
第 10 个红包：1.41

在例子中，使用了 prompt 函数接收用户输入，prompt 和 alert 一样会弹出对话框，只不过 prompt 具有接收用户输入的功能[如图 9.1（a）所示]，其两个参数分别是提示信息和默认值，返回值赋给函数左侧的变量或属性。另外，JavaScript 还有一个确认弹出对话框 confirm，用于询问用户是否确认信息，其参数代表提示信息，返回值（确定是 true，取消是 false）赋值给函数左侧的变量或属性。如 "var c=confirm("开始发红包吗？")；"，将弹出如图 9.1（b）所示的 confirm 确定对话框。

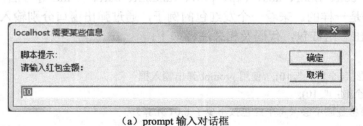
（a）prompt 输入对话框

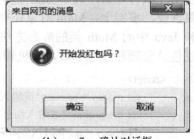
（b）confirm 确认对话框

图 9.1　两种对话框

9.2　JavaScript 操作 HTML 元素

JavaScript 在浏览器中执行动作通常都是操作页面中的 HTML 元素，包括获得、修改、增加、删除 HTML 元素及其属性、样式，以及响应页面事件。为了更好地操作 HTML 元素，

W3C 推荐使用文档对象模型（Document Object Model，DOM）。DOM 把页面文档中的所有对象组织成一个树状结构，定义了表示和修改文档所需的对象、这些对象的行为和属性，以及这些对象之间的关系，DOM 结构如图 9.2 所示。

window 对象表示浏览器中打开的窗口，每个载入该窗口的 HTML 文档都会成为它的 document 对象，history 对象包含该窗口中访问过的 URL，location 对象包含有关当前 URL 的信息。这些对象都有自己的方法和属性，来看一个常用的例子（如图 9.3 所示）：

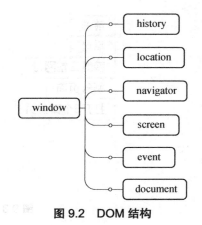

图 9.2 DOM 结构

```
<script>
function goBack(){
window.history.back(); //back 方法回退到上一页
//也可以用 window.history.go(-1);指向指定页（-1 表示回退上一页）
}
function goAhead(){
window.history.go(1);   //go 方法指向指定页（1 表示向前一页）
//也可以用 window.history.forward();向前一页
}
function getUrl(){
alert(window.location.href);    //href 属性获得完整 URL
}
function reFresh(){
window.location.reload(); //reload 方法重新载入页面
}
function open3(){
for(var i=0;i<3;i++){
window.open("http://www.baidu.com"); //open 方法打开百度主页
}
}
</script>
<body>
<!--以下在页面中显示按钮并通过其 onclick 事件调用前面定义的函数   -->
<input type="button" value="前进" onclick="goAhead();"/><br />
<input type="button" value="后退" onclick="goBack();"/><br />
<input type="button" value="获得当前网址" onclick="getUrl();"/><br />
<input type="button" value="刷新页面" onclick="reFresh();"/><br />
<input type="button" value="打开 3 个百度页" onclick="open3();"/><br />
</body>
```

document 对象是 JavaScript 脚本操作 HTML 元素的最重要的对象，用它可以从脚本中对 HTML 页面中的所有元素进行访问。脚本获得 HTML 元素（在 DOM 中称为 Element 对象）的方法如下。

（1）通过元素的 ID 获取元素，方法：document.getElementById("元素 ID");。

图 9.3 history 和 location 对象示例

（2）通过元素的 Name 获取元素组，方法：document.getElementsByName("元素 Name");，再通过元素组的 item[序号]属性获得相应的元素。

（3）通过元素的标签名获取元素组，方法：document.getElementsByTagName("元素标签名");，再通过元素组的 item[序号]属性获得相应的元素。

（4）通过 document 对象的 forms[元素序号]等属性获得相应的元素。

Element 对象有很多重要的属性和方法，用于对 HTML 元素及其属性、样式、内容进行操作。其中，对元素本身属性的访问，如 id、value、style 等，可以直接通过"元素.属性"的形式访问，还可以通过 setAttribute 和 getAttribute 的形式访问，格式为"元素.getAttribute(属性名);""元素.setAttribute(属性名,属性值);"。访问 Element 对象的内容（即元素开始和结束标签之间的部分），可以使用如下两个属性：

● innerHTML 属性，设置或返回元素的 HTML 格式的内容。

● textContent 属性，返回元素文本格式的内容。

来看一个综合的例子：

```
<script>
var myElement;
function getText(){
myElement=document.getElementById("myId"); //用 Id 获得元素
alert(myElement.textContent); //获取并输出文本格式内容
}
function getHTML(){
myElement=document.getElementsByName("myName").item(0);
  //用 Name 获得元素组，再用 item 获得第一个元素
alert(myElement.innerHTML); //获取并输出 HTML 格式内容
}
function changeColor(){
myElement=document.getElementsByTagName("div").item(0);
//用标签名（TagName）获得元素组，再用 item 获得第一个元素
var r=parseInt(Math.random()*256);   //随机产生一个数，并用 parseInt 函数转为整数
var g=parseInt(Math.random()*256);
var b=parseInt(Math.random()*256);
myElement.style.color="rgb("+r+","+g+","+b+")"; //用 style 属性改变颜色样式
```

```
}
</script>
<body>
<div id="myId" name="myName" style="text-align:center; width:100%;font-size:20px;">
<span>标题文本</span>
</div>
<div style="width:100%;text-align:center;">
<input type="button" value="获得文本格式内容" onclick="getText()" />
<input type="button" value="获得 HTML 格式内容" onclick="getHTML()" />
<input type="button" value="改变 随机颜色" onclick="changeColor()" />
</div>
</body>
```

页面效果和弹出对话框，如图 9.4 所示。

图 9.4　页面效果和弹出对话框

在上述的例子中，使用了获取元素的三种常用方法，并分别获取了文本格式的内容和 HTML 格式的内容，使用了 style 属性修改元素的样式。

再来看一个常用在"协议文本页"等待用户看完内容后才允许单击"同意"按钮的例子：

```
<script>
var s=10; //初始计时时间
var t;   //记录全局时钟
function wait(){ //声明一个函数
var mywait=document.getElementById("mywait"); //用 Id 获得按钮元素
s--; //自减
if(s>0){
mywait.value=s+"秒后启用该按钮";   //mywait 元素的 value 属性被重新赋值
}else{
mywait.disabled=""; //mywait 元素的 disabled 属性被重新赋值
mywait.value="同意，下一步"; //mywait 元素的 value 属性被重新赋值
clearInterval(t);    //停止时钟
}
}
t=setInterval("wait()",1000); //时钟函数 setInterval 设置每隔 1 秒执行一次 wait()函数
</script>
```

```
<body>
<div style="text-align:center;width:100%;"><h1>协议</h1>协议内容</div>
<input type="button" id="mywait" value="9 秒后启用该按钮" disabled="disabled" />
</body>
```

等待时间前后页面的效果，如图 9.5 所示。

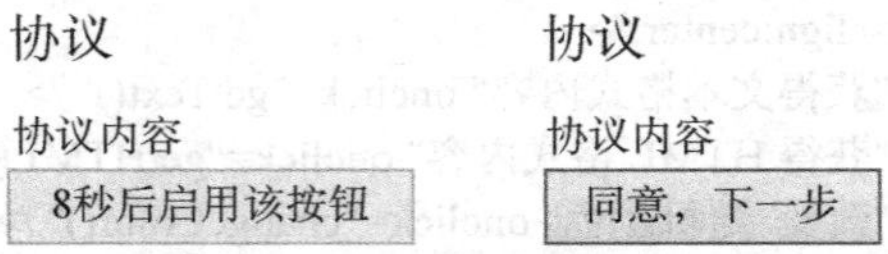

协议

协议内容

8秒后启用该按钮

协议

协议内容

同意，下一步

图 9.5　等待时间前后页面效果

上述例子使用了 window 对象的 setInterval("函数名"，毫秒时间)方法。该方法每隔一段时间执行一次指定函数，直到使用 clearInterval 方法停止时钟。JavaScript 直接修改按钮元素的 disabled 属性，该属性值为"disabled"时按钮不可用，为空字符串时恢复可用。

9.3　DOM 的 Node 节点

DOM 将 HTML 文档和 XML 文档的元素组织成树状结构（如图 9.6 所示），每个元素都是这棵树的一个节点（Node），这棵树本身就是所有元素节点的根节点。此外，HTML 元素内的文本是文本节点，每个 HTML 属性是属性节点，注释是注释节点。

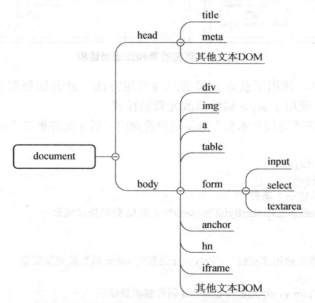

图 9.6　HTML 文档和 XML 文档的树状结构

树中的节点彼此拥有层级关系，这些层级关系包括父（parent）、子（child）和同胞（sibling）等。父节点可拥有任意数量的子节点，拥有相同父节点的同级子节点称为同胞。在树中，顶端节点称为根（root），除了它，每个节点都有父节点。

图 9.7 展示了节点间的关系。

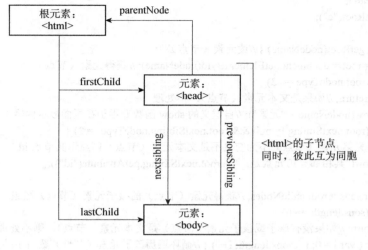

图 9.7 节点间关系

在图 9.7 中，<html>节点是根节点，<head>和<body>的父节点是<html>节点，<head>元素是<html>元素的首个子节点，<body>元素是<html>元素的最后一个子节点，<head>的下一个同胞节点是<body>，<body>的上一个同胞节点是<head>。

DOM 提供了访问这些节点的方法，所有节点（HTML 元素）均可被修改，也可以被创建或删除。DOM 常用的操作节点的方法和属性如下。

createElement( )方法，用于创建新节点（元素）；
createTextNode( )方法，用于创建文本节点；
appendChild(node)方法，用于插入新的子节点（元素）；
removeChild(node)方法，用于删除子节点（元素）；
replaceChild(node,node)方法，用于替换子节点（元素）；
insertBefore(node)方法，用于在指定的子节点前面插入新的子节点（元素）；
createAttribute( )方法,用于创建属性节点,元素通过 setAttributeNode 方法设置该属性节点；
parentNode 属性，用于获得节点（元素）的父节点；
childNodes 属性，用于获得节点（元素）的子节点集合；
attributes 属性，用于获得节点（元素）的属性节点集合；
nodeValue 属性，用于获得节点（元素）的内容。
来看下面的例子：

```
<html>
  <head>
    <title>Node 节点示例</title>
  </head>
<style>
#c21,#c22,#c23{text-indent:4em;}
</style>
  <body>
    <script>
```

```javascript
function showTree() {
    clear();
    getRoot("c");
}
function getRoot(nodeName) { //读元素（节点）
    var root = document.getElementById(nodeName); //获得元素（节点）
    if (root.nodeType == 3)
        return; //如果是文本元素（节点），不处理
    show(nodeName + "元素"); //自定义的 show 函数专用于在页面显示内容
    if (root.nextSibling != null && root.nextSibling.nodeType != 3) {
//如果其相邻兄弟元素（节点）不为空且不是文本元素（节点）则显示其节点 id
        show("其相邻兄弟元素是：" + root.nextSibling.getAttribute("id"));
    }
    var sons = root.childNodes; //获得元素（节点）的孩子元素（节点）数组
    if (sons.length == 0)
        return; //如果没有孩子或孩子元素（节点）是文本元素（节点），则不处理
    for ( var i = 0; i < sons.length; i++) { //循环遍历孩子元素（节点）数组中的元素
        var tNode = sons.item(i);
        if (tNode.nodeType != 3) {
            var tName = tNode.getAttribute("id");
            show(nodeName + "元素的第" + i + "个孩子：" + tName);
            getRoot(tName); //如果是非文本元素，则递归调用 getRoot 函数
        } else {
            show(nodeName + "元素的第" + i + "个孩子是文本节点:"
                    + tNode.textContent);
        }
    }
}
function show(msg) {
    var myShow = document.getElementById("show"); //获得 id 为 show 的节点
    var newNode = document.createElement("div"); //创建新的 div 节点
    newNode.innerHTML = msg; //将参数 msg 赋值给新节点作为内嵌内容
    myShow.appendChild(newNode); //将新节点添加在原 show 节点下
}
function clear() {
    var myShow = document.getElementById("show"); //获得 id 为 show 的节点
    var childNodes = myShow.childNodes; //获得节点下的子节点集合
    while (childNodes.item(0)) { //循环删除子节点集合中的所有节点
        myShow.removeChild(childNodes.item(0));
    }
}
function addNode() {
    var root = document.getElementById("c"); //获得元素（节点）
    var newNode = document.createTextNode("c-ABAB"); //创建文本节点
    root.appendChild(newNode); //将新节点添加在原根节点下
}
</script>
<input type="button" onclick="showTree();" value="获取节点树" />
<input type="button" onclick="addNode();" value="增加文本节点" />
```

```
    <div id="show"></div> <hr>
    <div id="c">c0-AAA<div id="c1">c1-BBB</div><div id="c2">c2-CCC<div id="c21">c21-DDD</div>
<div id="c22">c22-EEE</div><div id="c23">c23-FFF</div></div></div>
    </body>
</html>
```

Node 节点示例如图 9.8 所示。

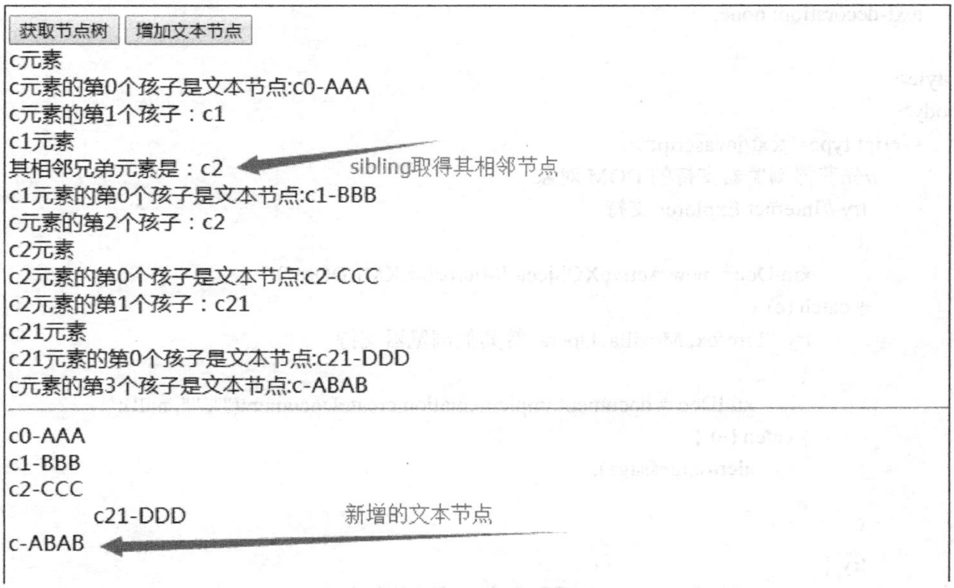

```
获取节点树  增加文本节点
c元素
c元素的第0个孩子是文本节点:c0-AAA
c元素的第1个孩子：c1
c1元素
其相邻兄弟元素是：c2    ← sibling取得其相邻节点
c1元素的第0个孩子是文本节点:c1-BBB
c元素的第2个孩子：c2
c2元素
c2元素的第0个孩子是文本节点:c2-CCC
c2元素的第1个孩子：c21
c21元素
c21元素的第0个孩子是文本节点:c21-DDD
c元素的第3个孩子是文本节点:c-ABAB

c0-AAA
c1-BBB
c2-CCC
     c21-DDD      新增的文本节点
c-ABAB  ←
```

图 9.8　Node 节点示例

DOM 对象还可以用于访问某个指定 URL 的页面，常用于抓取页面的指定内容。例如，打开腾讯网 http://news.qq.com/newsgn/rss_newsgn.xml 的 RSS（简易信息聚合）信息源，其源代码截图如图 9.9 所示。

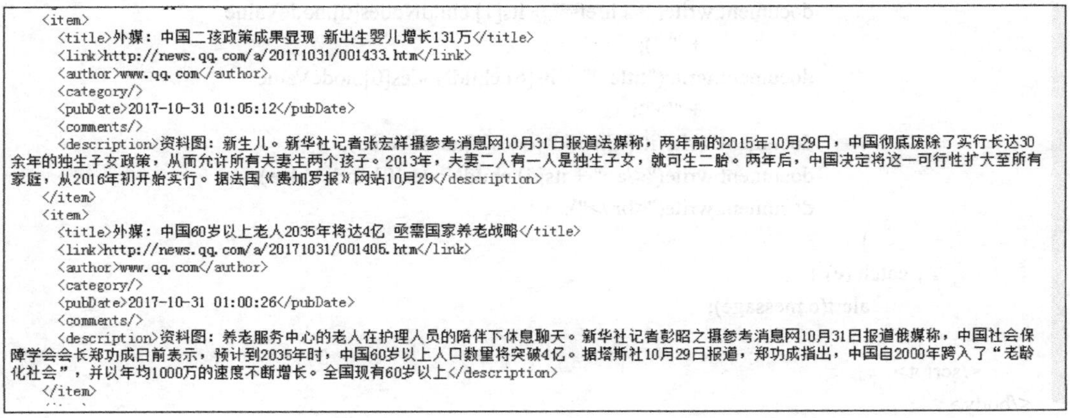

```
<item>
    <title>外媒：中国二孩政策成果显现 新出生婴儿增长131万</title>
    <link>http://news.qq.com/a/20171031/001433.htm</link>
    <author>www.qq.com</author>
    <category/>
    <pubDate>2017-10-31 01:05:12</pubDate>
    <comments/>
    <description>资料图：新生儿。新华社记者张宏祥摄参考消息网10月31日报道法媒称，两年前的2015年10月29日，中国彻底废除了实行长达30余年的独生子女政策，从而允许所有夫妻生两个孩子。2013年，夫妻二人有一人是独生子女，就可生二胎。两年后，中国决定将这一可行性扩大至所有家庭，从2016年初开始实行。据法国《费加罗报》网站10月29</description>
</item>
<item>
    <title>外媒：中国60岁以上老人2035年将达4亿 亟需国家养老战略</title>
    <link>http://news.qq.com/a/20171031/001405.htm</link>
    <author>www.qq.com</author>
    <category/>
    <pubDate>2017-10-31 01:00:26</pubDate>
    <comments/>
    <description>资料图：养老服务中心的老人在护理人员的陪伴下休息聊天。新华社记者彭昭之摄参考消息网10月31日报道俄媒称，中国社会保障学会会长郑功成日前表示，预计到2035年时，中国60岁以上人口数量将突破4亿。据塔斯社10月29日报道，郑功成指出，中国自2000年跨入了"老龄化社会"，并以年均1000万的速度不断增长。全国现有60岁以上</description>
</item>
```

图 9.9　腾讯网 RSS 信息源代码截图

从源代码分析，每条新闻就是一个 item 节点，节点内包括新闻标题（title）、新闻指向的详细页面链接地址（link）、作者（author）、发布时间（pubDate）和新闻描述（description）等子节点，可以通过循环读取 item 节点集内的每个 item 节点，再从节点中取出这些信息放到自己的页面中去。

访问外部的文档对象，需要借助 DOM 对象，并用其 load 方法来加载外部文档，代码如下：

```html
<html>
<style>
body,a {
    font-size: 13px;
    text-decoration: none;
}
</style>
<body>
    <script type="text/javascript">
        //先获得浏览器支持的 DOM 对象
        try //Internet Explorer 支持
        {
            xmlDoc = new ActiveXObject("Microsoft.XMLDOM");
        } catch (e) {
            try //Firefox, Mozilla, Opera 等其他浏览器支持
            {
                xmlDoc = document.implementation.createDocument("", "", null);
            } catch (e) {
                alert(e.message);
            }
        }
        try {
            xmlDoc.async = false; //采取同步方式等待加载完成
            xmlDoc.load("http://news.qq.com/newsgn/rss_newsgn.xml"); //加载外部文档
            var items = xmlDoc.getElementsByTagName("item"); //循环遍历所有的 item 节点
            for ( var i = 0; i < items.length; i++) {
                var it = items[i]; //it 代表当前 item 节点
                var its = it.childNodes;
                document.write("<a href='" + its[1].childNodes[0].nodeValue
                        + "' ");
                document.write("title='" + its[6].childNodes[0].nodeValue
                        + "'>");
                document.write(its[0].childNodes[0].nodeValue);
                document.write("</a>" + its[4].childNodes[0].nodeValue);
                document.write("<br />");
            }
        } catch (e) {
            alert(e.message);
        }
    </script>
</body>
</html>
```

从腾讯网 RSS 信息源抓取的新闻列表如图 9.10 所示。

```
中国在这一领域贡献值超越美国 甩他国一条街 2019-04-02 07:47:11
北京市 2019 年 4 月 2 日发布森林火险红色预警信号 2019-04-02 07:12:04
北京市 2019 年 4 月 2 日发布森林火险红色预警信号 2019-04-02 07:11:06
四川凉山森林火灾致 30 人遇难 2019-04-01 18:51:26
四川凉山发生森林火灾已确认 24 人遇难 2019-04-01 16:33:29
青年摄影家朱氷莹：用镜头洞察世界，以态度致敬时代 2019-04-01 16:22:22
第六批在韩志愿军烈士遗骸将被接运回国 2019-04-01 15:18:02
四川凉山大火致 30 名扑火队员失联 2019-04-01 14:48:32
四川省凉山州木里县发生森林火灾 人员伤亡情况暂不明 2019-04-01 12:09:41
你在艳阳里享受春天，我在白雪中守护着你 2019-04-01 11:45:03
新疆迎来赏花季 2019-04-01 11:41:31
5 月 1 日起对芬太尼类物质实施整类列管 2019-04-01 09:35:05
微视频系列片《沧桑话巨变》第五集：教育之花开遍高原大地 2019-03-31 20:30:30
北京市 2019 年 3 月 31 日 19 时 45 分解除大风蓝色预警信号 2019-03-31 20:22:50
中国对美汽车及零部件继续暂停加征关税 2019-03-31 20:07:35
随媛札记：出门 3 件事 2019-03-31 19:35:22
构建反映中国特色的原创性经济发展理论 2019-03-31 17:40:52
新形势下经济工作要处理好五大关系 2019-03-31 17:38:20
```

图 9.10　从腾讯网 RSS 信息源抓取的新闻列表

9.4　jQuery

jQuery 是一个用 JavaScript 编写的函数库，内置了许多与元素选择、属性操作、事件监听、动画特效和异步请求等有关的函数，简化了操作。它无须安装，只需要将 jQuery 文件在页面通过<script src=""></script>标签引入即可，这里 src 的值代表 jQuery 文件所在的路径，可以是本地路径，也可以是一个网络上的 URL（一般是一个内容分发网络 CDN，大多数 CDN 都可以确保当用户向其请求文件时，会从离用户最近的服务器上返回响应，这样也可以提高加载速度）。

jQuery 语法是通过选取 HTML 元素，并对选取的元素执行某些操作。其基础语法：

```
$(selector).action()
```

这里，$定义 jQuery 元素。

选择符（selector）代表在页面 HTML 中选择或查找相应的元素，允许对 HTML 元素组或单个元素进行操作。jQuery 中所有选择器都以美元符号$开头，基于元素的标签名、id 名、类名、属性和属性值等查找或选择 HTML 元素，这些选择器大多数基于已经存在的 CSS 选择器，还有一些自定义的选择器。

例如，$("p")代表页面中所有的段落（基于标签名选择），$("#myid")代表选择 id 值为 myid 的元素（基于 id 值），$(".myclass")代表选择所有 class 名为 myclass 的元素（基于类名），$("[href]")代表所有包含 href 属性的元素（基于属性），$("input[type='submit']")代表 type="submit"的 input 元素（基于属性值），$(this)代表当前元素，$(document)代表整个文档等。表 9.4 展示了常用的 jQuery 选择器样例。

表 9.4 常用 jQuery 选择器样例

$("*")	选取所有元素
$(this)	选取当前 HTML 元素
$("p.intro")	选取 class 为 intro 的 <p> 元素
$("p:first")	选取第一个 <p> 元素
$("ul li:first")	选取第一个 <ul> 元素的第一个 <li> 元素
$("ul li:first-child")	选取每个 <ul> 元素的第一个 <li> 元素
$("p:not(:first)")	选取除第一个外的 <p> 元素
$("[href]")	选取带有 href 属性的元素
$("a[target='_blank']")	选取所有 target 属性值等于 '_blank' 的 <a> 元素
$("a[target!='_blank']")	选取所有 target 属性值不等于 '_blank' 的 <a> 元素
$(":button")	选取所有 type="button" 的 <input> 元素和<button> 元素
$("tr:even")	选取偶数位置的 <tr> 元素
$("tr:odd")	选取奇数位置的 <tr> 元素
$("tr:eq(1)")	选取给定索引值 1 的<tr>元素
$("tr:gt(0)")	选取大于给定索引值 0 的<tr>元素
$("tr:lt(2)")	选取小于给定索引值 2 的<tr>元素

有了这些选择器规则，在 JavaScript 中对元素的获取将大大简化。例如，以往在 JavaScript 中选择一个 id 号为 myid 的 HTML 元素，语法为 document.getElementById("myid")，使用 jQuery 后直接使用$("#myid")就可以了；以往要区别一个表格的单行和双行很复杂，现在只需要用 $("tr:odd")和$("tr:even")分别代表一个表格的单行和双行就可以了。

jQuery 的 action() 执行对元素的操作。这些操作主要包括设置、获取和监听等。

- $("p").hide()代表隐藏所有的段落；
- $(".mydiv").css("background-color","red")代表设置 class 值为 mydiv 的元素的背景色为红色；
- $("#mydiv").text()代表获取 id 值为 mydiv 的元素的文本；
- $("input[type='submit']").click(function(){ })表示监听提交按钮，当它被单击时执行{ }里面的代码，这是在 jQuery 中非常常见的无名函数声明和调用方法：function(){ }。

几乎所有对 jQuery 函数的调用都位于一个 $(document) 选择符的 ready()行为函数中，代表这里的函数都是在文档加载完成以后（ready 为监听文档加载完成的行为）执行的，即在 DOM 加载完成后才可以对 DOM 进行操作，如果在文档没有完全加载之前就运行函数，操作可能失败。

```
$(document).ready(function(){
    // 开始写 jQuery 代码
});
```

或简写为：

```
$(function($) {
    // 开始写 jQuery 代码
});
```

以上代码是写 jQuery 的"外框",它代表在文档加载完成时执行里面的代码(当被触发时)。来看下面这个例子:

```html
<!DOCTYPE html>
<html>
  <head>
    <title>MyjQueryTest.html</title>
    <meta http-equiv="content-type" content="text/html; charset=UTF-8">
  </head>
  <script src="jquery.js"></script><!--引入 jQuery 文件   -->
  <script>
  $(document).ready(function(){ //页面加载完成时执行
      $("#show").click(function(){ //监听 id 值为 show 的元素
          $("#test").show(); //将 id 值为 test 的元素设为显示
      });
      $("#hide").click(function(){ //监听 id 值为 hide 的元素
          $("#test").hide(); //将 id 值为 test 的元素设为隐藏
      });
  });
  </script>
  <body>
    <button id="show">显示</button>
    <button id="hide">隐藏</button>
    <div id="test" style="width:500px;height:200px;background-color:red;"></div>
  </body>
</html>
```

上述代码中,两个 button 按钮标签内不再有 onclick 事件属性,取而代之的是在 document 的 ready 事件中监听其 click 事件; id 值为 test 的 div 盒子的显示或隐藏属性也不需要通过设置其 visible 值改变,取而代之的是直接使用 show()和 hide()方法。

再来看一个常用的表格样式应用。当表格行数较多时,为了清晰地提示鼠标指针当前所在的行,往往需要改变当前行的背景,使之与其他行区别开来。传统的 JavaScript 方法是在除首行(表头字段行)外每行上加 onmouseover 和 onmouseout 事件属性,然后在事件属性的方法内修改行的背景颜色,而 jQuery 简化了这种操作,来看代码:

```html
<script src="jquery.js"></script> <!--引入 jQuery 文件   -->
<script>
$(document).ready(function(){ //监听加载事件
    $("tr:not(:first)").mouseenter(function(){ //行中除第一行外的所有行监听指针进入
        $(this).css("background-color","#dfd"); //修改行背景颜色
    });
    $("tr:not(:first)").mouseleave(function(){ //行中除第一行外的所有行监听指针离开
        $(this).css("background-color","#fff"); //修改行背景颜色
    });
});
</script>
<style>
table{width:800px;}
```

```
td{
height:25px;
text-align: center;
}
table,tr,td{
border:1px solid #ccc;
border-collapse: collapse; //合并重叠边框
}
  </style>
    <body>
<table>
<tr bgcolor="#999"><td width="20%">字段 1</td><td width="80%">字段 2</td></tr>
<tr><td> </td><td> </td></tr>
<tr><td> </td><td> </td></tr>
<tr><td> </td><td> </td></tr>
<tr><td> </td><td> </td></tr>
<tr><td> </td><td> </td></tr>
</table>
</body>
```

其效果如图 9.11 所示,当鼠标指针进入除首行外的其他行时该行背景会改变。

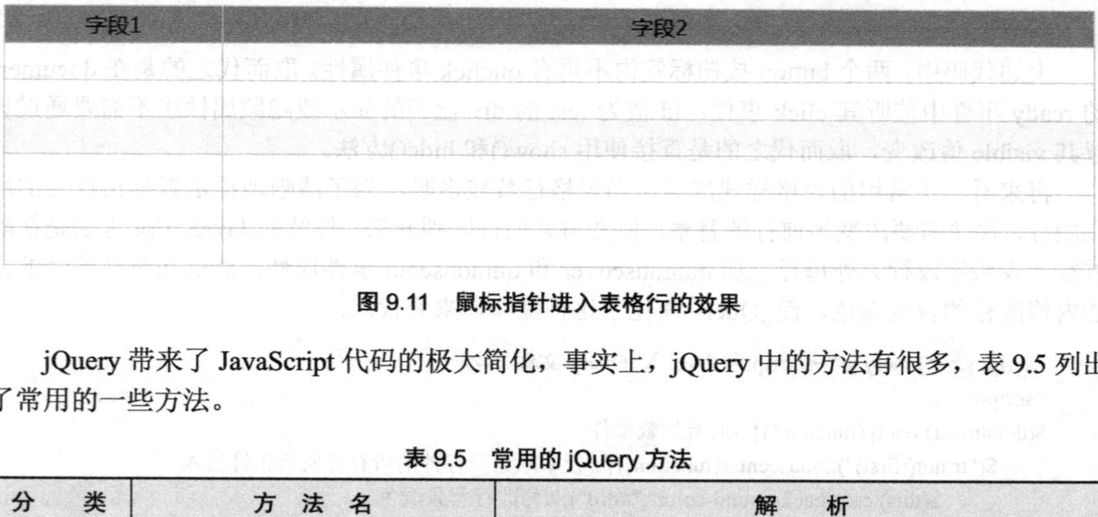

字段1	字段2

图 9.11 鼠标指针进入表格行的效果

jQuery 带来了 JavaScript 代码的极大简化,事实上,jQuery 中的方法有很多,表 9.5 列出了常用的一些方法。

表 9.5 常用的 jQuery 方法

分 类	方 法 名	解 析
属性操作	text()	设置或返回所选元素的文本内容
	html()	设置或返回所选元素的内容(包括 HTML 标记)
	val()	设置或返回表单元素的值
	attr()	设置元素属性,比如:元素.attr("src","1.jpg"); 返回元素属性,比如:元素.attr("src");
	removeAttr()	删除元素属性

分　类	方　法　名	解　　析
属性操作	height()、width()、innerHeight()、innerWidth()、outerHeight()、outerWidth()	分别获得元素的高、宽、内高（包括补白但不包括边框）、内宽（包括补白但不包括边框）、外高（默认包括补白和边框）、外宽（默认包括补白和边框），outerHeight(true)表示包括边距
元素查找或操作	first()	元素集合.first()：元素集合中的第一个元素
	last()	元素集合.last()：元素集合中的最后一个元素
	eq(N)	元素集合.eq(N)：当前元素集合中的第 N 个元素
	children()	元素的每个子元素
	parent()	元素的父元素
	next() nextAll() prev() prevAll()	元素.next()：紧邻元素之后的一个同胞元素 元素.nextAll()：元素之后所有的同胞元素 元素.prev()：紧邻元素之前的一个同胞元素 元素.prevAll()：元素之前所有的同胞元素
	siblings()	元素.siblings()：所有的同胞元素，不包括自己
	find()	元素.find("选择符")：元素包含的所有符合选择符的子元素
	append()	在元素的结尾插入内容（仍在该元素的内部）
	remove()	删除元素及其子元素
	empty()	删除元素的所有子元素
	after() 和 before()	在元素之后或之前插入内容
CSS 操作	css()	设置或返回元素属性 设置：如" 元素.css("color","red");"和" 元素.css({ "color": "red", "background": "yellow" });" 返回：元素.css("color");返回元素的颜色值
	addClass()	为元素加上指定类
	removeClass()	从元素中删除指定类
	toggleClass()	如果元素存在就删除该类，否则就添加该类
事件监听	$(document).ready()	文档加载完成
	click()	单击事件
	dblclick()	双击事件
	focus()	元素获得焦点时触发 focus 事件
	blur()	元素失去焦点时触发 blur 事件
	on()	在被选元素及子元素上添加一个或多个事件处理程序
	mousedown()	当按下鼠标按键时触发事件
	mouseup()	在元素上松开鼠标按键时触发事件
	mousemove()	当鼠标指针在指定的元素中移动时触发事件

续表

分类	方法名	解析
事件监听	mouseover()	当鼠标指针位于元素上方时触发事件
	mouseout()	当鼠标指针从元素上移开时触发事件
	keydown()	当键盘按键被按下时触发事件
	keypress()	当键盘按键被按下时触发事件
	keyup()	当按键被松开时触发事件
	$(window).scroll()	当用户滚动窗口时触发事件，通常是 window、iframe、frame
	$(window).resize()	当调整浏览器窗口的大小时触发事件
	change()	当元素的值发生改变时触发事件
	select()	当元素中的文本被选择时触发事件
	submit()	当提交表单时触发事件
	unload()	用户离开页面时触发事件
动画效果	fadeIn(speed,callback) fadeOut(speed,callback)	fadeIn()用于淡入已隐藏的元素 fadeOut()用于淡出可见元素 可选的 speed 参数规定效果的时长。它可以取以下值："slow""fast" 或毫秒值 可选的 callback 参数是滑动完成后所执行的函数名称，下同
	slideDown(speed,callback) slideUp(speed,callback) slideToggle(speed,callback)	slideDown()用于向下滑动元素 slideUp()用于向上滑动元素 slideToggle()可以在 slideDown() 与 slideUp() 方法之间进行切换

jQuery 方法众多，以上只列举了常用的部分，更多方法可参照 jQuery 官网说明及样例，网址为 http://jquery.com/。

接下来，我们使用 jQuery 来设计一个可垂直折叠的菜单。这个菜单默认只展示一级菜单，当单击对应的一级菜单时，关闭其他所有一级菜单项及下属子项，当前一级菜单项的下属子项交替展开（原为展开的则收起，原为收起的则展开）。将这个页面涉及的 HTML 结构、样式表、JavaScript 交互式代码及最后的效果图按各自的功能分开，可垂直折叠的菜单见表 9.6。

表 9.6　可垂直折叠的菜单

HTML 元素基础框架	样式表

`<body>`
`<ul id="menu">`
　`<li>`
　`<div class="link">`菜单 1`</div>`
　`<ul class="submenu">`
　　`<li><a href="#">`菜单 11`</a></li>`
　　`<li><a href="#">`菜单 12`</a></li>`
　　`<li><a href="#">`菜单 13`</a></li>`
	`body{background: #2d2c41;}`
	`ul,li{`
	`/*去掉列表项的项目符号*/`
	`list-style-type: none;`
	　　`padding:0px;`
	　　`font-size:14px;`
	`}`
	`li a{`

HTML 元素基础框架	样式表

`</ul>`
`</li>`
`<li>`
`<div class="link">菜单 2</div>`
`<ul class="submenu">`
`  <li><a href="#">菜单 21</a></li>`
`  <li><a href="#">菜单 22</a></li>`
`  <li><a href="#">菜单 23</a></li>`
`</ul>`
`</li>`
`<li>`
`<div class="link">菜单 3</div>`
`<ul class="submenu">`
`  <li><a href="#">菜单 31</a></li>`
`  <li><a href="#">菜单 32</a></li>`
`  <li><a href="#">菜单 33</a></li>`
`</ul>`
`</li>`
`<li>`
`<div class="link">菜单 4</div>`
`<ul class="submenu">`
`  <li><a href="#">菜单 41</a></li>`
`  <li><a href="#">菜单 42</a></li>`
`  <li><a href="#">菜单 43</a></li>`
`</ul>`
`</li>`
`</ul>`
`</body>`
	`    text-decoration: none;`
	`    color: #d9d9d9;`
	`    padding: 6px;`
	`    display:block;`
	`    /*CSS 变化过渡时长为 0.5 秒*/`
	`    transition: all 0.5s ease;`
	`}`
	`li a:HOVER{ /*鼠标指针经过时 CSS 变化*/`
	`    color:#fff;`
	`    background: #b63b4d;`
	`}`
	`#menu{`
	`    width:250px;`
	`    height:100%;`
	`    max-height:229px;`
	`    background: #FFF;`
	`    border-radius:4px; /*圆角外框 */`
	`}`
	`.submenu{`
	`    display: none; /*初始化都不显示*/`
	`    background: #444359;`
	`}`
	`.submenu li{`
	`    border-bottom: 1px solid #556;`
	`    background-color:#4b4a5e;`
	`}`
	`.submenu li:last-child{`
	`    border-bottom: 0px;`
	`}`
	`#menu .link{`
	`    color: #4D4D4D;`
	`    padding:6px;`
	`    cursor:pointer;`
	`    border-bottom: 1px solid #999;`
	`}`
	`#menu li:last-child .link{`
	`    border-bottom:0px;`
	`}`

JavaScript 代码	效 果

`<!--引入 jQuery 文件 -->`
`<script src="jquery.js">`
`</script>`
`<script>`
`//监听加载事件`
`$(document).ready(function(){`
`//监听一级菜单的单击事件`
`    $(".link").click(function(){`	

续表

HTML 元素基础框架	样式表

//交替式打开当前菜单项
$(this).next().slideToggle("fast");
//收起其他菜单项
$("#menu").find(".submenu").not($(this).next()).slideUp("fast");
      });
});
  </script>
	菜单1
	菜单2
	菜单21
	菜单22
	菜单23
	菜单3
	菜单4

在上面的 JavaScript 代码中，包含文档加载完成（ready）和一级菜单元素被单击（click）两个监听事件。当单击一级菜单项时，这个菜单项后面紧跟的元素（next()指定，即该一级菜单项后面 class 值为 submenu 的 ul 标签元素）执行 slideToggle()，切换展开状态。同时，收起（slideUp）除自己以外的所有一级菜单项下（由 find(".submenu") 获得）的子项。

jQuery 在不重载页面全部元素的情况下，可实现对其他网页（甚至其他服务器网页）发送请求信息，并用返回的结果实现对自身页面内元素的更新，这种技术称为 Ajax，即异步 JavaScript 和 XML。

9.5 Ajax 与 JSON 数据格式

在了解 Ajax 之前，先来了解一下 JSON 数据格式。

9.5.1 JSON 数据格式

JSON 是 JavaScript 对象表示法（JavaScript Object Notation），它是存储和交换文本信息的轻量级数据交换格式，类似于 XML。其也具有自我描述特性和层次关系，且独立于编程语言和平台，其基本语法结构为{键:值}，相对于 JavaScript 的"键=值"。其值还可以是另一个 JSON 格式的{键:值}，以形成嵌套的层次关系。一个 JSON 对象可以有多个键值对，中间用逗号分开，形如 { 键 1:值 1,键 2:值 2}。表 9.7 列出了 JSON 和 XML 表示同一数据对象时的异同。

表 9.7 JSON 与 XML 表示同一数据对象时的异同

XML 格式	JSON 格式

<book>
<bookID>1</bookID>
<bookName>从 Java 到 Web 程序设计</bookName>
<bookAuthor>
    <AuthorName>李伟林</AuthorName>
    <AuthorGender>男</AuthorGender>
    <AuthorSchool>中山大学</AuthorSchool>
</bookAuthor>
</book>
	{"book":{
	 "bookID":"1",
	 "bookName":"从 Java 到 Web 程序设计",
	 "bookAuthor":{
	    "AuthorName":"李伟林",
	    "AuthorGender":"男",
	    "AuthorSchool":"中山大学"
	 }
	}
	}

从表 9.7 可以看出，与 XML 格式相比，JSON 格式没有结束标签，更简短，读写的速度也会更快。来看用 JavaScript 解析上面的 JSON 格式数据的例子：

```
<script src="jquery.js"></script> <!--引入 jQuery 文件 -->
<script>
$(document).ready(function(){ //监听加载事件
var json={
 "bookID":"1",
 "bookName":"从 Java 到 Web 程序设计",
 "bookAuthor":{ //此处开始一个 JSON 格式的子对象
   "AuthorName":"李伟林",
   "AuthorGender":"男",
   "AuthorSchool":"中山大学"
    }
};
    $("#BookID").html(json.bookID);
    $("#BookName").html(json.bookName);
    $("#AuthorName").html(json.bookAuthor.AuthorName); //支持逐级取值或赋值
    $("#AuthorGender").html(json.bookAuthor.AuthorGender);
    $("#AuthorSchool").html(json.bookAuthor.AuthorSchool);
});
</script>
<body>
书编号： <span id="BookID"></span><br />
书名称： <span id="BookName"></span><br />
书作者： <span id="AuthorName"></span><br />
作者性别:<span id="AuthorGender"></span><br />
作者学校： <span id="AuthorSchool"></span>
</body>
```

在上述代码中，JSON 格式的数据直接赋值给 JavaScript 的对象（JSON 对象），这个对象可以通过"．"的方式逐级访问对象内的值（取值或赋值），也可以通过[ ]来访问对象内的值（如上述的书名称，也可以通过 json["bookID"]访问）。

JavaScript 还有两个在字符串与 JSON 对象之间转换的函数，一个是 JSON.parse(字符串)，它将字符串转换为 JSON 对象；另一个是 JSON.stringify(JSON 对象)，它将 JSON 对象转换为字符串。例如，上述代码中的 json 是一个 JSON 对象，使用 JSON.stringify(json)将它变成字符串（不具有 JSON 的引用访问特性），当然，使用 JSON.parse(JSON.stringify(json))又可以将其转换回 JSON 对象。下面这段代码说明了这两个函数的功能：

```
var json={"name":"Mike"};    //定义一个 JSON 对象
alert(json);    //输出[object object]，输出的是对象，无具体名称和值
alert(JSON.stringify(json));    //输出{"name":"Mike"}，用 JSON.stringify 转为字符串
var jsonStr='{"name":"Rose"}';    //定义一个字符串
alert(jsonStr);    //输出{"name":"Rose"}，直接输出字符串
alert(jsonStr.name);    //输出 undefined，未定义，不能把字符串直接作为对象用
alert(JSON.parse(jsonStr).name)    //输出 Rose，用 JSON.parse 将字符串转换成 JSON 对象
```

JSON 数组对象是用中括号将多个合法的 JSON 对象用逗号连接在一起，形如[{键 1:值 2},{键 2,值 2}]，例如，调用下面代码弹窗输出的是"Mike"：

```
var str='[{"name":"Alice","age":25},{"name":"Mike","age":30},{"name":"William","age":35}]';
var jsonArray=JSON.parse(str);    //将字符串转为 JSON 对象数组
alert(jsonArray[1].name);    //通过数组名索引访问元素的属性
```

JSON 数组对象的遍历，可以用增强型 for 循环来实现，以下代码依次弹出窗口输出 JSON 元素中的 name 值，如下：

```
var str='[{"name":"Alice","age":25},{"name":"Mike","age":30},{"name":"William","age":35}]';
var jsonArray=JSON.parse(str)
for(i in jsonArray){    //循环遍历所有 JSON 对象
  alert(jsonArray[i].name);    //依次弹出 name 的值
}
```

JSON 对象的值还可以被 eval()函数直接转为可执行的代码，看下面这个例子：

```
var json={"myFun":"function(a,b){return a+b;}"};    //定义一个 JSON 对象
c=eval("("+json.myFun+")");    //将 JSON 对象的值取出后用 eval 方法转为可执行代码（函数）
alert(c(1,2));    //调用这个函数，输出结果为 3
```

JSON 对象可通过 JavaScript 解析，成为 JavaScript 请求和交换数据的首选。与此同时，我们在后续 JSP 技术章节中，将使用阿里巴巴开源的 fastjson 工具在 Java 环境下解析 JSON 数据。

JavaScript 请求和交换数据主要使用浏览器的 XMLHttpRequest 对象，其最直接的应用就是 Ajax。

9.5.2 Ajax 技术

Ajax 是一种在无须重新加载整个网页的情况下，就能够更新部分网页元素内容的技术。其原理是使用浏览器自带（无须安装）的 XMLHttpRequest 对象向服务器发送请求，并将返回的结果借助 DOM（文档对象模型）解析并更新网页元素。来看一个例子，在许多应用系统中，级联选项菜单使用非常频繁，如图 9.12 所示。

当我们选择广东省时，城市列表框中出现广东的城市，当我们改变省份时，城市列表框也相应地发生改变，此时页面并没有重新加载，而且省份及对应城市的数据也不需要保存在本页面或别的服务器上，其数据格式举例如下：

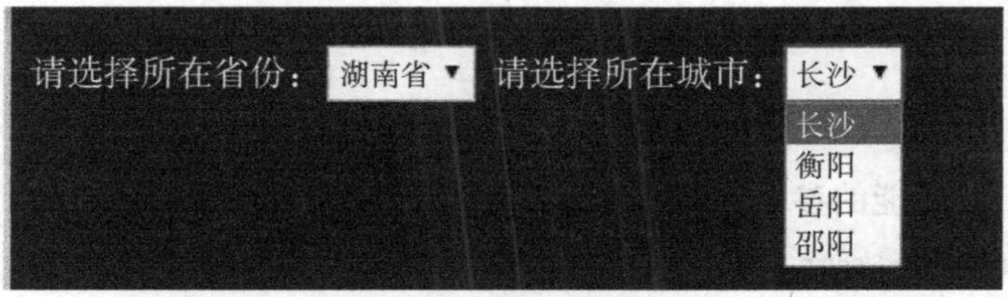

图 9.12 级联选项菜单

```
[
    {
        "province": "广东省",
        "citys": [
            {
                "code": "020",
                "city": "广州"
            },
            {
                "code": "0755",
                "city": "深圳"
            },
            {
                "code": "0756",
                "city": "珠海"
            },
            {
                "code": "0759",
                "city": "东莞"
            }
        ]
    },
    {
        "province": "湖南省",
        "citys": [
            {
                "code": "0731",
                "city": "长沙"
            },
            {
                "code": "0734",
                "city": "衡阳"
            },
            {
                "code": "0730",
                "city": "岳阳"
            },
            {
                "code": "0739",
                "city": "邵阳"
            }
```

            ]
          }
        ]

来看实现这一项功能的参考代码：

```html
<script src="jquery.js"></script>
<!--引入 jQuery 文件    -->
<script>
$(document).ready(function(){ //监听加载事件
    $("#province").change(function(){
      var province=$("#province").val(); //取得省份
      var xmlhttp; //创建 HTTP 请求对象
      if (window.XMLHttpRequest)
       { //IE7+, Firefox, Chrome, Opera, Safari 浏览器执行代码
        xmlhttp=new XMLHttpRequest();
       }else{
         // IE6, IE5 浏览器执行代码
        xmlhttp=new ActiveXObject("Microsoft.XMLHTTP");
       }
       //当有消息应答时 readyState 状态改变，会触发 onreadystatechange 事件
       xmlhttp.onreadystatechange=function(){
        if(xmlhttp.readyState==4 && xmlhttp.status==200){
         var jsonArray=JSON.parse(xmlhttp.responseText);
         //responseText 为返回的结果，用 JSON.parse 转为 JSON 对象
         for(i in jsonArray){ //循环查找对应省份
            if(jsonArray[i].province==province){
              var cities=jsonArray[i].cities; //取得该省份所有城市
              var $c=$("#city"); //获取城市列表表单域
              $c.empty(); //删除原有的选项
              for(j in cities){ //新取得的城市逐一添加
                var option="<option value='"+cities[j].code+"'>"+cities[j].city+"</option>";
                $c.append(option); //添加
              }
            }
         }
        }
       }
       xmlhttp.open("GET","city.txt",true);   //打开连接
       xmlhttp.send();    //发送请求
    });
});
 </script>
<body>
    请选择所在省份：<select id="province" name="province">
        <option value="广东省">广东省</option>
        <option value="湖南省">湖南省</option>
    </select>
    请选择所在城市：<select id="city" name="city">
        <option>请选择城市</option>
```

```
            </select>
        </body>
```

　　Ajax 是异步 JavaScript 和 XML。所以，上述代码中的 XMLHttpRequest 对象用于 Ajax 时，其 open (method,url,async)方法的第三个参数必须设置为 true，代表异步请求；第一个参数代表请求方法，可以是 GET 或 POST，与 POST 相比，GET 更简单也更快，用于从服务器获得数据（一般仅当无法使用缓存文件、数据量大时使用 POST）；第二个参数为请求的资源文件地址，为避免因资源文件缓存而未能及时刷新，可以在这个地址上加上无特殊意义的标识以示区别，如可以把上述的"city.txt"写成"city.txt?r=Math.random()"。

　　XMLHttpRequest 对象使用 send()方法发送请求后，异步等待回复消息。当有消息应答时，XMLHttpRequest 对象的 readyState 状态会发生改变，并触发 onreadystatechange 事件（当 readyState 值为 4 时代表收到应答消息）。为此，通过为这个事件指定处理函数，执行一些基于响应的任务，以处理收到的消息（通过 XMLHttpRequest 对象的 responseText 或 responseXML 属性获得消息）。

　　上述 Ajax 代码在获取 XMLHttpRequest 对象时和 DOM 对象一样，需要根据浏览器版本做判断，返回的文本数据也需要转换为 JSON 格式。为了简化这些工作，jQuery 提供了多个与 Ajax 有关的方法。通过这些方法，可以方便地使用 HTTP GET 和 HTTP POST 从远程服务器上请求文本、HTML、XML 或 JSON，同时把这些外部数据直接载入网页的指定元素中。

　　与 Ajax 有关的 jQuery 方法主要包括以下几个，使用的格式大同小异。

　　$.get(URL,data,function(data,status,xhr),dataType)方法使用 HTTP GET 请求从服务器加载数据。其中：

　　URL 代表请求的服务器资源地址。

　　data 是一个可选项，代表连同请求发送到服务器的数据。

　　function(data,status,xhr) 是一个可选项，代表一个回调函数，即当请求成功时运行的函数，其参数 data 包含来自服务器的返回结果数据；status 代表请求的状态，可以有"success""notmodified""error""timeout""parsererror"几种情况；xhr 指 XMLHttpRequest 对象。

　　dataType 是一个可选项，代表预期的服务器响应报文的数据类型，jQuery 会智能判断。

　　有了$.get()方法，上面请求 city.txt 文件数据的代码可以修改如下：

```
<script src="jquery.js"></script>
<!--引入 jQuery 文件  -->
<script>
$(document).ready(function(){ //监听加载事件
    $("#province").change(function(){
     var province=$("#province").val(); //取得省份
     $.get("city.txt",{},function(jsonArray,status,xhr){
     // { }代表无请求参数，jsonArray 为直接返回数据
       if(status=="success"){
           for(i in jsonArray){ //循环查找对应省份
           if(jsonArray[i].province==province){
             var cities=jsonArray[i].cities; //取得该省份所有城市
             var $c=$("#city"); //获取城市列表表单域
             $c.empty(); //删除原有的所有子元素选项
             for(j in cities){ //新取得的城市逐一添加
```

```
                    var option="<option 
                    value='"+cities[j].code+"'>  "+cities[j].city+"   </option>";
                    $c.append(option); //添加
                }
            }
        }else{
            alert("请求错误，状态为："+status)
        }
    },"json"); //数据格式为JSON
  });
});
    </script>
```

相比之下，上述代码省去了XMLHttpRequest的创建和格式的转换。

与$.get()类似语法结构的jQuery Ajax方法还有：

$.post(URL,data,function(data,status,xhr),dataType)，参数意义同$.get()；

$.getJSON(URL,data,success(data,status,xhr))，参数意义同$.get()，无须再另外指定数据类型；

$.ajax()，事实上，上述所有的 jQuery Ajax 方法都使用$.ajax()方法，该方法通常用于其他方法不能完成的请求。其参数众多，除上述方法的请求参数外，还包括发送前调用函数（beforeSend）、设置本地超时时限（timeout）、是否缓存（cache）等，但常用的格式如下：

```
$.ajax({
    type:"post"; //请求方式为POST或GET
    data:{ }; //连同请求发送的参数
    url: URL; //请求的资源地址
    dataType:"json"; //数据类型
    success:function(data,status,xhr){ //请求成功的回调函数
    },
    error:function(data,status,xhr){ //请求失败的回调函数
    },
    complete:function(data,status,xhr){
        //请求完成时运行的函数（在请求成功或失败之后均调用）
    }
});
```

在实际的项目中，$.ajax()这种通用的Ajax方法更常用，本书后续的实例中将频繁使用。

值得一提的是，当需要加载的数据无须额外处理，即可直接加载到选择符指定的页面元素时，还可以使用一种简化的Ajax方法：

$(选择符).load(url,data,function(response,status,xhr));

可以把 jQuery 选择器添加到 URL 参数后空一格，表示对被请求页面的定位。假设将刚才的city.txt文件修改成HTML格式并保存为city2.txt，如下：

```
<div id="广东省">
<option value="020">广州</option>
<option value="0755">深圳</option>
<option value="0756">珠海</option>
<option value="0769">东莞</option>
```

```
        </div>
        <div id="湖南省">
        <option value="0731">长沙</option>
        <option value="0734">衡阳</option>
        <option value="0730">岳阳</option>
        <option value="0739">邵阳</option>
        </div>
```

则上面级联加载城市列表的代码,可以修改为将被请求文件对应省份的 div 块下的所有 option 项,直接加载到城市选择列表当中,修改后的代码如下:

```
<script src="jquery.js"></script>
<script>
$(document).ready(function(){ //监听加载事件
    $("#province").change(function(){
    var province=$("#province").val();
    $("#city").load("city2.txt #"+province+" option");
    //代表加载 city2.txt 文件中 id 值等于 province 区块下的所有 option 标签
});
});
</script>
```

上面所有例子都不涉及请求时携带参数,也不涉及跨域(即向其他域名的服务器)发送请求。事实上,服务器在收到客户请求后一般要做动态筛选(例如,逻辑判断、访问数据库等)后,再返回请求的结果,这个在第 10 章的 JSP 技术及后续的案例中有较多的例子。而对于跨域请求的问题,需要客户端页面使用 jsonp 的 dataType 类型,并且需要指定回调函数(即请求成功时调用的本页面函数),服务器端也需要指定返回结果的文件头,即:

```
response.setHeader("Access-Control-Allow-Origin", "*");
response.setHeader("Access-Control-Allow-Methods", "POST,GET");
```

客户端页面请求跨域服务器的参考代码如下:

```
<script src="jquery.js"></script>
<script>
function jsoncallback(data){ //准备好回调的函数
  $("#StudentName").text("success-"+data.xm);
}
$(document).ready(function(){ //监听加载事件
    $("#getName").click(function(){
    $.ajax({
        url:"https://www.liweilin.cn/gcApp/AJAX";
        method:"POST"; //请求方式
        data:{"xh":$("#xh").val()}; //携带请求参数,JSON 格式
        dataType:"jsonp"; //类型为跨域的 jsonp
        jsonp: "callback"; //服务端用于接收回调函数名的参数
        jsonpCallback:"jsoncallback" //回调函数名
//上两行的声明相当于将请求 URL 变成 URL?callback=jsoncallback
    });
});
});
```

```
</script>
<body>
输入学号查询姓名：<input type="text" id="xh" />
<button id="getName"> 查询 </button>
姓名结果：<span id="StudentName">
</span>
</body>
```

跨域 Ajax 的例子截图如图 9.13 所示。

输入学号查询姓名：1406030111   查询   姓名结果：success-黄洲祥

图 9.13　跨域 Ajax 的例子截图

第 10 章 JSP 技术

JSP 是一种将 Java 代码嵌入 HTML 页面中的动态网页开发技术,全称是 Java Server Pages (Java 服务器页面)。在 HTML 页面中通常以<%标签开头,以%>标签结束,页面保存为以.jsp 为后缀名的文件。表 10.1 列出了一个简单的 JSP 文件(p1.jsp)。

表 10.1 一个简单的 JSP 文件(p1.jsp)

JSP 源文件 (服务器端)	`<%@ page language="java" import="java.util.*" import="java.text.*" pageEncoding="UTF-8"%>` `<!-- 以上为 JSP 页面声明部分,包括脚本语言、引入包和页面编码-->` `<html>` `<head>` `<title>p1</title>` `</head>` `<body>` `<% //Java 代码开始` `Date date=new Date();` //声明并新建日期实例,值为当前日期 `out.print("服务器时间是:"+date.toLocaleString());` //利用 out 对象在网页中输出当前日期 `%>` `<!-- 此处 Java 代码结束 -->` `<script>` `var date=new Date();` `document.write(" 客户端时间是:"+date.toLocaleString());` `</script>` `</body>` `</html>`
编译后 HTML(浏览器端)	`<html>` `<head>` `<title>p1</title>` `</head>` `<body>` 服务器时间是:2017 年 11 月 06 日 16:18:22`<!-- 此处 Java 代码结束 -->` `<script>` `var date=new Date();` `document.write(" 客户端时间是:"+date.toLocaleString());` `</script>` `</body>` `</html>`

效果	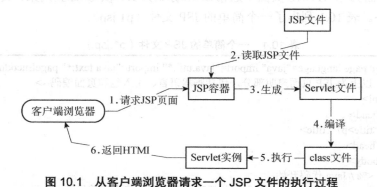

从上例可以看出，JSP 文件中作为客户端脚本的<script>与</script>之间的部分，以源码的形式传输到客户端浏览器，由浏览器解释执行。而文件中<%至%>标签之间的部分是 Java 代码，输出到客户端浏览器的是经由 JVM 编译后的 HTML 代码，不传输源代码。从客户端浏览器请求一个 JSP 文件的执行过程如图 10.1 所示。

图 10.1 从客户端浏览器请求一个 JSP 文件的执行过程

（1）客户端浏览器向服务器发送一个 HTTP 请求。

（2）Web 服务器识别出这是一个对 JSP 网页的请求，并且将该请求传递给 JSP 容器。

（3）JSP 容器从磁盘中载入 JSP 文件，然后将它们转化为 Servlet（所有模板文本改用 println() 语句，所有的 JSP 元素转化成 Java 代码）。

（4）JSP 容器将 Servlet 编译成可执行的类，并且将原始请求传递给 Servlet 引擎。

（5）Web 服务器的组件将会调用 Servlet 引擎，然后载入并执行 Servlet 类，产生 HTML 格式的输出并将其内嵌于 HTTP response 中上交给 Web 服务器。

（6）Web 服务器以静态 HTML 网页的形式将 HTTP response 返回到客户端浏览器。浏览器处理 HTTP response 中动态产生的 HTML 网页，就好像在处理静态网页一样。

JSP 是一种 Java Servlet（服务器端脚本），主要用于实现 Java Web 应用程序的用户界面部分。通常的流程是：JSP 通过网页表单（Form）获取用户输入的数据、访问数据库及其他数据源，然后结合 HTML 代码、XHTML 代码、XML 元素及 JSP 的操作指令动态地创建网页。

10.1 JSP 页面的基本结构

JSP 页面除了 HTML 代码外，还包括脚本语言和 JSP 标签。JSP 标签有多种功能，如访问数据库、记录用户选择信息、访问 JavaBean 组件等，还可以在不同的网页中传递控制信息和共享信息。

JSP 默认的脚本语言是 Java，包括 Java 程序中的声明部分和其他代码段，其中<%=表达式%>简化了输出操作，相当于<% out.print (表达式); %>。JSP 页面的基本结构如图 10.2 所示。

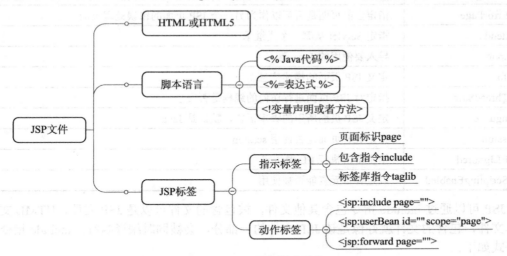

图 10.2　JSP 页面基本结构

10.1.1　JSP 指令

JSP 指令用来设置整个 JSP 页面相关的属性，如网页的编码方式和脚本语言，其语法格式为：

<%@ directive attribute1="value1" attribute2="value2"…%>

指令可以有很多个属性，它们以键值对的形式存在，并用空格隔开。

JSP 中的三种指令标签见表 10.2。

表 10.2　JSP 中的三种指令标签

指　　令	描　　述
<%@ page ... %>	定义网页依赖属性，如脚本语言、error 页面、缓存需求等
<%@ include ... %>	包含其他文件
<%@ taglib ... %>	引入标签库的定义

例如，page 标签指令：<%@ page language="java" import="java.util.*" import="java.text.*" pageEncoding="UTF-8"%>，定义 JSP 页面所用的脚本语言是 Java，导入要使用的两个 Java 类包 java.util.*和 java.text.*，页面 Java 脚本使用 UTF-8 编码。常用的 page 标签指令见表 10.3。

表 10.3　常用的 page 标签指令

属　　性	描　　述
buffer	指定 out 对象使用缓存区的大小
autoFlush	控制 out 对象的缓存区

续表

属性	描述
contentType	指定当前 JSP 页面的 MIME 类型和字符编码
errorPage	指定当 JSP 页面发生异常时需要转向的错误处理页面
isErrorPage	指定当前页面是否可以作为另一个 JSP 页面的错误处理页面
extends	指定 Servlet 从哪一个类继承
import	导入要使用的 Java 类
info	定义 JSP 页面的描述信息
isThreadSafe	指定对 JSP 页面进行访问的线程是否安全
language	定义 JSP 页面所用的脚本语言,默认是 Java
session	指定 JSP 页面是否使用 session
isELIgnored	指定是否执行 EL 表达式
isScriptingEnabled	确定脚本元素能否被使用

JSP 可以通过 include 指令包含其他文件,被包含的文件可以是 JSP 文件、HTML 文件或文本文件,包含的文件就好像是该 JSP 文件的一部分,会被同时编译执行。include 指令的语法格式如下:

```
<%@ include file="文件相对 URL 地址" %>
```

文件相对 URL 地址:如果没有给出关联路径,JSP 编译器默认在当前路径下寻找。

include 标签指令多用于将复用的代码段独立成一个文件,需要用到的地方使用 include 标签指令引入该文件,以避免代码重复难以维护,又便于更新操作。

JSP 文件允许用户自定义标签,一个自定义标签库就是自定义标签的集合。taglib 指令引入一个自定义标签集合的定义,包括库路径、自定义标签,其指令的语法为:

```
<%@ taglib uri="uri" prefix="prefixOfTag" %>
```

其中,uri 属性确定标签库的位置,prefix 属性指定标签库的前缀。例如,JSP 常用的 JSTL 标签库,其引入格式为:

```
<%@ taglib uri="http://java.sun.com/jsp/jstl/core" prefix="c" %>
```

prefix="c":指定标签库的前缀,这个前缀可以随便赋值,但大家都会在使用 core 标签库时指定前缀为 c。

uri="http://java.sun.com/jsp/jstl/core":指定标签库的 uri,它不一定是真实存在的网址,但它可以让 JSP 找到标签库的描述文件。

有了上述标签库定义,JSP 文件中可以使用 c 标签,看下面的例子:

```
<%
String[] names = {"zhangSan", "liSi", "wangWu", "zhaoLiu"};
pageContext.setAttribute("ns", names);
%>
<!-- 使用 c 标签输出 JSP 页面的数组元素 -->
<c:forEach var="item" items="${ns }">
<c:out value="name: ${item }"/><br>
</c:forEach>
```

页面效果如图 10.3 所示。

10.1.2 JSP 动作元素

与 JSP 指令元素不同的是，JSP 动作元素在请求处理阶段起作用。JSP 动作元素是用 XML 语法写成的。利用 JSP 动作可以动态地插入文件、重用 JavaBean 组件、把用户重定向到另外的页面、为 Java 插件生成 HTML 代码。

动作元素只有一种语法，它符合 XML 标准：

`<jsp:action_name attribute="value" />`

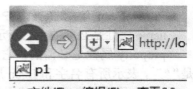

图 10.3 页面效果

动作元素基本上都是预定义的函数，JSP 规范定义了一系列的标准动作，它用 JSP 作为前缀，可用的标准动作元素见表 10.4。

表 10.4 可用的标准动作元素

语 法	描 述
jsp:include	在页面被请求时引入一个文件
jsp:useBean	寻找或实例化一个 JavaBean
jsp:setProperty	设置 JavaBean 的属性
jsp:getProperty	输出某个 JavaBean 的属性
jsp:forward	把请求转到一个新的页面，如`<jsp:forward page="2.jsp"></jsp:forward>`
jsp:plugin	根据浏览器类型为 Java 插件生成 OBJECT 或 EMBED 标记
jsp:element	定义动态 XML 元素
jsp:attribute	设置动态定义的 XML 元素属性
jsp:body	设置动态定义的 XML 元素内容
jsp:text	在 JSP 页面和文档中使用写入文本的模板

比如：

```
<jsp:include page="p2.jsp"></jsp:include> <!--在当前页面中引入 p2.jsp 文件-->
<jsp:useBean id="person" class="cn.liweilin.basic.Person"></jsp:useBean>
<!--新建一个 Person 类的实例 person-->
<jsp:setProperty property="name" value="zhangsan" name="person"/>
<!--设置 person 实例的 name 属性值-->
<jsp:getProperty property="name" name="person"/>
<!--获取 person 实例的属性值（输出）-->
```

上述三行 JSP 动作元素新建了一个类的实例（JavaBean），并对属性赋值、取值，相当于以下 Java 代码：

```
Person person=new Person();
person.setName("zhangsan");
out.print(person.getName());
```

与 JavaBean 有关的三个 JSP 动作元素中，jsp:setProperty 是给 Bean 对象的属性赋值，其中：name 属性是必需的，它表示要设置属性的是哪个 Bean。

property 属性是必需的，它表示要设置哪个属性。有一个特殊用法，如果 property 的值是"*"，表示所有名字和 Bean 属性名字匹配的请求参数都将被传递给相应的属性 set 方法。

value 属性是可选的。该属性用来指定 Bean 属性的值。

param 属性是可选的。它指定用哪个请求参数作为 Bean 属性的值。如果当前请求没有参数，则什么事情也不做，系统不会把 null 传递给 Bean 属性的 set 方法。因此，可以让 Bean 自己提供默认属性值，只有当请求参数明确指定了新值时才修改默认属性值。

注意：value 和 param 属性不能同时使用，但可以使用其中任意一个。

JavaBean 技术在 Java Web 设计中表示被封装的对象模型，并且实现 java.io.Serializable 接口，Bean 中的成员（属性）可以用 setXXX 和 getXXX 方法访问，并提供无参数的构造方法。

来看一个常用的 JavaBean 验证用户信息的例子。首先定义一个用户类，代码如下：

```java
package cn.liweilin.modal;
public class User {
    private String UserName;
    private String Password;
    public boolean checkUser(){    //验证方法
        if(UserName.equals("admin")&&Password.equals("123"))
            return true;
        else
            return false;
    }
    public String getUserName() {
        return UserName;
    }
    public void setUserName(String userName) {
        UserName = userName;
    }
    public String getPassword() {
        return Password;
    }
    public void setPassword(String password) {
        Password = password;
    }
    public User() { //无参数构造方法
        super();
    }
}
```

接下来的登录页 login.jsp 和验证页 check.jsp 代码可以简化为以下形式。

login.jsp：

```html
<form action="check.jsp" method="post">
用户名：<input type="text" name="userName" />
密码：<input type="password" name="password" />
<input type="submit" value="Login" />
</form>
```

check.jsp：
```
<jsp:useBean id="user" class="cn.liweilin.modal.User" />
<jsp:setProperty name="user" property="*" />
<!-- 标签将 request 传过来的参数对应注入给 Bean 对象的同名属性 -->
<%
 if(user.checkUser())
      out.print("登录成功！");
 else
      out.print("登录失败！");
%>
```

以上例子是 JavaBean 非常典型的应用场景：登录页向验证页请求验证，验证页先建立用户 Bean，然后自动从请求信息（request）中获取 Bean 属性的同名参数值为 Bean 属性赋值（注入），最后调用 Bean 中内置的验证方法执行验证逻辑并返回结果。

三个与 XML 元素有关的 JSP 动作元素用于动态地生成 XML 元素，比如：

```
<jsp:element name="book">
<jsp:attribute name="style">
text-decoration:underline;font-size:28px;
</jsp:attribute>
<jsp:body>
这里是动态 XML 元素。
</jsp:body>
</jsp:element>
```

将在页面中生成以下 HTML 代码：

```
<book style="text-decoration:underline;font-size:28px;">
这里是动态 XML 元素。
</book>
```

所有的 JSP 动作要素都有两个属性：id 属性和 scope 属性。

id 属性：是动作元素的唯一标识，可以在 JSP 页面中引用。动作元素创建的 id 值可以通过 PageContext 调用。

scope 属性：用于识别动作元素的生命周期。id 属性和 scope 属性有直接关系，scope 属性定义了相关联 id 对象的寿命。scope 属性有四个可能的值：page（页面有效）、request（请求中有效）、session（会话中有效）和 application（整个 Web 应用服务中有效）。

10.2 JSP 内置对象

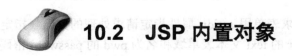

JSP 内置对象是指 JSP 容器为每个页面提供的 Java 对象，程序中可以直接使用它们而不用显式声明。例如，每个页面都有一个自己的 out 对象，主要用来向客户端输出数据。

JSP 常用的内置对象主要包括以下几个。

1. request

HttpServletRequest 类的实例，每当客户端请求一个 JSP 页面时（通常是表单页面提交请求），JSP 引擎就会建立一个新的 request 对象来代表这个请求，里面包括了 HTTP 头信息、请求方法信息和表单参数等，还包括获取这些信息的方法。

（1）html 文件：

```
<form action="2.jsp" method="post">
<input type="text" name="usr" /><br />
<input type="password" name="pwd" /><br />
<input type="checkbox" name="fvr" value="体育" />PE
<input type="checkbox" name="fvr" value="美术" />Art
<input type="checkbox" name="fvr" value="音乐" />Music
<input type="submit" value="login" />
</form>
```

（2）jsp 文件：

```
<%
request.setCharacterEncoding("UTF-8"); //设置传递的字符支持中文
String path=request.getServerName(); //取得服务器名
String usr=request.getParameter("usr"); //取得文本域内容
String pwd=request.getParameter("pwd"); //取得密码域值
String fvr[]=request.getParameterValues("fvr"); //取得复选框域值组
out.print("来源："+path+"<br />");
out.print("用户名："+usr+"<br />");
out.print("密码："+pwd+"<br />");
out.print("爱好：");
if(fvr!=null){  //复选框如果不为空则循环输出
for(String f:fvr){
    out.print(f+" ");
}
}
%>
```

提交页面 request 携带信息如图 10.4 所示。

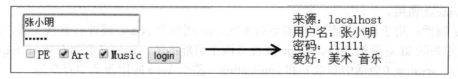

图 10.4　提交页面 request 携带信息

在上例中，请求表单用 action 属性指定请求处理的页面（指定向 2.jsp 文件发送请求），表单中包括名为 usr 的 text 文本表单域和名为 pwd 的 password 密码表单域；2.jsp 收到请求后用 request.setCharacterEncoding()设置编码格式，用 getServerName()获取请求页的服务器名称，用 getParameter()获取请求页表单传递过来的各域值。对于表单中类似复选框这样的表单域组，用 getParameterValues()获得一个数组，再利用循环遍历数组元素。

request 对象的作用域为一次请求，即存在于被请求页内。

2. response

代表的是对客户端的响应，主要是将 JSP 容器处理过的对象传回客户端。其主要用法是设置响应消息的编码格式和页面转向：

```
response.sendRedirect("页面 url"); //页面跳转
response.setCharacterEncoding("utf-8"); //设置响应消息的编码
```

3. session

session 对象是由服务器自动创建的与用户会话相关的对象，从用户浏览器打开到关闭这个过程内有效，在站点内所有页面共享，用于保存当前用户的信息（例如，常用的登录状态信息），跟踪用户的操作状态，客户端（浏览器）关闭后 session 会话消失。session 对象内部使用 Map 类来保存数据，因此保存数据的格式为键值对。session 对象的 value 可以是复杂的对象类型，而不仅仅局限于字符串类型。

例如，我们修改上例中的 2.jsp 文件，来验证用户名和密码，如果验证通过则新建 session 键值对，如果验证不通过则将值置空，最后跳转到 main.jsp。代码如下：

```jsp
<%
request.setCharacterEncoding("UTF-8");
String usr=request.getParameter("usr");
String pwd=request.getParameter("pwd");
if(usr==null||pwd==null){
    out.print("<div>用户名和密码不能为空！</div>");
    return;
}
if(usr.equals("张小明")&&pwd.equals("111111")){
    session.setAttribute("login_user", usr); //设置会话变量
}else{
    session.setAttribute("login_user", "");   //会话变量置空
    //也可以用 session.removeAttribute("login_user");删除会话变量
}
response.sendRedirect("main.jsp"); //页面跳转
%>
main.jsp
<%
    String login_user=null;
    if(session.getAttribute("login_user")!=null){ //获取会话
     login_user=(String)session.getAttribute("login_user"); //转成字符串
    }
    if(login_user!=null&&!login_user.equals("")){ //如果不为 null 也不为空串
        out.print("<div>用户"+login_user+"已经登录。</div>");
    }else{
        out.print("<div>用户尚未登录。</div>");
    }
%>
```

页面效果如图 10.5 所示。

用户名和密码不能为空！　　用户张小明已经登录。　用户尚未登录。

图 10.5　页面效果

在上例中，分别使用 session 的 setAttribute、getAttribute 和 removeAttribute 来设置、获取和删除 session 会话变量。

4. application

application 对象可将信息保存在 Web 应用服务器中，直到 Web 应用关闭，否则 application 对象中保存的信息会在整个 Web 应用中都有效。与 session 对象相比，application 对象生命周期更长，类似于 Web 系统的"全局变量"。session 对象在同一终端浏览器的所有页面共享，而 application 对象在所有终端浏览器的所有页面共享。例如，网站在线用户数这样需要全局共享的信息，可以使用 application 对象保存。和 session 对象一样，application 对象也使用 setAttribute、getAttribute 和 removeAttribute 来设置、获取和删除 application 变量。

5. Cookies

Cookies 是一种 Web 服务器通过浏览器在访问者的硬盘上存储信息的技术，Cookies 信息在客户端关机后依然能保存，当用户再次访问该站点时，服务器端可以在浏览器查找并返回先前保存的 Cookies 信息。

Cookies 不是 JSP 的内置对象，JSP 提供了 Cookie 类，并借助 request 对象和 response 对象，可以访问 Web 服务器在客户端保存的 Cookies 信息。例如，我们修改原来的 2.jsp 文件，当用户每次成功登录后记录他是第几次登录，关机再次登录也能取回这个信息，代码如下：

```jsp
<%
request.setCharacterEncoding("UTF-8");
response.setCharacterEncoding("utf-8");

String usr=request.getParameter("usr");
String pwd=request.getParameter("pwd");
if(usr==null||pwd==null){
    out.print("<div>用户名和密码不能为空！</div>");
    return;
}
if(usr.equals("张小明")&&pwd.equals("111111")){
    session.setAttribute("login_user", usr); //设置会话变量
    int n=0; //初始化访问次数
    Cookie[] cs=request.getCookies();    //获得站点 Cookies
    for(int i=0;i<cs.length;i++){   //循环查找名为 usr 的 Cookie 变量
        if(cs[i].getName().equals("times")){
            n=Integer.parseInt(cs[i].getValue()); //取出值
            break; //结束循环
        }
    }
    Cookie c=new Cookie("times",(n+1)+""); //建立名为 usr 的 Cookie
    c.setMaxAge(30*24*60*60); //设置 Cookies 在硬盘保存时间为 30 天
    response.addCookie(c); //写入硬盘
}else{
    session.setAttribute("login_user", "");   //会话变量置空
    //也可以用 session.removeAttribute("login_user");删除会话变量
}
```

```
response.sendRedirect("main.jsp"); //页面跳转
%>
```

同样，可以在 main.jsp 页面中显示访问次数，代码如下：

```
<%
    String login_user=null;
    if(session.getAttribute("login_user")!=null){ //获取会话
      login_user=(String)session.getAttribute("login_user"); //转成字符串
    }
    if(login_user!=null&&!login_user.equals("")){ //如果不为 null 也不为空串

        Cookie[] cs=request.getCookies();
         int n=0;
         for(int i=0;i<cs.length;i++){
          if(cs[i].getName().equals("times")){
               n=Integer.parseInt(cs[i].getValue());
               break;
          }
         }
        out.print("<div>用户"+login_user+"已经登录。本机登录"+n+"次了。</div>");
    }else{
        out.print("<div>用户尚未登录。</div>");
    }
%>
```

在上述例子中，使用 request.getCookies 获得 Cookie 数组，查找其中指定名称（getName）的 Cookie，并获得其值（getValue）；利用 JSP 提供的 Cookie 类建立 Cookie 实例对象，并用 setMaxAge()设置实例在硬盘上的保存时间；最后通过 response 对象的 addCookie()方法，将 Cookie 写入硬盘。

Internet Explorer 浏览器临时文件夹下的 Cookie 文件如图 10.6 所示。

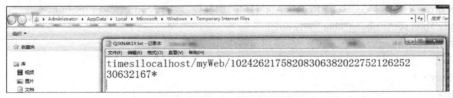

图 10.6　Internet Explorer 浏览器临时文件夹下的 Cookie 文件

下面通过构建一个网页版聊天室来进一步理解 JSP 的常用内置对象。聊天室主页 index.jsp 的代码如下：

```
<%@page language="java" import="java.util.*" pageEncoding="utf-8"%>
<html>
<script>
    function chuli() {
        document.getElementById("f1").submit();
        document.getElementById("mywords").value = ""; //提交表单后清空输入框
    }
</script>
```

```
<body>
    <!-- 定义表单 提交表单至 p1.jsp 处理-->
    <form action="p1.jsp" method="post" target="baby" id="f1">
        请输入你想说的话： <input type="text" name="mywords" id="mywords" /> <input
        type="button" onclick="chuli();" value="发出" /> <input type="button"
        onclick="window.open('p3.jsp','baby');" value="清屏" />
    </form>
    <hr>
    <!-- 以下为内嵌窗口，默认显示 p2.jsp 内容页-->
    <iframe width="100%" height="80%" src="p2.jsp" name="baby"></iframe>
</body>
</html>
```

处理表单的页面 p1.jsp 的代码如下：

```
<%@ page language="java" import="java.util.*" pageEncoding="utf-8"%>
<html>
 <body>
  <%
  request.setCharacterEncoding("utf-8");
  response.setCharacterEncoding("utf-8"); //设置传递信息编码
  String mywords=request.getParameter("mywords"); //获得表单域内容
  if(mywords==null||mywords.trim().equals("")){ //如果内容为空或空格，则直接跳转到内容页
   response.sendRedirect("p2.jsp");
   return;
  }
  String allwords=""; //初始化聊天内容
  if(application.getAttribute("chat")!=null){ //如果服务器已经有聊天内容，则获取
   allwords=application.getAttribute("chat").toString();
  }
  //以下将新内容加上原内容格式化后重新保存至服务器
  allwords="来自:"+request.getRemoteAddr()+"的朋友说： " +mywords+"<br />"+allwords;
  application.setAttribute("chat", allwords);
  response.sendRedirect("p2.jsp"); //跳转到内容页
   %>
  </body>
</html>
```

内容页 p2.jsp 的代码如下：

```
<%@ page language="java" import="java.util.*" pageEncoding="utf-8"%>
<html>
<head>
<meta http-equiv="Refresh" content="3" />
</head>
<body>
 <%
 request.setCharacterEncoding("utf-8");
 response.setCharacterEncoding("utf-8");
 if(application.getAttribute("chat")!=null){
```

```
    out.print(application.getAttribute("chat").toString());
   }
   %>
  </body>
</html>
```

清屏页面 p3.jsp 的代码如下:

```
<%@ page language="java" import="java.util.*" pageEncoding="UTF-8"%>
<html>
  <body>
   <%
   application.setAttribute("chat","");
   out.println("<script>window.close();</script>");
    %>
  </body>
</html>
```

在上述例子中,内容页用<meta http-equiv="Refresh" content="3" />标签实现每隔三秒钟刷新一次,以读取最新的聊天内容。网页聊天室界面如图 10.7 所示。

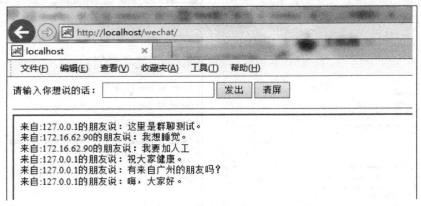

图 10.7 网页聊天室界面

 10.3 Servlet 技术

Servlet 是处理 HTTP 请求动态地生成 Web 响应页面的技术,它在客户端(浏览器)与 HTTP 服务器上的数据库或应用程序之间交互发挥桥梁作用,是用 Java 编写的运行在服务器端的服务连接器。一个 Web 应用程序一般包括众多的 Servlet,用于响应不同的请求,这些 Servlet 都存放在 Servlet 容器中,目前常见的 Servlet 容器有 Tomcat、WebLogic、JBoss 等。事实上,这些容器初始化时都提供了默认的 Servlet,用于在没有指定请求哪个 Servlet 时交付给默认的 Servlet 处理。例如,Tomcat 在 conf/web.xml 配置文件中指定了处理所有 HTTP 请求的默认 Servlet 是 org.apache.catalina.servlets.DefaultServlet。

Servlet 的工作过程如图 10.8 所示:一个 Servlet 第一次收到客户端(浏览器)请求时,

Servlet 容器为其生成一个 Servlet 实例，并调用 Servlet 的 init()方法初始化实例，调用 service()方法处理请求并返回响应结果；当同一个 Servlet 再次收到 HTTP 请求时，Servlet 容器无须创建相同的 Servlet 实例，仅开启第二个线程来处理请求，也就是说，在服务器被停止或重启之前，每个 Servlet 最多只有一个实例；当服务器被停止或重启时，Servlet 会调用 destroy()方法释放资源。

图 10.8　Servlet 的工作过程

Servlet 的建立：Java 提供了 Servlet 接口类和 GenerricServlet、HttpServlet 两个实现类，其中 HttpServlet 是 GenerricServlet 的子类，它在原有基础上添加了一些 HTTP 处理方法，比 GenerricServlet 功能更强大，所以 Web 项目中的 Servlet 类一般继承自 HttpServlet 类并重写 doGet()方法或 doPost()方法（不需要重写 Service()方法）。

接下来用 MyEclipse 新建第一个 Servlet：右击项目下的 src 目录，依次单击 New→Servlet 选项，新建 MyServlet，如图 10.9 所示，其中 Servlet/JSP Mapping URL 代表请求的映射 URL。

图 10.9　新建 Servlet

重写其中的 doGet()方法，可实现把原始字符串按 Base64 编码/解码的功能，代码如下：

```
public void doGet(HttpServletRequest request, HttpServletResponse response)
            throws ServletException, IOException {
    response.setContentType("text/html");
    request.setCharacterEncoding("utf-8"); //输入编码设置（支持中文）
    response.setCharacterEncoding("utf-8"); //输出编码设置（支持中文）
    PrintWriter out = response.getWriter();
    String t= request.getParameter("t"); //从 URL？后面的参数中取值
    t=new String(t.getBytes("iso-8859-1"),"utf-8"); //转换编码格式以支持中文
    out.print("传入字符串："+t+"<br />");
```

```
            String s=Base64.encode(t.getBytes()); //转成字节数组后用 Base64 编码
            out.print("编码后的字符串："+s+"<br />");
            byte[] r=null;
            try {
                    r = Base64.decode(s.getBytes()); //转成字节数组后解码，应有异常处理
            } catch (Base64DecodingException e) {
                    // TODO Auto-generated catch block
                    e.printStackTrace();
            }
            out.print("解码后的字符串："+new String(r)+"<br />");
            out.flush();
            out.close();
    }
```

在浏览器输入"http://服务器/MyServlet?t=好好学习天天向上"即可向这个 Servlet 发出请求，带参数请求 MyServlet 的响应结果如图 10.10 所示。

图 10.10　带参数请求 MyServlet 的响应结果

Servlet 的 doGet()和 doPost()方法都是带 HttpServletRequest 和 HttpServletResponse 实例参数的，分别代表客户请求信息体（提供了多种获取请求数据的方法）和对客户请求的响应信息体。例如，要在 Servlet 中获取会话对象（HttpSession），可以使用以下语句：

```
HttpSession session=request.getSession();
```

此外，Servlet 中还常用到与 Servlet 容器打交道的 ServletContext 接口（类似于 JSP 中的 Application，主要方法为 setAttribute()/getAttribute()/removeAttribute()）、用于请求分派的 RequestDispatcher 接口。例如，当需要将对当前 Serlvet 的请求分派给另一个 Servlet，并且带上原请求的 HttpServletRequest 和 HttpServletResponse 实例时，可以使用以下语句：

```
        RequestDispatcher rd=request.getRequestDispatcher("MyServlet2");
        //MyServlet2 是另一个 Servlet
        rd.forward(request, response);
```

在上述第一个 Servlet 例子中，参数 t 既可以从 URL 的"？"后传递给 Servlet（此时请求方法默认为 get()），也可以通过 form 表单传递，比如：

```
<form action="/MyServlet" method="get">
<input type="text" value="好好学习天天向上" name="t"  />
<input type="submit" value="提交" />
</form>
```

Servlet 的配置：如何区别不同的 Servlet？或者说如何请求不同的 Servlet 呢？Web 站点需要在 web.xml 文件里注册 Servlet，用于指定 Servlet 的请求路径（URL）、对应的 Servlet 名称和类等信息。如上述例子中 MyServlet 在 web.xml 中生成的配置信息如下：

```xml
<servlet>
    <servlet-name>MyServlet</servlet-name>
    <servlet-class>cn.liweilin.servlet.MyServlet</servlet-class>
</servlet>
<servlet-mapping>
    <servlet-name>MyServlet</servlet-name>
    <url-pattern>/MyServlet</url-pattern>
</servlet-mapping>
```

上述配置信息注册了一个 Servlet，注册标识名字由 servlet-name 标签指定，对应的类由 servlet-class 标签指定。servlet-mapping 标签用于映射这个已注册 Servlet 的外部访问路径（URL），它包含两个子元素 servlet-name 和 url-pattern，分别用于指定 Servlet 的注册名称和 Servlet 的对外访问路径。

同一个 Servlet 可以被映射到多个 URL 上，即多个 servlet-mapping 标签块的 servlet-name 子标签的设置值可以是同一个 Servlet 的注册标识名。在 Servlet 映射到的 URL 中也可以使用"*"通配符，但是只能有两种固定的格式：一种是"*.扩展名"，另一种是以"/"开头并以"/*"结尾的，这两种格式分别如下：

```xml
<!--方式一用于匹配所有某一扩展名的文件-->
<servlet-mapping>
    <servlet-name>注册名</servlet-name>
    <url-pattern>*.后缀名</url-pattern>
</servlet-mapping>
<!--方式二用于匹配某一文件夹下的所有文件-->
<servlet-mapping>
    <servlet-name>注册名</servlet-name>
    <url-pattern>/目录名/*</url-pattern>
</servlet-mapping>
```

当映射设置出现冲突匹配时，其优先级原则为：
- 可以精确匹配则用精确匹配，最后才使用范围最宽泛的匹配；
- "/*"的匹配优先级高于"*.扩展名"；
- 如果某个 Servlet 的映射路径只有一个"/"，那么这个 Servlet 就成为当前 Web 应用程序的默认 Servlet；
- 凡是在 web.xml 文件中找不到匹配的 servlet-mapping 标签块的 url-pattern 的，它们的请求访问都将交给默认 Servlet 处理，也就是说，默认 Servlet 用于处理所有其他 Servlet 都不处理的访问请求。

类似 Servlet 的原理特性，可以引申出 Java Web 的很多应用，包括过滤器、监听器。

10.3.1 Java Web 过滤器

过滤器（Filter）是一种对 JSP、Serlvet 或 HTML 资源的请求先进行过滤，之后再决定是否允许请求的技术。Filter 是一个程序，它先于被请求的 JSP、Servlet 或 HTML 页面运行在服务器上。过滤器可通过映射（filter-mapping）附加到多个或一个 JSP、Servlet 或 HTML 上，并且预先检查进入这些资源的请求消息。

过滤器及其映射关系的声明和 Servlet 一样，在 WEB-INF/web.xml 中设置。其格式举例如下：

```
<filter>
    <filter-name>过滤器名称</filter-name>
    <filter-class>过滤器类</filter-class>
    <init-param>
        <param-name>初始化参数名</param-name>
        <param-value>初始化参数值</param-value>
    </init-param>
</filter>
<filter-mapping>
    <filter-name>过滤器名称</filter-name>
    <url-pattern>映射匹配 URL</url-pattern>
</filter-mapping>
```

这里的映射匹配 URL 的格式和规则与 Servlet 配置项一样。

试想这样一种应用场景：将网站的部分页面或 Servlet 资源设计成只有成功登录后才能访问，否则转向登录页面要求登录。解决这个问题的常见做法是成功登录后设计一个会话（session）级变量标识，然后在这些资源的开头部分对这个标识做判断。然而，这种做法需要修改资源页面，不仅代码重复，而且修改复杂。使用过滤器技术，可以不用对这些资源做任何修改，只需将这些资源的 URL 映射到一个过滤器中过滤即可。

接下来用 MyEclipse 新建一个过滤器。用户过滤器是一个实现了 javax.servlet.Filter 接口的类，假设该类的功能是判断用户是否登录，如果已经登录（标识假设保存在 session 级变量 LoginUser 中），则将请求直接转发到目的地址，否则转发到登录页 login.jsp。

创建自定义 Filter 类，如图 10.11 所示。

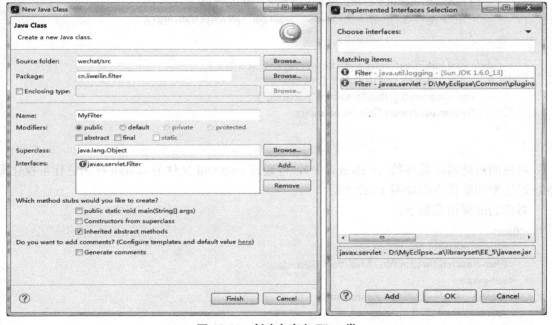

图 10.11　创建自定义 Filter 类

代码如下:

```java
package cn.liweilin.filter;
import java.io.IOException;
import javax.servlet.Filter;
import javax.servlet.FilterChain;
import javax.servlet.FilterConfig;
import javax.servlet.ServletException;
import javax.servlet.ServletRequest;
import javax.servlet.ServletResponse;
import javax.servlet.http.HttpServletRequest;
import javax.servlet.http.HttpServletResponse;
public class MyFilter implements Filter { //实现 javax.servlet.Filter 接口
    private String encoding; //声明一个编码集字符串变量
    public void destroy() {
    }
    public void doFilter(ServletRequest arg0, ServletResponse arg1,
            FilterChain arg2) throws IOException, ServletException {
//强制转成 HTTP 包下的 HttpServlet Request 类
        HttpServletRequest request=(HttpServletRequest)arg0;
//强制转成 HTTP 包下的 HttpServlet Response 类
        HttpServletResponse response=(HttpServletResponse)arg1;
        request.setCharacterEncoding(encoding); //根据 web.xml 的参数设置编码集
        response.setCharacterEncoding(encoding); //根据 web.xml 的参数设置编码集
        String LoginUser=null; //登录标识
        if(request.getSession().getAttribute("LoginUser")!=null) //获取会话标识
            LoginUser=(String)request.getSession().getAttribute("LoginUser");
        if(LoginUser!=null&&!LoginUser.equals("")){ //如果标识存在则直接转到目的地址
            arg2.doFilter(arg0, arg1);
        }else{ //如果标识不存在，则转发到登录页面 login.jsp
            request.getRequestDispatcher("login.jsp").forward(arg0, arg1);
        }
    }
    public void init(FilterConfig arg0) throws ServletException {
//初始化过滤器（从 web.xml 中读取参数）
        encoding=arg0.getInitParameter("encoding");
        System.out.println("init:"+encoding);
    }
}
```

对应的过滤器配置参数（web.xml 中），可通过 web.xml 文件的 design 视图进行可视化配置，过滤器的配置界面如图 10.12 所示。

对应的配置信息如下：

```xml
<filter>
  <filter-name>MyFilter</filter-name>
  <filter-class>cn.liweilin.filter.MyFilter</filter-class>
  <init-param>
    <param-name>encoding</param-name>
    <param-value>utf-8</param-value>
  </init-param>
```

```
    </filter>
    <filter-mapping>
      <filter-name>MyFilter</filter-name>
      <url-pattern>/index.jsp</url-pattern>
    </filter-mapping>
    <filter-mapping>
      <filter-name>MyFilter</filter-name>
      <url-pattern>/main.jsp</url-pattern>
    </filter-mapping>
```

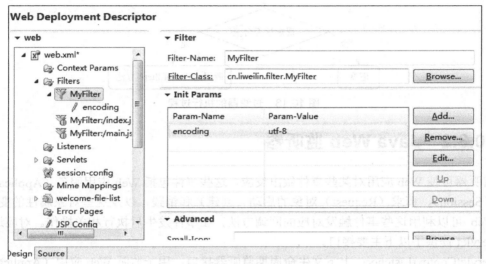

图 10.12 过滤器的配置界面

在上述过滤器的代码中,过滤器类实现 javax.servlet.Filter 接口,这个接口含有三个过滤器类必须实现的方法。

● init(FilterConfig):这是过滤器的初始化方法,容器创建过滤器实例后将调用这个方法,在这个方法中可以读取 web.xml 文件中的过滤器初始化参数。

● doFilter(ServletRequest,ServletResponse,FilterChain):这个方法完成实际的过滤操作,当客户请求访问与过滤器关联的 URL 时,容器将先调用过滤器的 doFilter()方法。做完必要的过滤后,过滤器再调用 FilterChain 接口对象的 doFilter()方法,向后续的过滤器传递请求或响应。

● destroy():容器在销毁过滤器实例前调用该方法,这个方法可以释放过滤器占用的资源。

通过上述代码构建的过滤器,可以实现在浏览器中输入 index.jsp 或 main.jsp 时,会先执行过滤器中的 init()方法,初始化 encoding 参数,然后执行 doFilter()方法,对请求和响应编码进行统一处理,再判断是否已经登录并据此处理(是则正常打开请求页面,否则阻塞并跳转到 login.jsp 页面)。其具体执行过程如下(如图 10.13 所示)。

(1)容器创建一个过滤器实例;
(2)过滤器实例调用 init()方法,读取过滤器的初始化参数;
(3)过滤器实例调用 doFilter()方法,根据初始化参数的值判断该请求是否合法;
(4)如果该请求不合法则阻塞该请求;

（5）如果该请求合法则调用 chain.doFilter()方法将该请求向后续传递。

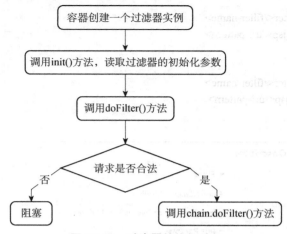

图 10.13　过滤器的执行过程

10.3.2　Java Web 监听器

监听器可使 Web 应用对某些事件做出反应，这些事件包括 Web 应用服务（Application）、会话（Session）、请求（Request）对象的启动（创建）和销毁，以及这些对象属性的变更等。Java Web 可以利用这些事件触发对应的回调方法，在事件发生后执行相关操作。对应这些事件，Servlet 提供了以下主要接口。

ServletContextListener：上下文生命周期监听器接口，用于监听 Web 应用（Application）的启动和销毁事件，这样的监听器类必须实现接口的 contextDestroyed()方法和 contextInitialized()方法，分别代表 Web 应用销毁和创建时要执行的操作。看如下代码：

```
package cn.liweilin.listener;
import javax.servlet.ServletContextEvent;
import javax.servlet.ServletContextListener;
public class AppListener implements ServletContextListener {
//实现 ServletContextListener 接口的监听器类
    public void contextDestroyed(ServletContextEvent arg0) { //网站停止时执行
        System.out.println("应用停止："+arg0.getServletContext().getContextPath());
    }
    public void contextInitialized(ServletContextEvent arg0) { //网站启动时执行
        System.out.println("开始启动应用："+arg0.getServletContext().getContextPath());
    }
}
```

这个实现了 javax.servlet.ServletContextListener 接口的类是一个监听器类，分别在 Web 网络启动和停止时执行一个输出操作，输出当前网站的路径。

和 Servlet、过滤器一样，监听器类也要在 web.xml 配置文件中注册，可以使用配置文件的 Design 视图快速完成注册，监听器的创建如图 10.14 所示。

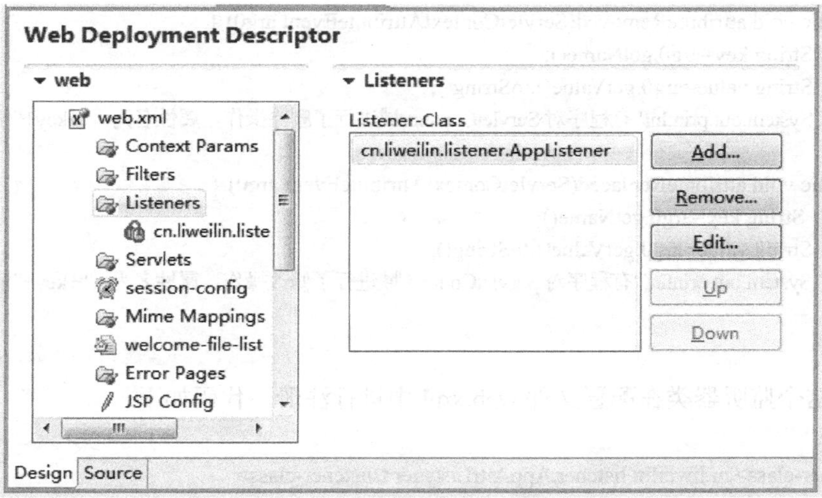

图 10.14 监听器的创建

```
<listener>
    <listener-class>cn.liweilin.listener.AppListener</listener-class>
</listener>
```

重新启动网站可在 Console 窗口看到如下执行结果:

应用停止:/myWeb
开始启动应用:/myWeb

ServletContextAttributeListener:应用上下文属性事件监听器接口,用于监听 Web 应用上下文中的属性改变事件。这样的监听器类必须实现接口的 attributeAdded()、attributeRemoved()、attributeReplaced()方法,分别代表 Web 应用上下文中的属性增加、删除和替换事件发生时要执行的操作。

在 AppAttr.jsp 页面中有如下操作,对 Web 应用上下文对象(application)增加、修改和删除属性(实际应用中这三个操作不一定出现在一个页面中,此处为测试需要):

```
<%@ page language="java" import="java.util.*" pageEncoding="UTF-8"%>
<%
application.setAttribute("words", "这是我原来想说的话。"); //增加属性
application.setAttribute("words", "这是我现在想说的话。"); //修改属性
application.removeAttribute("words"); //删除属性
%>
```

然后编写监听器监听 Web 应用上下文属性的操作,代码如下:

```
package cn.liweilin.listener;
import javax.servlet.ServletContextAttributeEvent;
import javax.servlet.ServletContextAttributeListener;
public class AppAttrListener implements ServletContextAttributeListener {
    public void attributeAdded(ServletContextAttributeEvent arg0) {
        String key=arg0.getName();
        String value=arg0.getValue().toString();
        System.out.println("有程序对 ServletContext 域进行了增加操作,属性名为:"+key+"值为:"+value);
    }
```

```java
        public void attributeRemoved(ServletContextAttributeEvent arg0) {
            String key=arg0.getName();
            String value=arg0.getValue().toString();
            System.out.println("有程序对 ServletContext 域进行了删除操作,属性名为: "+key+"值为: "+value);
        }
        public void attributeReplaced(ServletContextAttributeEvent arg0) {
            String key=arg0.getName();
            String value=arg0.getValue().toString();
            System.out.println("有程序对 ServletContext 域进行了修改操作,属性名为: "+key+"值为: "+value);
        }
}
```

最后将这个监听器类在配置文件 web.xml 中进行注册,代码如下:

```xml
<listener>
    <listener-class>cn.liweilin.listener.AppAttrListener</listener-class>
</listener>
```

在客户端浏览器中访问 AppAttr.jsp 页面时,Console 将输出如下监听结果:

有程序对 ServletContext 域进行了增加操作,属性名为: words 值为: 这是我原来想说的话。
有程序对 ServletContext 域进行了删除操作,属性名为: words 值为: 这是我原来想说的话。
有程序对 ServletContext 域进行了修改操作,属性名为: words 值为: 这是我现在想说的话。

以上监听 Web 应用上下文(ServletContext)及其属性(ServletContextAttribute)的监听器接口,还可以扩展到会话(HttpSession)和请求(HttpServletRequest)及它们的属性(HttpSessionAttribute、ServletRequestAttribute),监听器接口的扩展见表 10.5。

表 10.5 监听器接口的扩展

类 别	应用上下文	会 话	请 求
监听对象	ServletContext	HttpSession	HttpServletRequest
监听属性	ServletContextAttribute	HttpSessionAttribute	ServletRequestAttribute
监听器接口	+Listener	+Listener	+Listener

在表 10.5 中,三个对象监听器接口分别是 ServletContextListener、HttpSessionListener 和 ServletRequestListener,分别用于监听应用上下文对象、会话对象和请求对象的创建和销毁;三个监听对象属性事件的监听器接口分别是 ServletContextAttributeListener、HttpSessionAttributeListener 和 ServletRequestAttributeListener,这三个接口中都定义了三个方法来处理被监听对象中属性的增加、删除和替换事件,同一个事件在这三个接口中对应的方法名称(即 attributeAdded()、attributeRemoved()、attributeReplaced())完全相同,只是接收的参数类型不同。

我们再来看一个会话对象监听器接口的例子:新建一个 HttpSessionListener 接口的实现类 SessionListener,实现 sessionCreated()方法,用来表示新建会话(有客户端访问网站)时要执行的代码;再实现 sessionDestroyed()方法,用来表示会话销毁(客户端长时间无操作或关闭)时要执行的代码。代码如下:

```java
import java.util.Date;
import javax.servlet.http.HttpSessionEvent;
import javax.servlet.http.HttpSessionListener;
public class SessionListener implements HttpSessionListener {
  int count=0;
    public void sessionCreated(HttpSessionEvent arg0) {
        arg0.getSession().setMaxInactiveInterval(5); //设置会话最大轮询间隔为 5 秒
        Date date=new Date();
        System.out.println("当前时间："+ date.toLocaleString());
        count++;
        System.out.println("一会话新增，当前访问人数："+count);
        System.out.println("------------------------------");
    }
    public void sessionDestroyed(HttpSessionEvent arg0) {
        Date date=new Date();
        System.out.println("当前时间："+ date.toLocaleString());
        count--;
        System.out.println("一会话终止，当前访问人数："+count);
        System.out.println("------------------------------");
    }
}
```

此时，浏览器访问网站时，新建会话，执行 sessionCreated()方法；关闭或长时间不操作时，销毁会话，执行 sessionDestroyed()方法。结果如下：

```
------------------------------
当前时间：2018-1-8 22:31:59
一会话新增，当前访问人数：1
------------------------------
当前时间：2018-1-8 22:32:42
一会话终止，当前访问人数：0
------------------------------
```

10.3.3　Servlet 的线程特性

Servlet 默认是以多线程模式执行的，当有多个用户同时并发请求一个 Servlet 时，容器将启动多个线程调用相应的请求处理方法。此时，请求处理方法中的局部变量是安全的，但对于成员变量和共享数据是不安全的，因为这些线程有可能同时操作这些数据，这时需要做同步处理。为此，编写代码时需要非常细致地考虑多线程的安全性问题。如果编写 Servlet 时不注意多线程问题，容易出现少量用户访问时没有问题，但并发量大时则容易出错的现象。解决的思路如下：

（1）使用 synchronized。使用 synchonized 关键字同步操作成员变量和共享数据的代码，就可以避免出现线程安全性问题，但这也意味着线程需要排队处理。因此，在使用同步语句时要尽可能缩小同步代码范围，不能直接在请求处理方法（如 doGet()、doPost()方法）上使用同步，这样会严重影响效率。

（2）尽量少使用成员变量和共享数据。对于集合，使用 Vector 代替 ArrayList，使用 Hashtable 代替 HashMap，不在 Servlet 内创建自己的线程，这会导致复杂化。

我们来设计这样一个实验：编写并注册一个 Servlet，通过 URL 传入一个参数值，在页面中输出这个参数，参考代码如下：

```
public class MuitiThreadServlet extends HttpServlet {
    String param=""; //声明一个成员变量，所有线程共享，不安全
    public void doGet(HttpServletRequest request, HttpServletResponse response)
            throws ServletException, IOException {
        response.setContentType("text/html");
        response.setCharacterEncoding("utf-8");
        PrintWriter out = response.getWriter();
        param=request.getParameter("param"); //获取参数
        try {
            Thread.sleep(5000); //休眠 5 秒后再输出
        } catch (InterruptedException e) {
            e.printStackTrace();
        }
        out.print(Thread.currentThread().getName()+"线程输出："+param); //输出线程名称及参数
        out.flush();
        out.close();
    }
```

如果这个 Servlet 注册的 url pattern 为/MTS，则先后在两个页面请求以下带参数的 URL：

http://localhost/myWeb/MTS?param=Ella
http://localhost/myWeb/MTS?param=Lucy

得到的结果都是：

http-apr-80-exec-75 线程输出：Lucy
http-apr-80-exec-76 线程输出：Lucy

说明 Servlet 中的 param 是成员变量，为所有线程共享，在第一个线程等待输出的过程中，后一个线程修改了 param 的值，所以第一个页面并没有出现参数中的"Ella"。线程协作过程如图 10.15 所示。

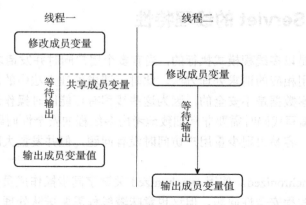

图 10.15　线程协作过程

如果将对 param 的赋值和等待输出的过程加上 synchronized 同步锁，一个进程必须获得这个锁后才能对 param 的值进行修改，则不会再出现这样的问题。要修改的部分代码如下：

```
synchronized(this){
        param=request.getParameter("param"); //获取参数
      try {
          Thread.sleep(5000); //休眠 5 秒后再输出
      } catch (InterruptedException e) {
          e.printStackTrace();
      }
      }
```

第 3 部分
项目综合实践

　　本书第 1 部分介绍了完成具体业务逻辑的实现，第 2 部分介绍了业务系统与用户的交互。具备这两部分的知识，就可以开发基于 Web 的业务系统了。

　　业务系统的开发，需要借助软件工程的方法论，分步骤执行。一般来说，软件开发过程包括前期的需求分析、概要设计、详细设计、代码编写、测试完善几个步骤。下面以一个简单的电子商务网站开发为例，来说明如何综合运用前面的知识开发业务系统。

第 11 章 简单电子商务网站的开发

 11.1 电子商务网站系统设计

11.1.1 功能设计

一个传统的电子商务网站，基本的功能模块（如图 11.1 所示）如下。
商品管理：包括商品的添加、修改、删除、查询。
购物车（订单）管理：包括商品的加入、删除、修改、查询。
用户管理：用户的添加、修改、删除、查询。

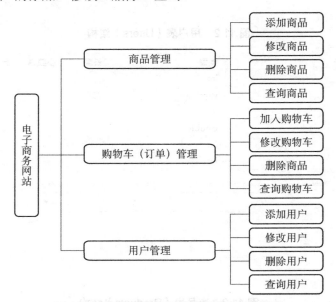

图 11.1 传统电子商务网站基本的功能模块

从功能上看，都是系统用户对数据库的增、删、改、查操作。

11.1.2 数据表结构设计

从系统实体上看,电子商务网站系统包括用户(顾客和商户)、商品、购物车等实体,对应的实体关系模型如下:

用户(用户 ID,用户名,密码,真实姓名,性别,权限,送货地址,联系电话)
商品(商品 ID,商品名称,商品分类,商品价格,商品人气,存货)
购物车(订单 ID,用户 ID,商品,数量,订单状态)

上述实体关系模型中,作为主键的字段一般设为自动递增。

依据模型建立一个数据库(名为 myeb),对应的数据表结构设计如图 11.2~图 11.4 所示。

名	类型	长度	小数点	允许空值(	
UserId	int	11	0	☐	🔑1
UserName	varchar	50	0	☑	
Password	varchar	50	0	☑	
RealName	varchar	50	0	☑	
Gender	varchar	10	0	☑	
▶ Authority	int	11	0	☑	
Address	varchar	255	0	☑	
Mobile	varchar	50	0	☑	

默认: 0
注释: 0,顾客1,商户2,管理员
☐ 自动递增
☐ 无符号
☐ 填充零

图 11.2 用户表(Users)结构

名	类型	长度	小数点	允许空值(	
ProductId	int			☐	🔑1
ProductName	varchar	255		☑	
ProductType	int			☑	
▶ Price	double			☑	
Hot	int			☑	
Remainder	int			☑	

默认: 0
注释:
☐ 自动递增
☐ 无符号
☐ 填充零

图 11.3 商品表(Products)结构

名	类型	长度	小数点	允许空值(	
CartId	int	11	0	☐	🗝1
UserId	int	11	0	☑	
ProductId	int	11	0	☑	
Count	int	11	0	☑	
Status	int	11	0	☑	

默认： 0

注释： 0，未支付状态1，已支付状态2，作废状态

☐ 自动递增
☐ 无符号
☐ 填充零

图 11.4 购物车表（Cart）结构

11.1.3 用 Hibernate 逆向工程生成实体类

根据数据库设计，可以建立对应的实体类。除了传统建立实体类的方法外，MyEclipse 提供了 Hibernate 逆向工程，可以根据数据表结构反向生成实体类，此时需要对 Web 项目提供 Hibernate 支持。

首先配置数据库持久化连接对象，单击 Window→Open Perspective→MyEclipse Java Persistence 选项，在打开的 MyEclipse Derby 中右击并选择编辑选项，选择合适的驱动程序文件并填写其他配置信息（如图 11.5 所示）。

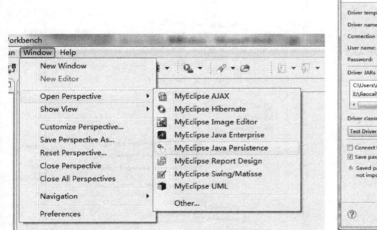

图 11.5 配置数据库连接对象

右击 myWeb 项目，选择 MyEclipse→Add Hibernate Capabilities 选项，选择 Hibernate 的版本号，下一步可以选择刚才配置的数据库连接信息（如图 11.6 所示）。

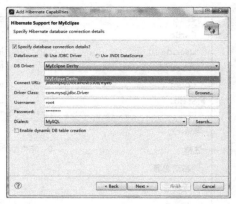

图 11.6 增加 Hibernate 支持

配置成功后，在 DB Browser 对话框可以看到连接的数据库结构（如图 11.7 所示），右击需要生成实体类的表（如 users），单击 Hibernate Reverse Engineering 选项，打开相应对话框，选择类存放位置，选择 Java Data Object（POJO<>DB Table）复选框，其余按默认设置即可（如图 11.8 所示），生成 User 实体类。

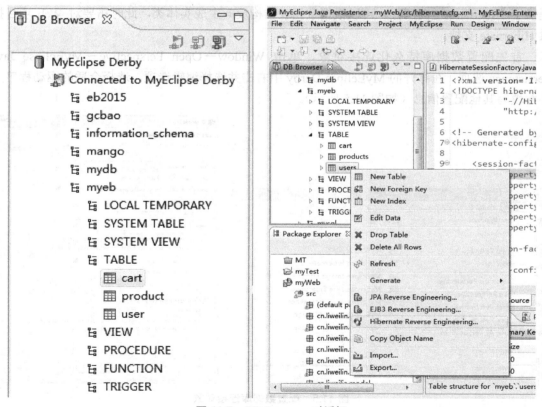

图 11.7 BD Browser 对话框

参照上述方法，可以生成商品类 Product 和购物车类 Cart。

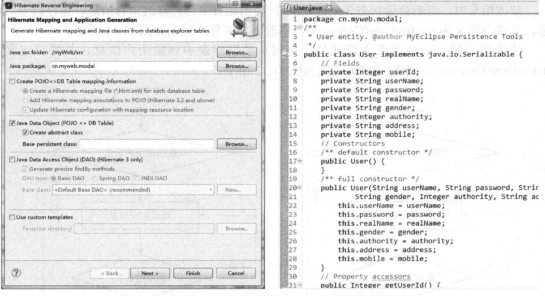

图 11.8　Hibernate 逆向工程生成的实体类

11.1.4　流程设计

首先，根据用户的行为，尤其是顾客用户的行为，其增、删、改、查的功能可以细化为注册、注销、验证登录、修改信息等模块。

注册时，用户输入注册信息，验证信息合法性和后台查询数据库是否有重复信息，写入数据库，其接口定义为 register(User user)，用户注册流程图如图 11.9 所示。

验证登录时，用户输入用户名和密码，后台验证后返回验证结果，并记录会话信息，其接口定义为 checkUser(User user)，用户登录流程图如图 11.10 所示。

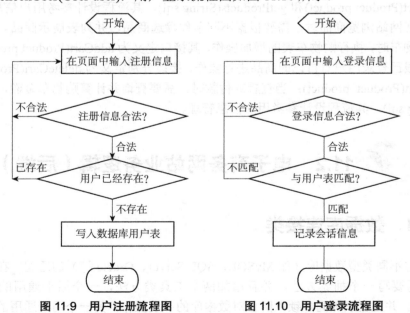

图 11.9　用户注册流程图　　　　图 11.10　用户登录流程图

修改信息时，判断会话状态（是否登录），列出原有信息，修改原有信息，保存修改后信息，其接口定义为 modifyUser(User user)，修改用户信息流程图如图 11.11 所示。

注销用户时，验证是否为管理员，是则从数据库表中删除用户信息，其接口定义为 deleteUser(User user)，删除用户流程图如图 11.12 所示。

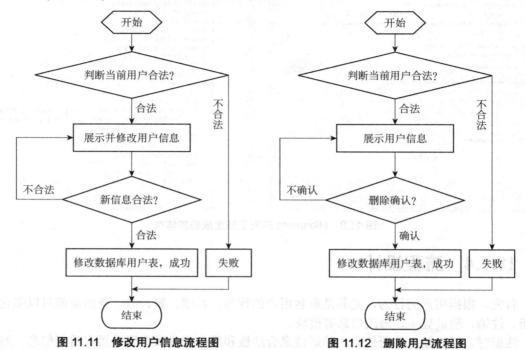

图 11.11　修改用户信息流程图　　　　图 11.12　删除用户流程图

同样，商品的添加、删除、修改、查询的操作仅限于商户或管理员，查询则不区分，也给出这些操作的接口，名称分别为 addProduct(Product product)、deleteProduct(int productId)、modifyProduct(Product product) 和 getProducts(String sql)，其流程设计参考用户信息管理。

当顾客在网站浏览商品时，需要根据不同条件筛选商品，并列表展示商品。当顾客将商品添加进购物车时，执行购物车表的增加操作，其接口定义为 addCart(Product product)；删除、修改操作仅限已登录用户对自己的商品进行操作，接口分别定义为 deleteCart(Product product) 和 modifyCart(Product product)；当查看或付款时，需要查询并计算购物车金额，接口定义为 getCart(String sql)，其流程设计参考用户信息管理。

11.2　电子商务网站业务逻辑（后端）实现

11.2.1　数据库连接类

为适应与不同类型数据库（如 MySQL、SQL Server、Oracle 等）的适配，在数据库连接类 Dao 中需要写一个抽象方法，并且增加两个工具类方法，一个用于通用的数据库操作（executeSql），并且要求加同步锁以防止对数据库的并发操作，另一个用于通用的数据库查询

（querySql）。其示例代码如下（Dao 类文件）：

```java
package cn.myweb.dao;
import java.sql.ResultSet;
import java.util.List;
import cn.myweb.modal.Cart;
import cn.myweb.modal.CartProduct;
import cn.myweb.modal.Product;
import cn.myweb.modal.User;
public interface Dao {
    // 以下定义一些业务逻辑的接口方法------------------------------------
    boolean ifUserExists(User user);    // 定义判断注册名是否已经存在的接口方法
    boolean register(User user);    // 定义新增注册用户的接口方法
    User checkUser(User user);    // 定义验证用户登录的接口方法
    List<User> getUsers(String sql);    // 定义获取用户信息的接口方法
    boolean modifyUser(User user);    // 定义修改用户信息的接口方法
    boolean deleteUser(int userId);    // 定义删除用户的接口方法
    int addProduct(Product product);    // 定义新增商品的接口方法
    boolean deleteProduct(int productId);    // 定义删除商品的接口方法
    boolean modifyProduct(Product product);    // 定义修改商品的接口方法
    List<Product> getProducts(String sql);    // 定义获取商品列表的接口方法
    int addCart(Cart cart);    // 定义加入购物车的接口方法
    boolean deleteCart(Cart cart);    // 定义从购物车删除订单的接口方法
    Cart modifyCart(Cart cart);    // 定义修改购物车的接口方法
    List<Cart> getCart(String sql);    // 定义获取购物车的接口方法
    List<CartProduct> getCartDetail(String sql);    // 定义获取购物车商品详情的接口方法
    List<Product> checkRemainder(Map<Integer,Integer> map);    //定义检查商品库存的接口方法
    boolean modifyCarts(List<Cart> carts,Map<Integer,Integer> map,double summary,int count);    //定义批量修改购物车的接口方法
    // 以下为两个常用方法
    boolean executeSql(String sql);    //通用数据库操作类
    ResultSet querySql(String sql);    //通用数据库查询类
}
```

11.2.2　业务逻辑实现类

作为具体业务逻辑的实现类，既要实现连接具体数据库的抽象方法，还要实现具体的业务逻辑。为防止不同会话连接的并发操作，使用单例模式，即同一时间只有一个实例被共用，对数据库的操作由同步锁 synchronized 负责并发控制，以免产生脏读、错读。下面的代码以 ifUserExists 和 register 业务逻辑的实现为例（DaoImpl 类文件）：

```java
package cn.myweb.dao;
import java.sql.Connection;
import java.sql.DriverManager;
import java.sql.PreparedStatement;
import java.sql.ResultSet;
import java.sql.SQLException;
import java.sql.Statement;
import java.util.ArrayList;
```

```java
import java.util.List;
import cn.myweb.modal.Cart;
import cn.myweb.modal.CartProduct;
import cn.myweb.modal.Product;
import cn.myweb.modal.User;
public class DaoImpl implements Dao {    // 实现接口
    private static Connection con = null;
    // 单例模式-----------------------------------------
    private DaoImpl() {}
    private static DaoImpl dao = new DaoImpl();
    public static DaoImpl getInstance() {
        if (dao == null) {
            dao = new DaoImpl();
        }
        return dao;
    }
    private void getConnection() {    // 提供具体的连接数据库实现
        try {
            if (con == null || con.isClosed()) {
                String driver = "com.mysql.jdbc.Driver";
                String url = "jdbc:mysql://localhost:3306/myeb";
                String user = "root";
                String password = "******";    //数据库连接密码
                Class.forName(driver);
                con = DriverManager.getConnection(url, user, password);
            }
        } catch (SQLException e) {
            System.out.println("连接操作数据库异常！");
        } catch (ClassNotFoundException e) {
            System.out.println("找不到数据库驱动程序");
        }
    }
    public synchronized boolean executeSql(String sql) {    // 通用 SQL 操作方法
        boolean r = true;
        getConnection();
        try {
            con.createStatement().execute(sql);
        } catch (SQLException e) {
            r = false;
            e.printStackTrace();
        }
        return r;
    }
    public ResultSet querySql(String sql) {    // 通用 SQL 查询方法
        ResultSet rs = null;
        getConnection();
        try {
            rs = con.createStatement().executeQuery(sql);
        } catch (SQLException e) {
```

```java
                    e.printStackTrace();
            }
            return rs;
        }
        public boolean ifUserExists(User user) {    // 看用户是否存在
            boolean r = false;
            String sql = "select * from User where UserName='" + user.getUserName()
                    + "'";
            ResultSet rs = querySql(sql);
            try {
                if (rs.next())
                    r = true;
            } catch (SQLException e) {
                e.printStackTrace();
            }
            return r;
        }
        public boolean register(User user) {    // 新增注册用户
            boolean r = true;
            String sql = "insert into User(UserName,Password,RealName,Gender,Authority,Address,Mobile) values('USERNAME','PASSWORD','REALNAME','GENDER','AUTHORITY','ADDRESS','MOBILE')";
            sql = sql.replace("USERNAME", user.getUserName())
                    .replace("PASSWORD", user.getPassword())
                    .replace("REALNAME", user.getRealName());
            sql = sql.replace("GENDER", user.getGender())
                    .replace("AUTHORITY", "" + user.getAuthority())
                    .replace("ADDRESS", user.getAddress())
                    .replace("MOBILE", user.getMobile());
            r = executeSql(sql);
            return r;
        }//以下代码略…
}
```

DaoImpl 是对 Dao 接口的一个实现，其实还可以有其他不同的实现，为了适配的灵活性，本项目构造一个工厂类，用于指定由哪个具体实现的类生成的实例来提供服务，代码如下：

```java
package cn.myweb.dao;
public class DaoFactory {
    private DaoFactory(){}
    public static Dao getInstance(){
        return DaoImpl.getInstance();
        //由工厂来管理不同的 Dao 实现类
    }
}
```

这样一来，需要用到 Dao 的地方，只需要使用 Dao dao=DaoFactory.getInstance()获得一个 Dao 实例即可，而无须关心由哪个实现类来提供服务，这也是前述的工厂方法。

11.3 电子商务网站界面（前端）的集成

11.3.1 注册功能的实现

使用表单构建一个注册页面 Reg.html，HTML 代码如下：

```html
<style>
  fieldset {
      font-size:14px;
      line-height: 30px;
      width:275px;
  }
  input {
      margin-left:5px;
  }
 </style>
<body>
<form action="reg.jsp" method="post" onsubmit="return confirm();">
<fieldset>
<legend>顾客注册信息</legend>
<div style="text-align:right;width:70px;float:left;">
<label for="UserName">登录名</label><br />
<label for="Password">密码</label><br />
<label for="ConfirmPassword">确认密码</label><br />
<label for="RealName">姓名</label><br />
<label for="Gender">性别</label><br />
<label for="Address">地址</label><br />
<label for="Phone">电话</label><br />
</div>
<div style="width:200px;float:left;">
<input type="text" name="UserName" id="UserName" placeholder="请输入用户名" required /><br />
<input type="password" name="Password" id="Password" placeholder="请输入密码" required /><br />
<input type="password" name="ConfirmPassword" id="ConfirmPassword" placeholder="请再输入一次密码" required /><br />
<input type="text" name="RealName" id="RealName" placeholder="请输入真实姓名" required /><br />
<input type="radio" value="Male" name="Gender" id="Male" checked />男
<input type="radio" value="Female" name="Gender" id="Female" />女<br />
<input type="text" name="Address" id="Address" placeholder="请输入地址" required /><br />
<input type="tel" name="Phone" id="Phone" placeholder="请输入电话号码" required /><br />
<input type="submit" value="注册" /><input type="reset" value="清空" />
</div>
</fieldset>
</form>
</body>
```

为了确保表单中两次输入的密码一致,在表单 form 标签内加入了 onsubmit 事件,以在表单提交以前对表单进行校验,其 JavaScript 脚本代码如下:

```
<script>
function confirm(){
var password=document.getElementById("Password").value;
var confirmPassword=document.getElementById("ConfirmPassword").value;
if(password!=confirmPassword){
alert("两次输入的密码不一致,请确认!");
return false;
}
//其他校验
}
</script>
```

注册页面如图 11.13 所示。

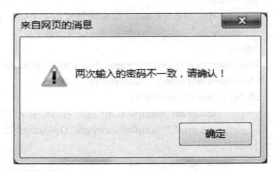

图 11.13 注册页面

表单页面提交到 reg.jsp,由 reg.jsp 对表单进行处理。reg.jsp 首先获取表单各域的值,然后对这些值做合法性判断,再调用 ifUserExists()方法判断用户是否已经存在,如果存在则通过输出 JavaScript 的 history.go(-1)返回上一页,如果不存在则调用 register()方法增加新用户,代码如下:

```
<%@page import="cn.myweb.dao.Dao"%>
<%@page import="cn.myweb.dao.DaoFactory"%>
<%@page import="cn.myweb.modal.User"%>
<%@ page language="java" import="java.util.*" pageEncoding="UTF-8"%>
<%
//1.获取提交的用户注册信息
request.setCharacterEncoding("utf-8");//中文支持
String UserName=request.getParameter("UserName");
String Password=request.getParameter("Password");
String RealName=request.getParameter("RealName");
String Gender=request.getParameter("Gender");
String Address=request.getParameter("Address");
```

```
String Phone=request.getParameter("Phone");
//2.检查信息是否合法
boolean r=true;
if(UserName==null||Password==null||RealName==null||Gender==null||Address==null||Phone==null){
    r=false;
}else{
    //必要的字符过滤，防 SQL 注入攻击
    UserName=UserName.replace(" ", "").replace("'","").replace("\\","");
    Password=Password.replace(" ", "").replace("'","").replace("\\","");
    RealName=RealName.replace(" ", "").replace("'","").replace("\\","");
    Gender=Gender.replace(" ", "").replace("'","").replace("\\","");
    Address=Address.replace(" ", "").replace("'","").replace("\\","");
    Phone=Phone.replace(" ", "").replace("'","").replace("\\","");
    //可增加其他一些特定字符的过滤或用正则表达式
    if(UserName.equals("")||Password.equals("")||RealName.equals("")||Gender.equals("")||Address.equals("")||Phone.equals("")){
        r=false;
    }
}
if(r==false){
    out.print("<script>alert('信息填写有误！');</script>");
    out.print("<script>history.go(-1);</script>");
}else{
    User user=new User(UserName,Password,RealName,Gender,0,Address,Phone);
    Dao dao=DaoFactory.getInstance();
    if(dao.ifUserExists(user)){
        out.print("<script>alert('用户名已经存在！');</script>");
        out.print("<script>history.go(-1);</script>");
    }else{
        if(dao.register(user)){
            out.print("<script>alert('注册成功！');</script>");
            out.print("<script>window.location.href='index.jsp';</script>");
        }else{
            out.print("<script>alert('注册失败！');</script>");
            out.print("<script>history.go(-1);</script>");
        }
    }
}
%>
```

以上代码用于添加普通用户角色，商户和管理员的添加可以参考以上代码，只需要修改 user 对象的 Authority 属性的值即可。

11.3.2 登录和退出功能的实现

上述注册功能的实现中，JSP 页面处理表单时通过 request 对象获取表单域的值。实际操作中，还可以通过 JavaBean 注入方式取得表单域的值，此时使用 jsp 标签中的 setProperty 标签，且对表单域的命名有严格的规范，以登录功能的实现为例。登录页 login.jsp 的代码如下，

其中随机产生了四位数的验证码保存在会话中,并显示在登录窗口中(通常生成常噪点和扭曲的字符图片,此处略),以防止被恶意地循环登录。

```jsp
<%@ page language="java" import="java.util.*" pageEncoding="UTF-8"%>
<html>
<head>
<title>用户登录</title>
</head>
<%
int code=(int)(Math.random()*9000)+1000;   //产生一个随机的验证码
session.setAttribute("code", ""+code);   //将验证码保存在会话中以待验证
%>
<style>
form {
    line-height: 30px;
    font-size: 14px;
    width: 260px;
    padding: 10px;
}
</style>
<body>
    <form action="check.jsp" method="post">
        <fieldset>
            <legend>登录窗口</legend>
            用户名:<input type="text" name="userName" required /><br />
            密  码:<input type="password" name="password" required /><br />
            验证码:<input type="text" size="10" name="code" required /> <%=code%><br />
            <input type="submit" value="登录" /> <input type="reset" />
        </fieldset>
    </form>
</body>
</html>
```

登录页面如图 11.14 所示。

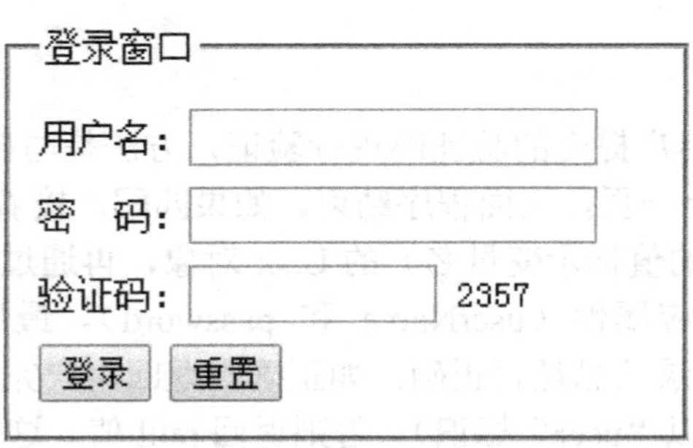

图 11.14 登录页面

上述表单提交前略去了表单域的合法性验证。表单中有一个用户名文本域、一个密码域和一个验证文本域,名称分别为 userName、password 和 code,提交给 check.jsp 处理,下面是 check.jsp 处理代码:

```jsp
<%@page import="cn.myweb.dao.Dao"%>
<%@page import="cn.myweb.dao.DaoFactory"%>
<%@ page language="java" import="java.util.*" pageEncoding="UTF-8"%>
<html>
<head>
<title>用户登录</title>
<meta charset="utf-8" />
</head>
<body>
<%
request.setCharacterEncoding("utf-8");    //中文支持
String code1=(String)session.getAttribute("code");
String code2=request.getParameter("code");
if(code1==null||code2==null||(!code1.equals(code2))){
    out.print("<script>alert('验证码不正确，请重新输入！');</script>");    //弹窗提醒
    out.print("<script>history.go(-1);</script>");    //页面返回
    return;
}
%>
    <jsp:useBean id="user" class="cn.myweb.modal.User" />
    <!-- 此标签将 request 传过来的参数对应注入给 Bean 对象的同名属性 -->
    <jsp:setProperty name="user" property="*" />
<%
Dao dao=DaoFactory.getInstance();
user=dao.checkUser(user);
if(user!=null){
    session.setAttribute("user",user);    //在 session 会话中记录登录成功的用户信息
    out.print("<script>alert('登录成功！');</script>");    //弹窗提醒
    out.print("<script>window.location.href='index.jsp';</script>");    //页面跳转
}else{
    out.print("<script>alert('登录失败！');</script>");    //弹窗提醒
    out.print("<script>history.go(-1);</script>");    //页面返回
}
%>
</body>
</html>
```

上述代码中，首先对用户提交的验证码进行验证，方法是与保存在会话中的验证码进行匹配，如果不匹配则返回上一页，页面程序结束。如果匹配，接着使用 jsp:useBean 标签建立变量名为 user（以属性 id 的值标示变量名）的 User 对象，再通过 jsp:setProperty 标签将表单的内容注入这个对象的对应属性（userName 和 password）。最后调用 DaoImpl 实例中的 checkUser 方法判断用户登录信息是否正确，如正确则返回用户完整属性信息的 User 对象，并保存在 session 会话中（以"user"标识），否则返回 null 值。这个 checkUser 方法的实现代码如下（在 DaoImpl 类中）：

```java
public User checkUser(User user) {
    User u=null;    //返回值定义
    //对传来的用户名和密码字符串做简单过滤
    String UserName=user.getUserName().replace(" ", "").replace("\\", "").replace("'", "");
```

```
            String Password=user.getPassword().replace(" ", "").replace("\\", "").replace("'", "");
            //构建查询字符串
            String sql="select * from user where UserName='"+UserName+"' and Password='"+Password+"'";
            ResultSet rs=querySql(sql);    //执行查询
            try {
                if(rs.next()){//如果存在
                    u=new User();
                    u.setUserId(rs.getInt("UserId"));
                    u.setUserName(rs.getString("UserName"));
                    u.setRealName(rs.getString("RealName"));
                    u.setGender(rs.getString("Gender"));
                    u.setAuthority(rs.getInt("Authority"));
                    u.setMobile(rs.getString("Mobile"));
                    u.setAddress(rs.getString("Address"));
                }
            } catch (SQLException e) {
                e.printStackTrace();
            }
            return u;    //返回结果
}
```

用户登录成功后，页面被返回到网站的默认主页 index.jsp。为方便打开各功能页，主页中包括这些功能页的超链接，例如，管理员用户成功登录后的提示是：

当前用户：系统管理员 角色：管理员 手机号码：18999999999 地址：汕尾市陆丰市 退出登录 功能列表： 用户管理 商品管理

顾客用户成功登录后的提示是：

当前用户：周木伦 角色：顾客 手机号码：13888888888 地址：中国台湾 退出登录 功能列表： 【我的购物车】

用户未成功登录的提示是：

当前身份：访客，点击 登录 或 注册。

实现上述功能的页面参考代码如下：

```
<%@page import="cn.myweb.modal.User"%>
<%@ page language="java" import="java.util.*" pageEncoding="UTF-8"%>
<html>
<head>
#top {
    background-color: #efefef;
    color: #555;
    padding: 5px;
    height: 25px;
    width:100%;
    position:fixed;    /*固定在浏览器面页面顶端，不随滚动条滚动*/
}
</head>
<body>
<div id="top">
```

```jsp
<%
User u = (User) session.getAttribute("user");
if (u == null) {
%>
当前用户：（游客），点击<a href="login.jsp">登录</a> 或 <a href="Reg.html">注册</a>。
<%
} else {
String role = u.getAuthority() == 2 ? "管理员": u.getAuthority() == 1 ? "商户" : "顾客";
String AuthorityString = "";
//功能列表
if (u.getAuthority() == 2) {    //如果是管理员，则授权管理用户
AuthorityString += " <a href='userManage.jsp' target='_blank'>用户管理</a>";
}
if (u.getAuthority() > 0) {    //如果是管理员或商户，则授权管理商品
AuthorityString += " <a href='productManage.jsp' target='_blank'>商品管理</a>";
} else {    //普通顾客则授权管理购物车
AuthorityString += "  【<a href='cartManage.jsp' target='_blank'>我的购物车</a>】";
}
%>
当前用户：<%=u.getRealName()%>
角色：<%=role%>
手机号码：<%=u.getMobile()%>
地址：<%=u.getAddress()%>
<a href="logout.jsp">退出登录</a> 功能列表：<%=AuthorityString%>
<%
}
%>
</div>
</body>
</html>
```

当用户已经成功登录，准备要退出时，单击"退出登录"链接到一个 logout.jsp 页面，这个页面要做的事情非常简单，只需要删除 session 会话中的 user 变量，然后刷新 index.jsp 页面即可。logout.jsp 代码如下：

```jsp
<%@ page language="java" import="java.util.*" pageEncoding="UTF-8"%>
<%
session.removeAttribute("user");    //删除 session 会话
out.print("<script>window.location.href='index.jsp';</script>");    //回到主页
%>
```

11.3.3 用户管理功能的实现

用户管理功能包括查询、修改和删除用户信息。根据修改、删除用户信息的流程，首先要判断当前用户是否有权限进行用户管理，如有管理员权限则展示除系统管理员以外的所有或指定查询条件的用户信息，选择并确认要修改或删除的指定用户，最后改写用户数据表。

检查用户权限的代码如下：

```jsp
<%
```

```
User user=(User)session.getAttribute("user");    //获取当前登录过的用户
if(user==null||user.getAuthority()!=2){    //如果没登录过或不是管理员
    out.print("<script>alert('你无权操作，请先登录！');</script>");    //弹窗提醒
    out.print("<script>window.location.href='login.jsp';</script>");    //转到登录页
    return;
}
%>
```

为了展示除系统管理员以外的所有或指定查询条件的用户信息，可以在用户管理页面中增加一个搜索表单，提交待搜索用户真实姓名的全部或部分搜索词，然后使用 SQL 语句的 like 匹配功能构建查询语句的条件部分（如 realName like '%强%'，搜索词"强"表示匹配真实姓名中包含"强"字的所有用户），交给后台读取数据库并返回满足查询条件的结果。如果不指定搜索词，则匹配所有用户。

表单相关代码如下：

```
<div>
<form action="#" method="get">
输入用户完整或部分真实姓名：<input type="text" name="realName" placeholder="真实姓名" size="30" />
<input type="submit" value="查询" />
</form>
</div>
```

处理表单的相关代码如下：

```
String realName=request.getParameter("realName");    //获取表单的查询关键字
if(realName==null)realName="";    //如果查询内容为空，表示列出全部用户
realName=realName.replace("'","").replace("\\","").replace(" ","");    //过滤查询关键字
Dao dao=DaoFactory.getInstance();
List<User> list=dao.getUsers("realName like '%"+realName+"%'");
```

上述代码中调用了后台的 getUsers(String sql)方法，该方法的参数字符串表示匹配条件，参考代码如下（在 DaoImpl 文件中）：

```
public List<User> getUsers(String sql) {
    List<User> list = new ArrayList<User>();
    String sql2 = "select * from user"+(sql.equals("")?"":" where "+ sql);
    ResultSet rs = querySql(sql2);
    User u = null;
    try {
        while (rs.next()) {
            u = new User();
            u.setUserId(rs.getInt("UserId"));
            u.setUserName(rs.getString("UserName"));
            u.setRealName(rs.getString("RealName"));
            u.setGender(rs.getString("Gender"));
            u.setAuthority(rs.getInt("Authority"));
            u.setMobile(rs.getString("Mobile"));
            u.setAddress(rs.getString("Address"));
            u.setPassword(rs.getString("Password"));
            list.add(u);
        }
```

```
                rs.close();
        } catch (SQLException e) {
            e.printStackTrace();
        }
        return list;
    }
```

加上一些基本样式后，用户管理界面（userManage.jsp 文件）如图 11.15 所示。

用户ID	用户名	真实姓名	性别	角色	地址	电话	操作
8	customer3	林暂玲	Female	顾客	广州市新港西路	13888888888	删除 修改
9	aaa	周木伦	Male	顾客	中国台湾	13888888888	删除 修改
10	bbb	嘀丽热吧	Female	顾客	中国新疆	13388888888	删除 修改
11	ccc	刘东强	Male	商户	江苏省宿迁市	18999999999	删除 修改

图 11.15　用户管理界面

对指定用户的操作（删除或修改），用对应的两个按钮触发（onclick），并使用 JavaScript 的 confirm 函数对操作进行弹窗确认（如图 11.16 所示）。

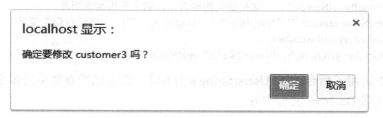

图 11.16　confirm 弹窗确认

对于删除操作，本例中使用 jQuery 框架的 Ajax 方法异步向一个 Servlet 发送请求，请求的参数为用户的 userid，并封装为 JSON 格式，返回的结果也为 json 格式，代码段参考如下：

```
function delUser(userid,username){
    var ok=confirm("确定要删除 "+username+" 吗？");
    if(ok){
        $.ajax({    //按 Ajax 的参数格式向地址为 delUser 的 Servlet 发出请求
            type:"post",
            data:{"userid":userid},
            url:"deluser",
            dataType:"json",
            success:function(data){
                if(data.msg=="success"){
                    alert("删除成功！");
                    window.location.reload();    //重新加载页面
                }
```

```
                else alert(data.msg+"删除失败！");
        },
        error:function(data){
            alert("删除失败！");
        }
    });
}
```

上述 JavaScript 代码中请求的 Servlet 名为 delUser，代码如下：

```
public void doPost(HttpServletRequest request, HttpServletResponse response)
        throws ServletException, IOException {
    response.setCharacterEncoding("utf-8");   //输出支持中文
    response.setContentType("text/json");
    PrintWriter out = response.getWriter();
    HttpSession session=request.getSession();   //在 Servlet 中获得会话对象
    User user=(User)session.getAttribute("user");   //在会话对象中取得已登录用户
    if(user==null||user.getAuthority()!=2){
      out.print("{\"msg\":\"权限不足\"}");
    }else{
        Dao dao=DaoFactory.getInstance();
        int userId=0;
        try{userId=Integer.parseInt(request.getParameter("userid"));}catch(Exception e){}
            if(dao.deleteUser(userId)){
                out.print("{\"msg\":\"success\"}");
            }else{
                out.print("{\"msg\":\"删除操作异常\"}");
            }
    }
    out.flush();
    out.close();
}
```

这里被调用的 deleteUser(int userid)方法存在于 DaoImpl 类文件中，代码如下：

```
public boolean deleteUser(int userId) {
    String sql = "delete from user where userid=" + userId;
    return executeSql(sql);
}
```

对于修改操作，在用户管理页面（userManage.jsp）中使用 JavaScript 的 window.open 方法打开一个小窗口页面（userInfo.jsp）。代码如下：

```
function modiUser(userid,username){
    var ok=confirm("确定要修改 "+username+" 吗？");
    if(ok){  //用 window.open 打开小窗口修改用户信息
    window.open("userInfo.jsp?userid="+userid,"display","height=340, width=440, top=0, left=0, toolbar=no, menubar=no, scrollbars=no, resizable=no, location=no, status=no");
    }
}
```

被打开的 userInfo.jsp 页面主要是一个表单，这个表单类似用户注册页面，而且也对两次密码进行校验，不同的是增加了表示 userid 和 username 的隐藏域，作为用户的唯一标识，表单内各域的初始值为待修改用户对应属性的原值（出于安全考虑，密码域除外）。并且，由于是修改用户信息操作，进入页面须对当前用户的操作权限进行验证，只有管理员或用户本人才能对信息进行修改。确认授权后，根据传进页面的 userid 在后台读取对应用户信息，页面代码如下：

```jsp
<%@page import="cn.myweb.dao.Dao"%>
<%@page import="cn.myweb.dao.DaoFactory"%>
<%@page import="cn.myweb.modal.User"%>
<%@ page language="java" import="java.util.*" pageEncoding="UTF-8"%>
<!DOCTYPE HTML>
<html>
  <head>
    <title>修改用户信息</title>
  </head>
<style>
 fieldset {
     font-size:14px;
     line-height: 30px;
     width:275px;
}
 input {
     margin-left:5px;
}
 </style>
<script>
function confirm(){
var password=document.getElementById("Password").value;
var confirmPassword=document.getElementById("ConfirmPassword").value;
if(password!=confirmPassword){
alert("两次输入的密码不一致，请确认！");
return false;
}
//其他校验
}
</script>
  <body>
<%
String userid=request.getParameter("userid");
if(userid==null){
    return;
}
//判断操作权限
User user=(User)session.getAttribute("user");
if(user==null||(user.getAuthority()!=2&&!(user.getUserId()+"").equals(userid))){
    //只有管理员或用户自己才能修改自己的信息
    out.print("<script>alert('你无权操作，请先登录！');</script>");    //弹窗提醒
```

```jsp
        out.print("<script>window.opener.location.href='login.jsp';</script>");    //父窗体打开登录页
        out.print("<script>window.close();</script>");    //关闭本窗体
        return;
    }
%>
<%
    //读取用户信息
    Dao dao=DaoFactory.getInstance();
    List<User> list=dao.getUsers("userid="+userid);
    if(list.size()==0)return;
    User u=list.get(0);
%>
<form action="modiUser.jsp" method="post" onsubmit="return confirm();">
<fieldset>
<legend>修改用户信息</legend>
<div style="text-align:right;width:70px;float:left;">
<label for="UserName">登录名</label><br />
<label for="Password">密码</label><br />
<label for="ConfirmPassword">确认密码</label><br />
<label for="RealName">姓名</label><br />
<label for="Gender">性别</label><br />
<label for="Address">地址</label><br />
<label for="Phone">电话</label><br />
</div>
<div style="width:200px;float:left;">
<input type="hidden" name="UserId" value="<%=u.getUserId() %>" />
<input type="hidden" name="UserName" value="<%=u.getUserName() %>" />
<input type="text" value="<%=u.getUserName() %>" disabled/>
<input type="password" name="Password" id="Password" placeholder="密码留空则保留原密码" value="" /><br />
<input type="password" name="ConfirmPassword" id="ConfirmPassword" placeholder="密码留空则保留原密码" value="" /><br />
<input type="text" name="RealName" id="RealName" placeholder="请输入真实姓名" value="<%=u.getRealName() %>"required/><br />
<input type="radio" value="Male" name="Gender" id="Male" <%=(u.getGender().equals("Male")?"checked":"")%> />男
<input type="radio" value="Female" name="Gender" id="Female" <%=(u.getGender().equals("Female")?"checked":"")%> />女<br />
<input type="text" name="Address" id="Address" placeholder="请输入地址" value="<%=u.getAddress() %>" required /><br />
<input type="tel" name="Phone" id="Phone" placeholder="请输入电话号码" value="<%=u.getMobile()%>" required /><br />
<input type="submit" value="确认修改" /><input type="reset" value="还原信息" />
</div>
</fieldset>
</form>
</body>
</html>
```

当用户修改完信息后单击"确认修改"按钮,表单提交给 modiUser.jsp 处理,该页面处理的方法与注册处理(reg.jsp)方法类似,不同的是,允许密码域为空字符串,表示保留原密码不修改。参考代码如下：

```jsp
<%@page import="cn.myweb.dao.Dao"%>
<%@page import="cn.myweb.dao.DaoFactory"%>
<%@page import="cn.myweb.modal.User"%>
<%@ page language="java" import="java.util.*" pageEncoding="UTF-8"%>
<%
//1.获取提交的用户注册信息
request.setCharacterEncoding("utf-8");    //支持中文
String UserId=request.getParameter("UserId");
String UserName=request.getParameter("UserName");
String Password=request.getParameter("Password");
String RealName=request.getParameter("RealName");
String Gender=request.getParameter("Gender");
String Address=request.getParameter("Address");
String Phone=request.getParameter("Phone");
//2.检查信息是否合法
boolean r=true;
int uid=0;
if(UserId==null||UserName==null||Password==null||RealName==null||Gender==null||Address==null||Phone==null){
    r=false;
}else{
    //必要的字符过滤，防 SQL 注入攻击
    UserName=UserName.replace(" ", "").replace("'","").replace("\\","");
    Password=Password.replace(" ", "").replace("'","").replace("\\","");
    RealName=RealName.replace(" ", "").replace("'","").replace("\\","");
    Gender=Gender.replace(" ", "").replace("'","").replace("\\","");
    Address=Address.replace(" ", "").replace("'","").replace("\\","");
    Phone=Phone.replace(" ", "").replace("'","").replace("\\","");
    //可增加其他一些特定字符的过滤或用正则表达式
    try{uid=Integer.parseInt(UserId);}catch(Exception e){}
    if(uid==0||UserName.equals("")||RealName.equals("")||Gender.equals("")||Address.equals("")||Phone.equals("")){
        r=false;
    }
}
if(r==false){
    out.print("<script>alert('信息填写有误！');</script>");
    out.print("<script>history.go(-1);</script>");
}else{
    User user=new User(UserName,Password,RealName,Gender,0,Address,Phone);
    user.setUserId(uid);
    Dao dao=DaoFactory.getInstance();
    if(!dao.ifUserExists(user)){
        out.print("<script>alert('用户不存在！');</script>");
        out.print("<script>history.go(-1);</script>");
    }else{
        if(dao.modifyUser(user)){
            out.print("<script>alert('修改成功！');</script>");
            out.print("<script>window.opener.location.reload();</script>");
```

```
            out.print("<script>window.close();</script>");
        }else{
            out.print("<script>alert('修改失败!');</script>");
            out.print("<script>history.go(-1);</script>");
        }
    }
    }
%>
```

修改成功后,使用 JavaScript 的 window.opener.location.reload()方法刷新作为父窗体的用户管理页面(userManage.jsp)。上述代码中修改用户信息的后台操作,调用的是位于 DaoImpl 类中的 modifyUser(User user)方法,其实现代码如下:

```
public boolean modifyUser(User user) {
    String sql = "";
    if (user.getPassword().equals("")) {   // 如果密码为空则保留原密码
        sql = "update user set RealName='" + user.getRealName()
                + "',Gender='" + user.getGender() + "',Address='"
                + user.getAddress() + "',Mobile='" + user.getMobile()
                + "' where UserName='" + user.getUserName() + "'";
    } else {   // 如果密码不为空则修改原密码
        sql = "update user set RealName='" + user.getRealName()
                + "',Gender='" + user.getGender() + "',Address='"
                + user.getAddress() + "',Mobile='" + user.getMobile()
                + "',Password='" + user.getPassword()
                + "' where UserName='" + user.getUserName() + "'";
    }
    return executeSql(sql);
}
```

至此,与用户管理相关的全部功能都实现了,用户管理页面(userManage.jsp)的完整代码如下:

```
<%@page import="cn.myweb.modal.User"%>
<%@page import="cn.myweb.dao.Dao"%>
<%@page import="cn.myweb.dao.DaoFactory"%>
<%@ page language="java" import="java.util.*" pageEncoding="UTF-8"%>
<!DOCTYPE HTML>
<html>
  <head>
    <title>用户管理</title>
<!--样式定义-->
<style>
table,td{
font-size:14px;
border:1px solid #555;
border-collapse:collapse;}
table{width:800px;
margin:auto;
```

```
        }
        td{
        padding:10px;
        text-align:center;
        }
         div{
        width:800px;text-align:right;margin:auto;line-height:35px;font-size:14px;
        }
        </style>
        <script src="jquery.js"></script><!-- 引入 jQuery 包，利用 Ajax 删除数据 -->
        <script>
        //删除用户按钮调用的函数，用户确认后使用 Ajax 异步调用 Servlet 处理
        function delUser(userid,username){
            var ok=confirm("确定要删除 "+username+" 吗？");
            if(ok){
                $.ajax({    //按 Ajax 的参数格式向地址为 delUser 的 Servlet 发出请求
                type:"post",
                data:{"userid":userid},
                url:"deluser",
                dataType:"json",
                success:function(data){
                    if(data.msg=="success"){
                        alert("删除成功！");
                        window.location.reload();
                    }
                    else alert(data.msg+"删除失败！");
                },
                error:function(data){
                    alert("删除失败！");
                }
                });
            }
        }
        //修改按钮调用的函数，用户确认后通过 window.open 新开窗口修改用户信息
        function modiUser(userid,username){
            var ok=confirm("确定要修改 "+username+" 吗？");
            if(ok){    //用 window.open 打开小窗口修改用户信息
                window.open("userInfo.jsp?userid="+userid,"display","height=340, width=440, top=0, left=0, toolbar=no, menubar=no, scrollbars=no, resizable=no, location=no, status=no");
            }
        }
        </script>
        <body>
        <%
        //检查当前用户权限
        User user=(User)session.getAttribute("user");   //获取当前登录过的用户
```

```jsp
if(user==null||user.getAuthority()!=2){    //如果没登录过或不是管理员
        out.print("<script>alert('你无权操作，请先登录！');</script>");    //弹窗提醒
        out.print("<script>window.location.href='login.jsp';</script>");    //转到登录页
        return;
    }
%>
    <!-- 以下表单做用户查询用，提交到本页面处理 -->
    <div><form action="#" method="get">输入用户完整或部分真实姓名：<input type="text" name="realName" placeholder="真实姓名" size="30" /> <input type="submit" value="查询" /></form></div>
    <table>
        <tr style="background-color:#ccffbb;"><td>用户 ID</td><td>用户名</td><td>真实姓名</td><td>性别</td><td>角色</td><td>地址</td><td>电话</td><td>操作</td></tr>
<%
//从后台调用 getUsers 函数获得用户列表并按表格输出
String sql="";
String realName=request.getParameter("realName");    //获取表单的查询关键字
if(realName!=null){
realName=realName.replace("'","").replace("\\","").replace(" ","");    //过滤查询关键字
sql="realName like '%"+realName+"%'";
}
Dao dao=DaoFactory.getInstance();
List<User> list=dao.getUsers(sql);
    for(User u:list){
        if(u.getRealName().equals("系统管理员"))continue;    //系统管理员不可被操作
        String role=u.getAuthority()==2?"管理员":u.getAuthority()==1?"商户":"顾客";
        String t="<tr>";    //拼凑表格行
        t+="<td>"+u.getUserId()+"</td>";
        t+="<td>"+u.getUserName()+"</td>";
        t+="<td>"+u.getRealName()+"</td>";
        t+="<td>"+u.getGender()+"</td>";
        t+="<td>"+role+"</td>";
        t+="<td>"+u.getAddress()+"</td>";
        t+="<td>"+u.getMobile()+"</td>";
        t+="<td><input type='button' onclick=\"delUser('"+u.getUserId()+"','"+u.getUserName()+"');\" value='删除' /> ";
        t+="<input type='button' onclick=\"modiUser('"+u.getUserId()+"','"+u.getUserName()+"');\" value='修改' /></td>";
        t+="</tr>";
        out.print(t);
    }
%>
    </table>
    <div><a href="Reg.html">*增加用户</a></div>
    </body>
</html>
```

11.3.4 添加商品功能的实现

添加商品功能的实现与注册新用户功能类似，但要增加权限判断，只有管理员或商户才能添加商品。此外，页面表单中除了商品基本信息（如名称、分类、价格、人气和库存数量）以外，还可以通过文件上传组件上传商品图片（简化一下，也可以在网站根目录下设置一个 images 目录，手工增加以商品 ID 命名的描述图片到这个目录）。下面借助 Apache 提供的文件上传组件（fileupload）来完成商品添加的功能，包括一个前端表单页面和后台 Servlet。

首先是访问网址 https://commons.apache.org/proper/commons-fileupload，下载最新版本的 Apache 文件上传组件（最新版本为 1.3.3），该组件同时依赖 commons-io 组件，下载地址为 http://commons.apache.org/proper/commons-io（本例使用 commons-io2.5 版本）。将下载的压缩包解压，把 commons-fileupload-1.3.3.jar 和 commons-io-2.5.jar 复制到项目的 WEB-INF/lib 目录下。

接着，新建添加商品表单页面，该表单需要判断用户权限，在不使用过滤器的情况下需要保存为动态页（addProduct.jsp）。

接着，表单中需要上传商品图片，所以在表单声明标签<form>内需要声明 enctype="multipart/form-data"编码属性，表示除文本数据以外，还支持二进制数据（如文件）的上传提交。表单中包括 type 属性值为"file"的<input>标签，并在标签内指定 accept 属性值为"image/*"，表示上传文件类型为图片。用户在选择图片文件后，触发 onchange 事件，此时可以调用一个用 JavaScript 脚本编写的自定义函数 preview()，用于预览选择的图片。完整的页面代码如下（addProduct.jsp 文件）：

```jsp
<%@ page language="java" import="java.util.*" pageEncoding="utf-8" %>
<%@page import="cn.myweb.modal.User"%>
<!DOCTYPE html>
<html>
  <head>
    <title>添加商品</title>
  </head>
<style>
 fieldset {
     font-size:14px;
     line-height: 35px;
     width:400px;
 }
 input,img{
     margin-left:10px;
 }
 </style>
<script>
//用于选择图片后预览图片
function preview(e){    //参数 e 代表文件选择输入框
    var f=e.files[0];    //第一个文件
    var pi=document.getElementById('previewImage');    //获得图片显示元素
    var url=null;
```

```jsp
        //以下为适配不同的浏览器做判断，创新图片文件对象的 URL
        if(window.createObjectURL!=undefined){
            url=window.createObjectURL(f);
        }else if(window.URL!=undefined){
            url=window.URL.createObjectURL(f);
        }else if(window.webkitURL!=undefined){
            url=window.webkitURL.createObjectURL(f);
        }
        pi.setAttribute('src',url);    //将图片 URL 赋值给图片框的 src 属性
    }
</script>
  <body>
<%
//判断用户权限
User user=(User)session.getAttribute("user");
if(user==null||user.getAuthority()==0){
    //只有管理员或商户才能添加商品信息
    out.print("<script>alert('你无权操作，请先登录！');</script>");    //弹窗提醒
    out.print("<script>window.location.href='login.jsp';</script>");    //父窗体打开登录页面
    return;
}
%>
<form action="addProduct" method="post" enctype="multipart/form-data">
<fieldset>
<legend>添加商品信息</legend>
<div style="text-align:right;width:70px;float:left;">
<label for="ProductName">商品名称</label><br />
<label for="ProductType">商品分类</label><br />
<label for="Price">商品售价</label><br />
<label for="Hot">初始人气</label><br />
<label for="Remainder">商品库存</label><br />
<label for="PicUrl">商品图片</label><br />
</div>
<div style="width:330px;float:left;">
<input type="text" name="ProductName" id="ProductName" size="40" placeholder="请输入商品名称" required /><br />
<input type="radio" value="0" name="ProductType" checked /> 日用百货
<input type="radio" value="1" name="ProductType"  /> 家用电器
<input type="radio" value="2" name="ProductType"  /> 服饰鞋帽 <br />
<input type="text" name="Price" id="Price" placeholder="请输入商品售价"  required /><br />
<input type="number" name="Hot" id="Hot" min="0" max="10" value="5"/><br />
<input type="number" name="Remainder" id="Remainder" min="0" max="100" value="50" /><br />
<input type="file" name="PicUrl" id="PicUrl" onchange="preview(this);" size="40" accept="image/*" /><br />
<img src="" id="previewImage" width="150" height="150" /><br />
<input type="submit" value="添加" /><input type="reset" value="清空" />
</div>
</fieldset>
```

```
            </form>
        </body>
</html>
```

上述例子中,图片预览元素(id 号为 previewImage 的 img 元素)初始的 src 属性值为空字符串。当用户单击图片后,触发了 onchange 事件,将该元素对象作为参数传递给 JavaScript 编写的 preview 函数,该元素对象的 files 属性是一个对象数组,可代表被选中的多个文件。该文件的直接路径是一个伪路径,一般浏览器由于默认安全级别是不可直接访问的,需借助浏览器的 window.URL.createObjectURL() 方法取得其临时可访问路径,再通过元素的 setAttribute 方法赋值给 src 属性。添加商品页面如图 11.17 所示。

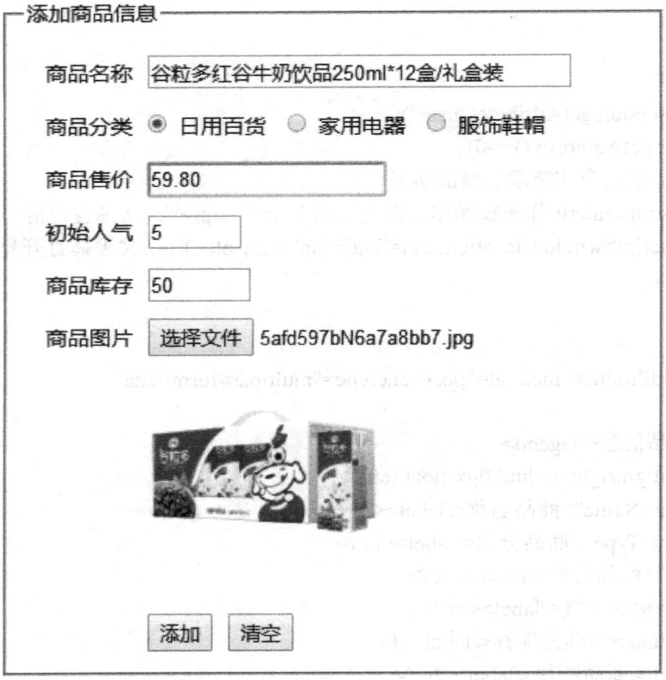

图 11.17 添加商品页面

上述表单提交给名为 addProduct 的 Servlet 处理。这个 Servlet 除了要处理常规的授予权限判断,还需要按以下步骤处理:

(1) 分别取得表单各文本域的键值对和上传的图片文件(如果不是图片文件则舍弃);
(2) 用取得的文本域的键值对新建商品对象 product;
(3) 调用新增商品函数 addProduct(product),并返回自动产生的商品 ID 值;
(4) 若图片文件不为空,则用返回的 ID 值命名图片文件,并保存至项目 upload 目录下。

为了在后续修改商品操作中也能共用这个 Servlet 和 addProduct 方法,可以用待添加商品的 ProductId 值之前是否存在作为判断标准:如果提交表单中包括商品 ID,则可判断为修改商品,若无则判断为新增商品,添加/修改商品操作流程如图 11.18 所示。

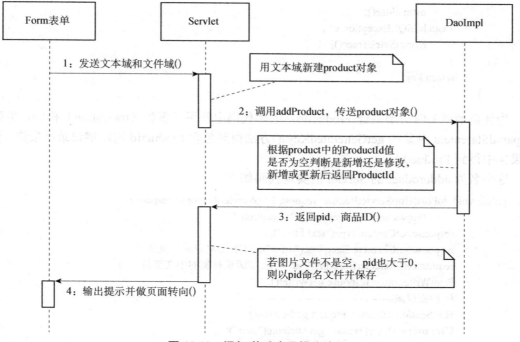

图 11.18 添加/修改商品操作流程

为此，DaoImpl 对象的 addProduct(product)这个方法的代码参考如下：

```
            int key=0;
            //如果是修改商品，则 key 为原商品 ID
if(product.getProductId()!=null&&product.getProductId()!=0)key=product.getProductId();
            getConnection();
            String sql="insert into product values(null,?,?,?,?,?);";
            if(key>0){    //如果是修改，则修改 SQL 语句
sql="update product set ProductName=?,ProductType=?,Price=?,Hot=?,Remainder=? where ProductId="+product.getProductId();
            }
            try {
                    con.setAutoCommit(false);   //关闭自动提交，开启事务
                    PreparedStatement pstm=con.prepareStatement(sql,Statement.RETURN_GENERATED_KEYS);
                    pstm.setString(1, product.getProductName());
                    pstm.setInt(2, product.getProductType());
                    pstm.setDouble(3,product.getPrice());
                    pstm.setInt(4,product.getHot());
                    pstm.setInt(5, product.getRemainder());
                    pstm.executeUpdate();
                    if(key==0){
                    ResultSet rs=pstm.getGeneratedKeys();
                    if(rs.next()){key=rs.getInt(1);}
                    rs.close();
                    }
                    con.commit();   //提交事务
                    con.setAutoCommit(true);   //恢复自动提交
```

```
            pstm.close();
        } catch (SQLException e) {
            e.printStackTrace();
        }
        return key;
    }
```

为使新增商品时自增主键 ProductId，上述代码中使用了事务（transation）机制，并采用 preparedStatement 对象的 getGeneratedKeys()方法得到包含 ProductId 的新增记录结果集，再从结果集中得到 ProductId。

这个名为 addproduct 的 Servlet 的实现代码如下：

```
public void doPost(HttpServletRequest request, HttpServletResponse response)
        throws ServletException, IOException {
    response.setContentType("text/html");
    response.setCharacterEncoding("utf-8");    //响应对象的中文支持
    request.setCharacterEncoding("utf-8");     //请求对象的中文支持
    PrintWriter out = response.getWriter();
    // 检查权限--------------------------------------
    HttpSession session = request.getSession();
    User user = (User) session.getAttribute("user");
    if (user == null || user.getAuthority() == 0) {
        response.sendRedirect("login.jsp");
        return;
    }
    // 定义请求信息
    Map<String, String> map = new HashMap<String, String>();// 用于表示表单域的值
    FileItem fileItem = null;   // 用于表示商品图片
    // 判断传来的是否是多媒体内容
    Boolean isMultipart = ServletFileUpload.isMultipartContent(request);
    int pid =0;
    if (isMultipart) {
        // 创建一个与文件操作有关的工厂对象
        DiskFileItemFactory factory = new DiskFileItemFactory();
        factory.setFileCleaningTracker(FileCleanerCleanup.getFileCleaningTracker(this.getServletContext()));
        // 以下两个语句获取 Servlet 的临时目录
        ServletContext servletContext = this.getServletConfig()
                .getServletContext();
        File repository = (File) servletContext
                .getAttribute("javax.servlet.context.tempdir");
        // 设置工厂对象的临时目录
        factory.setRepository(repository);
        // 设置工厂对象的大小限制为 4MB
        factory.setSizeThreshold(4096);
        // 新建一个用于处理上传文件的对象，并注入上面新建的工厂对象
        ServletFileUpload upload = new ServletFileUpload(factory);
        try {
            // 将请求转换为 FileItem 对象列表
            List<FileItem> items = upload.parseRequest(request);
```

```java
                        for (FileItem item : items) {    // 遍历列表
                            if (!item.isFormField()) {    // 如果不是普通表单域，即文件
if(item.getContentType().equals("image/jpeg"))fileItem = item;    //仅对图片文件进行处理
                            } else {    // 如果是普通表单域，则把表单值转码后保存到 map 键值对
                                String param = item.getFieldName();
String value = new String(item.getString().getBytes("iso-8859-1"), "utf-8").replace(" ", "")
                                        .replace("\\", "").replace("'", "");
                                map.put(param, value);
                            }
                        }
                        // 保存表单域的值，获得商品 ID
                        Product product = null;
                        try {
                            product = new Product(map.get("ProductName"),
                                    Integer.parseInt(map.get("ProductType")),
                                    Double.parseDouble(map.get("Price")),
                                    Integer.parseInt(map.get("Hot")),
                                    Integer.parseInt(map.get("Remainder")));
                            if(map.get("ProductId")!=null){
                                product.setProductId(Integer.parseInt(map.get("ProductId")));
                            }
                        } catch (Exception e) {
                            out.print("<script>alert('信息填写格式不正确！');</script>");
                            out.print("<script>window.history.go(-1);</script>");
                            return;
                        }
                        Dao dao=DaoFactory.getInstance();
                        pid= dao.addProduct(product);    //返回新增商品的 ID
                        // 保存图片 fileItem
                        if (fileItem != null&&pid>0) {
String dir = this.getServletContext().getRealPath("upload");    // 获取存放目录
                            File productImages = new File(dir);
                            if (!productImages.exists())
                                productImages.mkdir();    // 如果目录不存在即创建
                            File file = new File(dir + "\\" + pid+".jpg");    //以商品 ID 命名图片
                            try {
                                fileItem.write(file);    //写入图片文件
                            } catch (Exception e) {
                                e.printStackTrace();
                            }
                        }
                    } catch (FileUploadException e) {
                    }
                    if(map.get("ProductId")!=null){
                    out.print("<script>alert('商品更新成功！');</script>");
                    out.print("<script>window.opener.location.reload();</script>");
                    out.print("<script>window.close();</script>");
                    }else{
                    out.print("<script>alert('商品添加成功！');</script>");
```

```
                out.print("<script>window.location.href='productManage.jsp';</script>");
            }
            return;
        }
        out.print("异常情况");
        out.flush();
        out.close();
    }
```

上述代码中，使用了 Apache 的 fileupload 组件，本例根据其官方文档说明使用了最基本的文件上传读取、判断类型和写入硬盘等功能。

11.3.5 商品管理功能的实现

商品修改功能可以直接将修改功能表单提交到上述添加功能 Servelt 处理即可。商品修改功能表单仅需要在商品新增功能表单中加入 ProductId 隐藏文本域，并将待修改商品的已知信息显示在相应的文本域即可。代码如下（productInfo.jsp）：

```jsp
<%@page import="cn.myweb.modal.Product"%>
<%@page import="cn.myweb.dao.Dao"%>
<%@page import="cn.myweb.dao.DaoFactory"%>
<%@page import="cn.myweb.modal.User"%>
<%@ page language="java" import="java.util.*" pageEncoding="UTF-8"%>
<!DOCTYPE HTML>
<html>
  <head>
    <title>修改用户信息</title>
  </head>
  <script>
//用于选择图片后预览图片
function preview(e){    //参数 e 代表文件选择输入框
    var f=e.files[0];   //第一个文件
    var pi=document.getElementById('previewImage');   //获得图片显示元素
    var url=null;
    //以下为适配不同的浏览器做判断，创新图片文件对象的 URL
    if(window.createObjectURL!=undefined){
        url=window.createObjectURL(f);
    }else if(window.URL!=undefined){
        url=window.URL.createObjectURL(f);
    }else if(window.webkitURL!=undefined){
        url=window.webkitURL.createObjectURL(f);
    }
    pi.setAttribute('src',url);   //将图片 URL 赋值给图片框的 src 属性
}
</script>
<style>
 fieldset {
     font-size:14px;
```

```
            line-height: 30px;
        }
        input {
            margin-left:10px;
        }
    </style>
    <body>
<%
String productid=request.getParameter("productid");
if(productid==null){
    return;
}
//操作权限判断
User user=(User)session.getAttribute("user");
if(user==null||user.getAuthority()==0){
    //只有管理员或商户才能修改商品信息
    out.print("<script>alert('你无权操作，请先登录！');</script>");   //弹窗提醒
    out.print("<script>window.opener.location.href='login.jsp';</script>");   //父窗体打开登录页
    out.print("<script>window.close();</script>");   //关闭本窗体
    return;
}
%>
<%
//读取商品信息
Dao dao=DaoFactory.getInstance();
List<Product> list=dao.getProducts("ProductId="+productid);
if(list.size()==0)return;
Product p=list.get(0);
%>
<form action="addproduct" method="post" enctype="multipart/form-data">
<fieldset>
<legend>修改商品信息</legend>
<div style="text-align:right;width:70px;float:left;">
<label for="ProductName">商品名称</label><br />
<label for="ProductType">商品分类</label><br />
<label for="Price">商品售价</label><br />
<label for="Hot">初始人气</label><br />
<label for="Remainder">商品库存</label><br />
<label for="PicUrl">商品图片</label><br />
</div>
<div style="float:left;">
<input type="hidden" name="ProductId" id="ProductId" value="<%=p.getProductId() %>" />
<input type="text" name="ProductName" id="ProductName" size="40" placeholder="请输入商品名称" value="<%=p.getProductName() %>" required /><br />
<input type="radio" value="0" name="ProductType" <%=(p.getProductType()==0?"checked": "")%> /> 日用百货
<input type="radio" value="1" name="ProductType" <%=(p.getProductType()==1?"checked": "")%> /> 家用电器
<input type="radio" value="2" name="ProductType" <%=(p.getProductType()==2?"checked": "")%> /> 服
```

饰鞋帽
    <input type="text" name="Price" id="Price" value="<%=p.getPrice() %>" placeholder="请输入商品售价" required />
    <input type="number" name="Hot" id="Hot" min="0" max="10" value="<%=p.getHot()%>"/>
    <input type="number" name="Remainder" id="Remainder" min="0" max="100" value="<%=p.getRemainder() %>" />
    <input type="file" name="PicUrl" id="PicUrl" onchange="preview(this);" size="40" accept="image/*" />
    <img src="upload/<%=p.getProductId() %>.jpg" id="previewImage" width="150" height="150" />
    <input type="submit" value="修改" /><input type="reset" value="清空" />
  </div>
 </fieldset>
 </form>
 </body>
</html>

与添加商品功能相比，商品的查询、删除显得简单多了，可以参照用户管理页面与相关后台代码。例如，获取商品列表 getProducts 的代码可以修改如下（在 DaoImpl 类中）：

```java
public List<Product> getProducts(String sql) {
    List<Product> list=new ArrayList<Product>();
    String sql2="select * from product"+(sql.equals("")?"":" where "+ sql);
    ResultSet rs=querySql(sql2);
    try {
        while(rs.next()){
            Product p=new Product();
            p.setProductName(rs.getString("ProductName"));
            p.setProductId(rs.getInt("ProductId"));
            p.setProductType(rs.getInt("ProductType"));
            p.setPrice(rs.getDouble("Price"));
            p.setRemainder(rs.getInt("Remainder"));
            p.setHot(rs.getInt("Hot"));
            list.add(p);
        }
    } catch (SQLException e) {
        e.printStackTrace();
    }
    return list;
}
```

不同的是，本例在商品管理功能页面中增加了按商品不同属性排序的功能，单击商品列表页中的相应字段名的超链接，即可实现按指定的字段名对商品列表进行重新排序。实现这一功能可行的方法是将通过后台查询得到的记录集返回到一个列表（List）对象里，再使用 Collections.sort 方法配合相应的比较器实例排序，然后输出列表。为了构建可按商品 ID、名称、分类、价格、人气关键字排序的比较器实例，本例建立比较器管理类（ProductSort），用其带参数（依次为 0～4）的构造方法指定排序依据，再通过其 getComparator 方法获得比较器实例。代码如下：

```java
package cn.myweb.modal;
import java.util.Comparator;
```

```java
public class ProductSort {
    int sort=0;
    public ProductSort(int sort){
        this.sort=sort;
    }
    public Comparator getComparator(){
        switch(this.sort){
        case 0:return new Comparator<Product>(){
            public int compare(Product o1, Product o2) {
                return o1.getProductId()-o2.getProductId();
            }
        };
        case 1:return new Comparator<Product>(){
            public int compare(Product o1, Product o2) {
                return o1.getProductName().compareTo(o2.getProductName());
            }
        };
        case 2:return new Comparator<Product>(){
            public int compare(Product o1, Product o2) {
                return o1.getProductType()-o2.getProductType();
            }
        };
        case 3:return new Comparator<Product>(){
            public int compare(Product o1, Product o2) {
                return (int) (o1.getPrice()-o2.getPrice());
            }
        };
        case 4:return new Comparator<Product>(){
            public int compare(Product o1, Product o2) {
                return o1.getHot()-o2.getHot();
            }
        };
        }
        return null;
    }
}
```

有了这个比较器类，就可以对商品列表对象进行排序了，例如，需要对商品列表 list 按价格排序，则可以通过以下语句实现：

```java
Collections.sort(list, new ProductSort(3).getComparator());
```

商品管理页面（productManage.jsp）代码参考用户管理页面（userManage.jsp）修改，完整代码如下：

```jsp
<%@page import="cn.myweb.modal.Product"%>
<%@page import="cn.myweb.modal.ProductSort"%>
<%@page import="cn.myweb.modal.User"%>
<%@page import="cn.myweb.dao.Dao"%>
<%@page import="cn.myweb.dao.DaoFactory"%>
<%@ page language="java" import="java.util.*" pageEncoding="UTF-8"%>
```

```html
<!DOCTYPE HTML>
<html>
  <head>
    <title>商品管理</title>
    <meta charset="utf-8" />
  <!--样式定义-->
  <style>
    table,td{
    font-size:14px;
    border:1px solid #555;
    border-collapse:collapse;}
    table{width:1100px;
    margin:auto;
    }
    td{
    padding:10px;
    text-align:center;
    }
     div{
    width:1100px;text-align:right;margin:auto;line-height:35px;font-size:14px;
    }
  </style>
  <script src="jquery.js"></script> <!-- 引入 jQuery 包，利用 Ajax 删除数据 -->
<script>
//删除用户按钮调用的函数，用户确认后使用 Ajax 异步调用 Servlet 处理
function delProduct(productid,productname){
    var ok=confirm("确定要删除 "+productname+" 吗？");
    if(ok){
        $.ajax({   //按 Ajax 的参数格式向 URL 地址为 delproduct 的 Servlet 发出请求
        type:"post",
        data:{"productid":productid},
        url:"delproduct",
        dataType:"json",
        success:function(data){
            if(data.msg=="success"){
                alert("删除成功！");
                window.location.reload();
            }
            else alert(data.msg+"删除失败！");
        },
        error:function(data){
            alert("删除失败！");
        }
        });
    }
}
//修改按钮调用的函数，用户确认后通过 window.open 打开新窗口修改用户信息
function modiProduct(productid,productname){
    var ok=confirm("确定要修改 "+productname+" 吗？");
```

```jsp
            if(ok){    //用 window.open 打开小窗口修改用户信息
                window.open("productInfo.jsp?productid="+productid,"display","height=440,     width=430,     top=0, left=0, toolbar=no, menubar=no, scrollbars=no, resizable=no, location=no, status=no");
            }
        }
    </script>
    <body>
    <%
    //检查当前用户权限
    User user=(User)session.getAttribute("user");    //获取当前登录过的用户
    if(user==null||user.getAuthority()==0){    //如果没登录过或不是管理员
            out.print("<script>alert('你无权操作,请先登录!');</script>");    //弹窗提醒
            out.print("<script>window.location.href='login.jsp';</script>");    //转到登录页
            return;
    }
    %>
    <!-- 以下表单做商品查询用,提交到本页面处理 -->
    <div><form action="#" method="get">输入用户完整或部分商品名称:<input type="text" name="ProductName" placeholder="商品名称" size="30" /> <input type="submit" value="查询" /></form></div>
    <table>
      <tr style="background-color:#fcc;">
      <td width='60'><a href="?sort=0">商品 ID</a></td>
      <td><a href="?sort=1">商品名称</a></td>
      <td width='70'><a href="?sort=2">商品分类</a></td>
      <td width='70'><a href="?sort=3">商品价格</a></td>
      <td width='70'><a href="?sort=4">商品人气</a> </td>
      <td width='70'>商品库存</td>
      <td width='100'>商品图片</td>
      <td width='140'>操作</td>
      </tr>
    <%
    //从后台调用 getProducts 函数获得商品列表并按表格输出
    String ProductName=request.getParameter("ProductName");    //获取表单的查询关键字
    if(ProductName==null)ProductName="";    //如果查询内容为空,表示列出全部用户
    //过滤查询关键字
    ProductName=ProductName.replace("'", "").replace("\\","").replace(" ","");
    Dao dao=DaoFactory.getInstance();
    List<Product> list=dao.getProducts("ProductName like '%"+ProductName+"%'");
    //对列表进行排序
    if(request.getParameter("sort")!=null){    //如有指定排序
        int sort=0;
        try{sort=Integer.parseInt(request.getParameter("sort"));}catch(Exception e){}
    //根据指定的比较器排序列表
        Collections.sort(list, new ProductSort(sort).getComparator());
    }
    for(Product p:list){
            String ProductType=p.getProductType()==0?"日用百货":(p.getProductType()==1?"家用电器":"服饰鞋帽");
            String t="<tr>";    //拼凑表格行
```

```
            t+="<td>"+p.getProductId()+"</td>";
            t+="<td>"+p.getProductName()+"</td>";
            t+="<td>"+ProductType+"</td>";
            t+="<td>"+p.getPrice()+"</td>";
            t+="<td>"+p.getHot()+"</td>";
            t+="<td>"+p.getRemainder()+"</td>";
            t+="<td><img src='upload/"+p.getProductId()+".jpg' width='50' height='50' /></td>";
            t+="<td><input type='button' onclick=\"delProduct('"+p.getProductId()+"','"+p.getProductName()+"');\" value='删除' /> ";
            t+="<input type='button' onclick=\"modiProduct('"+p.getProductId()+"','"+p.getProductName()+"');\" value='修改' /></td>";
            t+="</tr>";
            out.print(t);
        }
    %>
</table>
<div><a href="addProduct.jsp">*添加商品</a></div>
</body>
</html>
```

商品管理页面如图 11.19 所示。

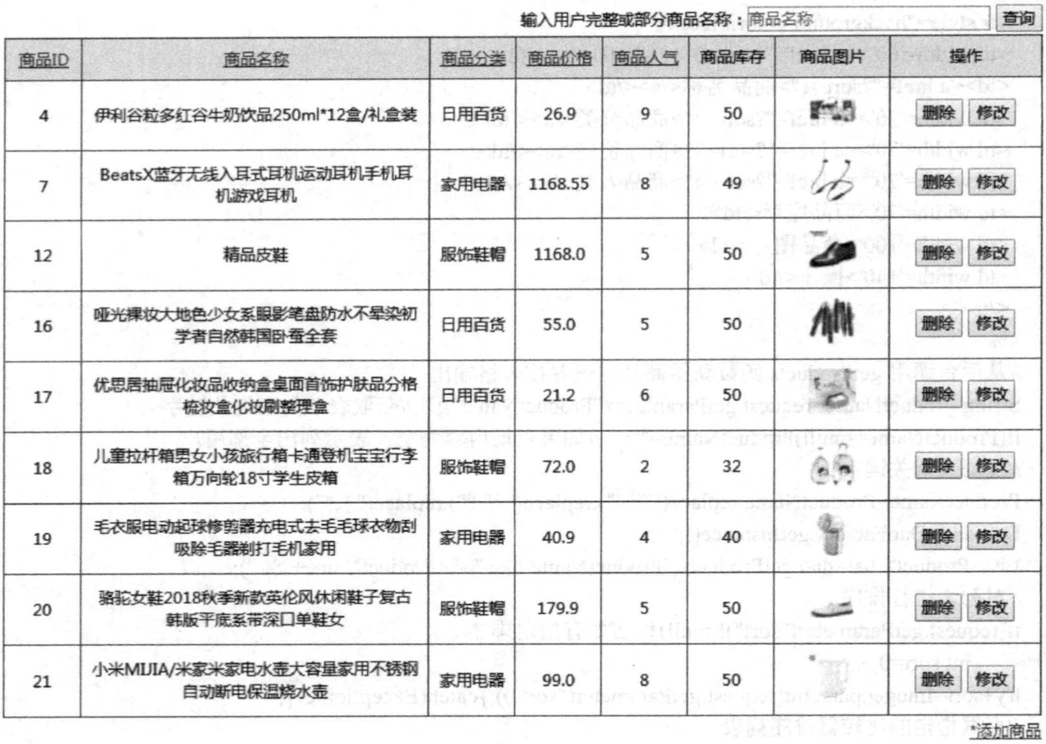

商品ID	商品名称	商品分类	商品价格	商品人气	商品库存	商品图片	操作
4	伊利谷粒多红谷牛奶饮品250ml*12盒/礼盒装	日用百货	26.9	9	50		删除 修改
7	BeatsX蓝牙无线入耳式耳机运动耳机手机耳机游戏耳机	家用电器	1168.55	8	49		删除 修改
12	精品皮鞋	服饰鞋帽	1168.0	5	50		删除 修改
16	哑光裸妆大地色少女系眼影笔盘防水不晕染初学者自然韩国卧蚕全套	日用百货	55.0	5	50		删除 修改
17	优思居抽屉化妆品收纳盒桌面首饰护肤品分格梳妆盒化妆刷整理盒	日用百货	21.2	6	50		删除 修改
18	儿童拉杆箱男女小孩旅行箱卡通登机宝宝行李箱万向轮18寸学生皮箱	服饰鞋帽	72.0	2	32		删除 修改
19	毛衣服电动起球修剪器充电式去毛毛球衣物刮吸除毛器剃打毛机家用	家用电器	40.9	4	40		删除 修改
20	骆驼女鞋2018秋季新款英伦风休闲鞋子复古韩版平底系带深口单鞋女	服饰鞋帽	179.9	5	50		删除 修改
21	小米MIJIA/米家米家电水壶大容量家用不锈钢自动断电保温烧水壶	家用电器	99.0	8	50		删除 修改

输入用户完整或部分商品名称：商品名称　　查询

*添加商品

图 11.19　商品管理页面

上述页面中单击列表字段名称即可实现商品列表按指定字段名称重新排序。

删除商品时所调用的名为 delproduct 的 Servlet，主要是进行权限判断后再调用 DaoImpl 类里的 deleteProduct 方法，以下分别为 Servlet 和 deleteProduct 方法的参考代码：

```java
public void doPost(HttpServletRequest request, HttpServletResponse response)
            throws ServletException, IOException {
    response.setCharacterEncoding("utf-8");    //输出支持中文
    response.setContentType("text/json");
    PrintWriter out = response.getWriter();
    HttpSession session=request.getSession();    //在 Servlet 中获得会话对象
    User user=(User)session.getAttribute("user");    //在会话对象中取得已登录用户
    if(user==null||user.getAuthority()==0){
        out.print("{\"msg\":\"权限不足\"}");
    }else{
        Dao dao=DaoFactory.getInstance();
        int productId=0;
        try{productId=Integer.parseInt(request.getParameter("productid"));}catch(Exception e){}
        if(dao.deleteProduct(productId)){
            out.print("{\"msg\":\"success\"}");
        }else{
            out.print("{\"msg\":\"删除操作异常\"}");
        }
    }
    out.flush();
    out.close();
}
```

deleteProduct 方法（在 DaoImpl 类中）源代码：

```java
public boolean deleteProduct(int productId) {
    String sql = "delete from product where productid=" + productId;
    return executeSql(sql);
}
```

11.3.6 购物过程功能的实现

从顾客的角度看，一般的购物过程：浏览商品→加入购物车→结账；对业务系统来说，这三个环节的功能细化设计有如下要求，见表 11.1。

表 11.1 三个环节的功能细化设计要求

步骤	要求
浏览商品	（1）商品应支持分类浏览 （2）商品应支持关键词搜索 （3）实现局部而非整页的异步 Ajax 刷新 （4）页面可根据显示的商品数量自动调整高度 （5）页面中的用户登录信息位置应不随滚动条滚动而变化
加入购物车	（1）顾客未登录的提示先登录 （2）用户登录同时须加载此前操作过的未结账购物车信息 （3）加入购物车时能在页面前端、后台判断库存是否为空 （4）商品加入购物车的同时修改库存信息，并更新页面显示

步骤	要　求
结账（购物车管理）	（1）分类展示未结账商品、已经结账商品和作废商品 （2）支持多选未结账商品并提交结账，能自动合计金额 （3）结账或作废的商品自动在购物车中修改标识

商品的浏览在主页 index.jsp 中实现。先对项目主页 index.jsp 进行完善，使其成为这个购物类网站首页，用户可以浏览商品，将商品放进购物车。

主页作为访问者的第一印象，用户体验很重要。例如，原在 index.jsp 页面顶部出现的 id 为 top 的一个 div 盒子，当页面因为内容多而变长时，在滚动条下拉的情况下这个盒子会消失，为了避免这种情况，可以给这个盒子加上 position:fixed 样式；又如，当浮动的盒子影响父元素自动增加高度时，应在这个浮动窗口结束后加入清除浮动样式的元素，其样式为：

.clearfloat {clear: both;　　height: 0; font-size: 1px; line-height: 0px;}

为让用户直观地了解商品的人气，将人气数值变为五颗五角星中的红色部分来直观地表示，代码如下：

```
for (int j = 0; j < hot; j++) {
    out.print("<li class='hs'>&#9733;</li>");
}
for (int j = hot; j < 5; j++) {
    out.print("<li>&#9733;</li>");
}
```

其中，"★"为五角星的 HTML 代码，hs 为红色样式。

在数据的处理上，为了减少对数据库的访问操作，在用户登录时就将购物车内未结账的内容保存到 session 会话中，以用户名命名会话变量。

分类和搜索功能的实现，与商品管理（productManage.jsp）类似。菜单分类的超链接是本页面，只是加入了"?ProductType="用来指定分类号。在展示商品的流程上，首先看商品是否来自搜索表单，如果不是搜索再判断是否指定子分类（来自超链接）。

当加入购物车的按钮（button）被单击（触发 onclick 事件）时，需要首先在页面层次上判断商品是否还有库存，然后利用 jQuery 的 Ajax 函数向一个名为 addcart 的 Servlet 发送加入购物车的请求。返回的结果通过元素的 setAttribute 方法、innerHTML 属性或 jQuery 的 html() 方法更新元素，而无须刷新整个页面。

index.jsp 页面如图 11.20 所示。

页面的完整代码如下：

```jsp
<%@page import="cn.myweb.modal.Cart"%>
<%@page import="cn.myweb.modal.Product"%>
<%@page import="cn.myweb.dao.Dao"%>
<%@page import="cn.myweb.dao.DaoFactory"%>
<%@page import="cn.myweb.modal.User"%>
<%@ page language="java" import="java.util.*" pageEncoding="UTF-8"%>
<% String path = request.getContextPath();%> //path 为项目路径
<!DOCTYPE HTML>
<html>
```

```html
<head>
<title>网上商城</title>
</head>
<!-- 本例样式较多,将其独立为一个文件 index.css -->
<link rel="stylesheet" type="text/css" href="index.css">
<!-- 使用 jquery.js 定位菜单并监听其鼠标经过事件和离开事件,修改其样式 -->
<script src="jquery.js"></script>
<script>   //鼠标经过菜单效果
    $(document).ready(function() {
        $(".submenu").mouseover(function(e) {   //鼠标经过时指定样式
            this.setAttribute("style", "background-color:#ccc;");
        });
        $(".submenu").mouseout(function(e) {    //鼠标离开时清除样式
            this.setAttribute("style", "");
        });
    });
function addCart(productid,e,n){
    //productid 是商品 ID,e 是事件所在的盒子,n 是商品库存
    if(n<=0){
        alert("该商品已销磬!");
        return;
    }
    $.ajax({    //按 Ajax 的参数格式向 URL 地址为 addcart 的 Servlet 发出请求
        type:"post",
        data:{"productid":productid},
        url:"addcart",
        dataType:"json",
        success:function(data){
            if(data.msg=="success"){
                //更新页面显示购物车内未结账商品数量
                $("#cart").html(data.count);
    e.setAttribute("onclick","addCart("+productid+",this,"+data.remainder+");");
    e.innerHTML="+购物车【库存:"+data.remainder+"件】";
alert("加入购物车成功!");
            }
            else alert(data.msg);
        },
        error:function(data){
            alert("加入购物车失败,访问异常!");
        }
    });
}
</script>
<body>
    <div id="top">
        <%
            User u = (User) session.getAttribute("user");
            if (u == null) {
        %>
```

```
当前用户：（游客），点击<a href="login.jsp">登录</a> 或 <a href="Reg.html">注册</a>。
          <%
                } else {
String role = u.getAuthority() == 2 ? "管理员": u.getAuthority() == 1 ? "商户" : "顾客";
                    String AuthorityString = "";
                    //功能列表
    if (u.getAuthority() == 2) {    //如果是管理员，则授权用户管理
AuthorityString += " <a href='userManage.jsp' target='_blank'>用户管理</a>";
    }
    if (u.getAuthority() > 0) {   //如果是管理员或商户，则授权商品管理
AuthorityString += " <a href='productManage.jsp' target='_blank'>商品管理</a>";
    } else {    //普通顾客则授权管理购物车
                        int count = 0;
            List<Cart> list = (List<Cart>) session.getAttribute(u.getUserName());
                        if (list != null)
                            count = list.size();
AuthorityString += " <img src='cart.png' width='25' height='22' /> <a href='cartManage.jsp'>我的购物车</a>【<span id='cart'>"+ count + "</span>】";
                    }
          %>
                当前用户：<%=u.getRealName()%>
                角色：<%=role%>
                手机号码：<%=u.getMobile()%>
                地址：<%=u.getAddress()%>
                <a href="logout.jsp">退出登录</a> 功能列表：<%=AuthorityString%>
          <%
                }
          %>
    </div>
<div id="banner">
<table style="border:0px;margin:auto;width:1000px;">
<tr>
<td align="center"><div id="logo">教学示例之网上商城</div></td>
<td align="center">
    <div id="search">
    <form action="#" method="get">
    <input type="text" placeholder="搜索商品" name="ProductName" />
    <input type="submit" value="搜索" />
    </form>
    </div>
</td>
</tr>
</table>
</div>
<div id="main">
    <div id="menu">
        <div style="background-color:red;padding:5px;">商品分类</div>
            <div>
                <div class="submenu">
```

```jsp
                <a href="?ProductType=0">日用百货</a>
            </div>
            <div class="submenu">
                <a href="?ProductType=1">家用电器</a>
            </div>
            <div class="submenu">
                <a href="?ProductType=2">服饰衣帽</a>
            </div>
            <div class="submenu">
                <a href="<%=path%>">全部商品</a>
            </div>
        </div>
    </div>
    <div id="show">
<%
//从后台调用 getProducts 函数获得商品列表并按表格输出
String sql = "";
if (request.getParameter("ProductType") != null) {    //看是否按商品类别查看
    int ProductType = 0;
try {ProductType = Integer.parseInt(request.getParameter("ProductType"));}
catch (Exception e) {}
    sql = "ProductType=" + ProductType;    //构建 SQL 语句查询指定类别
} else {
String ProductName = request.getParameter("ProductName");    //获取表单的查询关键字
    if (ProductName != null) {    //是否按搜索关键字查看
        ProductName = ProductName.replace("'", "").replace("\\", "").replace(" ", "");
//过滤查询关键字
        sql = "ProductName like '%" + ProductName + "%'";
    }
}
Dao dao=DaoFactory.getInstance();
List<Product> list = dao.getProducts(sql);
for (Product p : list) {
%>
<div class="product">
    <div class="productImage">
        <img src="upload/<%=p.getProductId()%>.jpg" />
    </div>
    <div class="productName"><%=p.getProductName()%></div>
    <div class="price"><%=p.getPrice()%></div>
    <ul>
<%
    int hot = p.getHot();
    for (int j = 0; j < hot; j++) {
        out.print("<li class='hs'>&#9733;</li>");
    }
    for (int j = hot; j < 5; j++) {
        out.print("<li>&#9733;</li>");
    }
```

```
    %>
        </ul>
        <div class="addCart">
<button onclick="addCart(<%=p.getProductId()%>,this,<%=p.getRemainder()%>);">
        +购物车【库存：<%=p.getRemainder()%>件】
</button>
        </div>
</div>
<%
    }
%>
</div>
</div>
<div class="clearfloat"></div>
<!-- 清除浮动样式 -->
<div id="bottom">
        教学示例之网上商城<br />
</div>
</body>
</html>
```

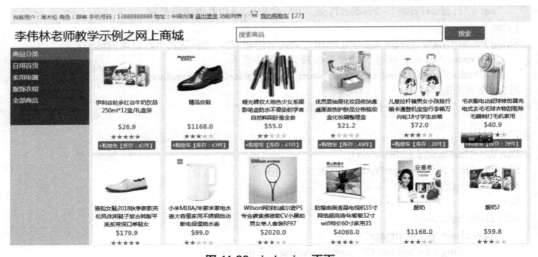

图 11.20　index.jsp 页面

因该页面的样式较多，所以将页面相关的 CSS 单独保存为一个文件（index.css），通过<link rel="stylesheet" type="text/css" href="index.css">标签引入页面。

其中 index.css 的源码如下：

```
body {
    margin: 0px;
    font-size: 14px;
    height: 100%;
    line-height:20px;
}
#banner{
```

```css
        width:100%;
        padding-top:40px;
        height:70px;
        text-align:center;
        margin:auto;
}
img{
        vertical-align:middle;
        }
input {
        font-size: 16px;
        height: 22px;
        width: 320px;
        border: 2px solid red;
        padding: 5px;
        margin-top:5px;
}
/*用 CSS 选择器选择提交按钮*/
input[type=submit] {
        width: 100px;
        border: 0px;
        background: red;
        color: white;
        height:35px;
        border-radius:5px;
}
#top {
        background-color: #efefef;
        color: #555;
        padding: 5px;
        height: 25px;
        width:100%;
        position:fixed;
}
#cart{
        color:red;
}
#search {
        font-size: 16px;
        height: 50px;
        padding:5px;
}

#logo {
        font-size: 30px;
        padding:5px;
}
#main {
        background-color: #ccc;
```

```css
        height: auto;
        height: 550px;
        min-height: 550px;
}
#menu {
        float: left;
        width: 15%;
        height: auto;
        min-height: 200px;
        background-color: #555;
        color: white;
        font-size: 16px;
        background-color: #555;
}
#show {
        height: auto;
        min-height: 550px;
        width: 85%;
        float: left;
        background-color: #efefef;
}
/*用 CSS 选择器选择 menu 元素下的超链接*/
#menu a {
        color: white;
        padding: 5px;
        line-height: 30px;
        text-decoration: none;
        line-height: 30px;
        text-decoration: none;
}
.product {
        float: left;
        width: 160px;
        margin: 8px 4px 0px 8px;
        background-color: #fff;
        height: 255px;
        padding: 5px;
}
.productImage {
        width: 120px;
        height: 120px;
        text-align: center;
        margin: auto;
}
.productImage img {
        width: 120px;
        height: 120px;
}
.productName {
```

```css
        padding-top:5px;
        height: 60px;
        overflow: hidden;
        text-align: center;
        width: 100%;
}
.price {
        color: #f00;
        font-size: 16px;
        text-align: center;
        margin: 2px;
        font-weight: bold;
}
.price::BEFORE {
        content: "￥";
}

.addCart {
        text-align: center;
        margin: auto;
}
button {
        padding: 2px;
        background-color: red;
        color: #fff;
        border-radius: 3px;
        border: 0px;
        cursor: pointer;
        background-color: red;
}
#bottom {
        text-align: center;
        background-color: #555;
        color: #ccc;
        padding: 10px;
        height: 100px;
}
ul {
        margin: 0px;
}
ul li {
        list-style: none;
        float: left;
        font-size: 18px;
        color: #ccc;
} /*五角星样式*/
.hs {
        color: #f00;
}
```

```css
.cs {
    color: #ccc;
}
/*以下样式清除浮动样式*/
.clearfloat {
    clear: both;
    height: 0;
    font-size: 1px;
    line-height: 0px;
}
```

加入购物车的请求 Servlet,其主要处理流程如图 11.21 所示。

图 11.21 主要处理流程

实现上述流程的代码如下:

```java
public void doPost(HttpServletRequest request, HttpServletResponse response)
        throws ServletException, IOException {
    response.setContentType("text/html");
    request.setCharacterEncoding("utf-8");
    response.setCharacterEncoding("utf-8");
    PrintWriter out = response.getWriter();
    // 检查权限------------------------------------
    HttpSession session = request.getSession();
    User user = (User) session.getAttribute("user");
    if (user == null || user.getAuthority() != 0) {
      out.print("{\"msg\":\"顾客未登录或非顾客,请先登录!\",\"count\":0}");
    return;
    }
    //获得参数(商品 ID)
    int productid=0;
try{productid=Integer.parseInt(request.getParameter("productid"));}catch(Exception e){}
    if(productid==0){
    out.print("{\"msg\":\"参数错误!\",\"count\":0}");
    return;
    }
    //获得商品信息
    Product p=null;
    Dao dao=DaoFactory.getInstance();
    List<Product> plist=dao.getProducts("ProductId="+productid+" and Remainder>0");
    if(plist.size()==0){
    out.print("{\"msg\":\"该商品已售空,请挑选其他商品!\",\"count\":0}");
    return;
    }
    p=plist.get(0);
    //获取 session 会话中的购物车列表
    List<Cart> list=null;
```

```
try{list=(List<Cart>)session.getAttribute(user.getUserName());}catch(Exception e){}
if(list==null)list=new ArrayList<Cart>();
//新挑选的商品存进数据库购物车表
Cart cart=new Cart(null,user.getUserId(),p.getProductId(),1,0);
int n=dao.addCart(cart);
if(n==-1){
    out.print("{\"msg\":\"加入购物车异常!\",\"count\":0}");
    return;
}
//修改 session 会话中的购物车
list.add(cart);
session.setAttribute(user.getUserName(), list);
out.print("{\"msg\":\"success\",\"count\":"+list.size()+",\"remainder\":"+n+"}");
out.flush();
out.close();
}
```

Servlet 中调用的 addCart 方法（在 DaoImpl 中），主要实现向购物车表中添加购物信息，同时修改商品表中的商品库存，并将更新后的商品库存作为返回值。代码如下：

```
public int addCart(Cart cart) {    //返回的是库存量
    String sql="insert into cart(userid,productid,count,status) values(USERID,PRODUCTID,COUNT,STATUS)";
    String sql2="update product set Remainder=Remainder-"+cart.getCount()+" where ProductId="+cart.getProductId();
    sql=sql.replace("USERID", ""+cart.getUserId());
    sql=sql.replace("PRODUCTID", ""+cart.getProductId());
    sql=sql.replace("COUNT",""+cart.getCount());
    sql=sql.replace("STATUS", ""+cart.getStatus());
    executeSql(sql);
    executeSql(sql2);
    int n=-1;
    sql="select Remainder from product where ProductId="+cart.getProductId();
    ResultSet rs=querySql(sql);
    try {
        rs.next();
        n=rs.getInt(1);
    } catch (SQLException e) {
        e.printStackTrace();
    }
    return n;
}
```

11.3.7　购物车管理功能的实现

购物车管理页面分为三个模块，分别为未结账模块、已结账模块和作废模块。

从数据库表结构上看，购物车表（cart）只包括用户 id 和商品 id 之间的关联关系，并没有商品的详细信息，为此，在读取完整购物车数据时需要跨表查询，即用 cart 表中的商品编号信息去关联 product 表（左连接），对应的 SQL 语句为：

select * from cart LEFT JOIN product on cart.ProductId=product.ProductId   where userid=USERID;

为了表示这样的查询结果，可以从原来的 Cart 类继承出一个新的实体类 CartProduct，在其中加入一个 Product 类的成员及相应的 Set 和 Get 方法，代码如下：

```java
package cn.myweb.modal;
public class CartProduct extends Cart {
    private Product product;
    public Product getProduct() {
        return product;
    }
    public void setProduct(Product product) {
        this.product = product;
    }
}
```

DaoImpl 实现类中的 getCartDetail(String sql)用于实现从数据库中跨表查询指定条件的购物车商品详细信息，该方法的实现代码如下：

```java
public List<CartProduct> getCartDetail(String sql) {
    List<CartProduct> list=new ArrayList<CartProduct>();
    String sql2="select * from cart LEFT JOIN product on cart.ProductId=product.ProductId"+ (sql.equals("") ? "" : " where " + sql)+" order by Status ,CartId";
    ResultSet rs=querySql(sql2);
    CartProduct c=null;
    Product p=null;
    try {
        while(rs.next()){
            c=new CartProduct();
            c.setCartId(rs.getInt("CartId"));
            c.setCount(rs.getInt("Count"));
            c.setProductId(rs.getInt("ProductId"));
            c.setStatus(rs.getInt("Status"));
            c.setUserId(rs.getInt("UserId"));
            p=new Product();    //获取商品详细信息 p 并作为 c 的成员
            p.setHot(rs.getInt("Hot"));
            p.setProductName(rs.getString("ProductName"));
            p.setPrice(rs.getDouble("Price"));
            p.setProductId(rs.getInt("ProductId"));
            p.setProductType(rs.getInt("ProductType"));
            p.setRemainder(rs.getInt("Remainder"));
            c.setProduct(p);
            list.add(c);
        }
    } catch (SQLException e) {
        e.printStackTrace();
    }
    return list;
}
```

关于权限验证，也可以使用过滤器（Filter）接口，但因为本例中几乎所有页面都需要使用用户的登录信息，不仅仅作为验证用，所以直接取会话中的 User 对象，没有使用过滤器接口。学以致用，我们在这个功能模块实现一个过滤器接口。新建一个 LoginFilter 类，该类实现 javax.servlet.Filter 接口，代码如下（LoginFilter 类）：

```java
package cn.liweilin.servlet;
import java.io.IOException;
import javax.servlet.Filter;
import javax.servlet.FilterChain;
import javax.servlet.FilterConfig;
import javax.servlet.ServletException;
import javax.servlet.ServletRequest;
import javax.servlet.ServletResponse;
import javax.servlet.http.HttpServletRequest;
import javax.servlet.http.HttpServletResponse;
import cn.myweb.modal.User;
public class LoginFilter implements Filter {
    public void destroy() {
    }
    public void doFilter(ServletRequest arg0, ServletResponse arg1,
            FilterChain arg2) throws IOException, ServletException {
        HttpServletRequest request=(HttpServletRequest) arg0;
        HttpServletResponse response=(HttpServletResponse) arg1;
        User user=(User) request.getSession().getAttribute("user");
        if(user==null||user.getAuthority()!=0){         //未登录或非顾客身份
            response.sendRedirect("login.jsp");         //转到登录页
        }else{
            arg2.doFilter(request, response);   //带着请求和响应对象正常访问
        }
    }
    public void init(FilterConfig arg0) throws ServletException {
    }
}
```

然后打开 WEB-INF 下的 web.xml 文件，可以用设计（design）模式，也可以用源代码模式编辑，包括新建一个过滤器指向刚刚写的 LoginFilter 类，新建一个 URL-Pattern，指定需要验证的资源页面（本例为 cartManage.jsp），源代码如下：

```xml
<filter>
    <filter-name>LoginFilter</filter-name>
    <filter-class>cn.liweilin.servlet.LoginFilter</filter-class>
</filter>
<filter-mapping>
    <filter-name>LoginFilter</filter-name>
    <url-pattern>/cartManage.jsp</url-pattern>
</filter-mapping>
```

然后可以测试，在没有登录或退出后再直接打开 cartManage.jsp 页面，会被自动转到登录页（login.jsp），以顾客身份登录后则可以正常打开页面。

事实上，过滤器适合用于在多个页面或 Servlet 中使用同一个验证规则的情况。

关于 cartManage.jsp 页面，有了这个过滤器验证规则，则不需要再做一次登录验证了。但我们依然要取得用户的已登录信息，用其用户 ID 从数据库购物车表中筛选出已选商品。

从页面布局上看，购物车管理页面的上部，包括登录信息、Logo 和商品搜索栏等都可以直接从主页（index.jsp）复制过来。但是，为了提高代码的重用性和可维护性，我们可以将这段代码单独保存为一个页面（top.jsp），然后利用 jsp 标签中的 include 标签引入这个文件，如下：

```jsp
<jsp:include page="top.jsp"></jsp:include>
```

同时，将 index.css 里与 top.jsp 页面有关的样式也独立成 top.css 样式文件，在 top.jsp 中用样式文件引入标签引入这个文件，完整的 top.jsp 文件代码如下：

```jsp
<%@page import="cn.myweb.modal.Cart"%>
<%@page import="cn.myweb.modal.User"%>
<% String path = request.getContextPath();%> //path 为项目路径
<%@ page language="java" import="java.util.*" pageEncoding="UTF-8"%>
<link rel="stylesheet" type="text/css" href="top.css">
    <div id="top">
        <div id="top-align">
        <a href="<%=path %>">首页</a>
            <%
                User u = (User) session.getAttribute("user");
                if (u == null) {
            %>
当前用户：（游客），单击<a href="login.jsp">登录</a> 或 <a href="Reg.html">注册</a>。
            <%
                } else {
String role = u.getAuthority() == 2 ? "管理员": u.getAuthority() == 1 ? "商户" : "顾客";
                    String AuthorityString = "";
                    //功能列表
                    if (u.getAuthority() == 2) {    //如果是管理员，则授权用户管理
AuthorityString += " <a href='userManage.jsp' target='_blank'>用户管理</a>";
                    }
                    if (u.getAuthority() > 0) {    //如果是管理员或商户，则授权商品管理
AuthorityString += " <a href='productManage.jsp' target='_blank'>商品管理</a>";
                    } else {    //普通顾客则授权管理购物车
                        int count = 0;
List<Cart> list = (List<Cart>) session.getAttribute(u.getUserName());
                        if (list != null)
                            count = list.size();
AuthorityString += " <img src='cart.png' width='25' height='22' /> <a href='cartManage.jsp'>我的购物车</a>【<span id='cart'>"+ count + "</span>】";
                    }
            %>
            当前用户：<%=u.getRealName()%>
            角色：<%=role%>
            手机号码：<%=u.getMobile()%>
            地址：<%=u.getAddress()%>
            <a href="logout.jsp">退出登录</a> 功能列表：<%=AuthorityString%>
```

```
                        <%
                    }
                %>
            </div>
        </div>
        <div id="banner">
            <table style="border:0px;margin:auto;width:1000px;">
                <tr>
                    <td align="center"><div id="logo">教学示例之网上商城</div></td>
                    <td align="center">
                        <div id="search">
                            <form action="index.jsp" method="get">
                                <input type="text" placeholder="搜索商品" name="ProductName" />
                                <input type="submit" value="搜  索" />
                            </form>
                        </div>
                    </td>
                </tr>
            </table>
        </div>
```

这个 top.jsp 文件被引入到购物车管理页的头部后，购物车管理页面如图 11.22 所示。

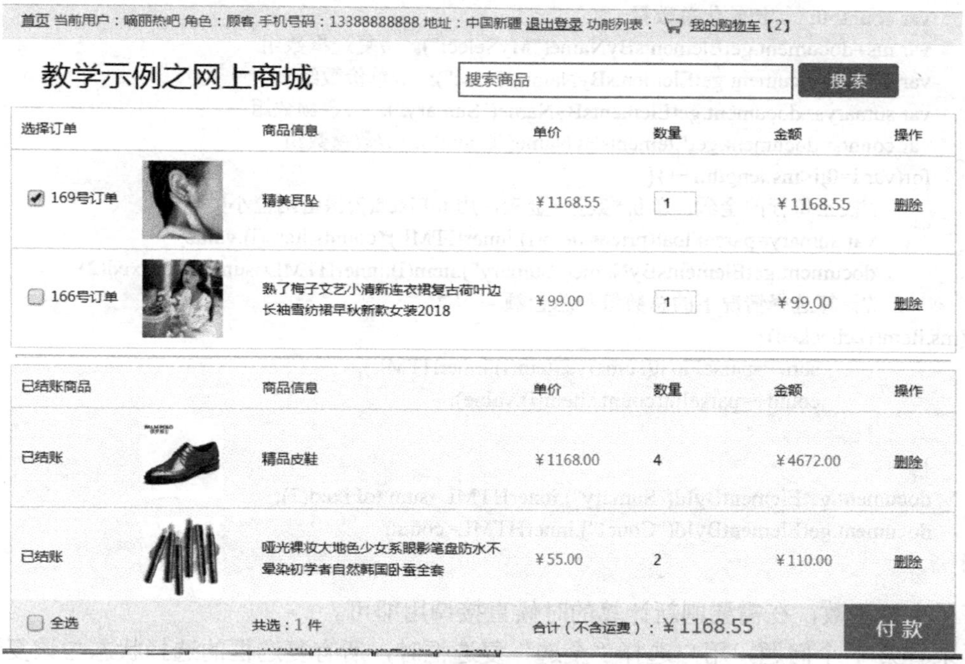

图 11.22 购物车管理页面

页面中，和头部类似的还有一个展示用户选择商品数量、总金额及"付款"按钮的底部横条，这个横条也是不随页面滚动而固定在浏览器底部的，其样式的关键属性 position 的值为 fixed。

展示购物车商品详细信息的是一个水平居中的表格和表单，表格是为了排版整齐，表单域可以接收用户的修改和选择,如复选框(checkbox)表示选择、数字框表示修改商品数量,可修改的商品数量的下限为1,上限为该商品的库存量+1。

这个页面有如下一些与用户交互有关的问题。

(1)用户选择"全选"复选框时,所有复选框的选择状态与该复选框一致。

(2)"全选"复选框和其他复选框中的任一个发生选择状态的改变,都必须同时更新底部横条的商品总数和总金额。

(3)表示每种商品数量的数字表单域的值发生变化(包括单击和键盘修改)时,不仅其左侧的该商品金额(等于数量乘以单价)需要同时更新,底部横条的商品总件数和总金额也要同步更新。

(4)当单击"付款"按钮(该按钮其实是一个单元格,将其cursor样式值设为pointer)时,先要检验一次每项的金额是否等于单价乘以数量,并再次汇总更新后的总数量和总金额,最后才发送给第三方支付平台。

(5)删除购物车内某项时,需要刷新页面。

由此可见,该页面有很多的前端交互式代码,接下来我们使用JavaScript和jQuery框架逐个来解决这些问题。

上述问题中,多次使用到的更新总数量和总金额,我们先将其编为一个函数,代码如下:

```javascript
function fresh(){
    var sum=0.00;   //初始化总金额
    var count=0;    //初始化总数量
    var ms=document.getElementsByName("MySelect");   //复选框数组
    var prices=document.getElementsByName("Price");   //单价数组
    var sumarys=document.getElementsByName("Sumary");   //金额数组
    var counts=document.getElementsByName("Count");   //数量数组
    for(var i=0;i<ms.length;i++){
        //校正每行的金额:单价*数量=金额,用toFixed(2)保留两位小数
        var sumary=parseFloat(prices.item(i).innerHTML)*counts.item(i).value;
        document.getElementsByName("Sumary").item(i).innerHTML=sumary.toFixed(2);
        //计算选择情况下的总数量和总金额
        if(ms.item(i).checked){
            sum+=parseFloat(sumarys.item(i).innerHTML);
            count+=parseInt(counts.item(i).value);
        }
    }
    document.getElementById("Sumary").innerHTML=sum.toFixed(2);
    document.getElementById("Count").innerHTML=count;
}
```

有了上述函数,在需要刷新计算的时候直接调用即可。

再来看第1个问题,用户选择"全选"复选框时,所有复选框的选择状态与该复选框一致,可以用以下函数实现:

```javascript
function changeSelect(e){
    var ms=document.getElementsByName("MySelect");
    for(var i=0;i<ms.length;i++){
        ms.item(i).checked=e.checked;
    }
```

```
        fresh();    //设置选择状态后刷新数量和金额
    }
```

MySelect 是购物车中每行商品前面的复选框共用的名字属性（name），因此得到的是一个数组类型的表单域对象，通过循环遍历每个成员表单域，将其选择状态设置与事件主体（即"全选"复选框）的选择状态一致。参数 e 代表事件主体，在"全选"复选框的元素标签内用 onclick="changeSelect(this);"即可，其中 this 代表事件主体。

第 2 个问题，"全选"复选框触发的事件已经调用了 fresh()函数（上述代码），那么购物车列表每行前面的复选框呢？我们可以使用 jQuery 框架的事件监听机制，在 jQuery 的 $(document).ready(function(){ })函数中监听复选框数组的改变，代码如下：

```
$("input[name='MySelect']").click(function(){
    fresh();
});
```

我们用到了 jQuery 中的对象选择符（与样式选择符一样），选择页面 input 标签中所有 type='MySelect'的表单域，当它们中的任意一个被单击时，都将触发上述代码，执行刷新计算。

第 2 个问题的解决方法同样适用于第 3 个问题，即监听表示购物车中商品数量的 number 表单域的修改（change）行为，其代码如下：

```
$("input[type=number]").change(function(){    //监听改变商品数量的事件
    var index=$("input[type=number]").index(this);    //获取当前事件的索引号
    var price=parseFloat(document.getElementsByName("Price").item(index).innerHTML);
    document.getElementsByName("Sumary").item(index).innerHTML=($(this).val()*price).toFixed(2);
    fresh();
});
```

上述代码中，事件的主体对象是对象数组中的一个，我们需要先知道其索引号，才能用同样索引号的单价和数量对金额进行计算，这里使用到了 jQuery 对象的 index()方法，获取当前对象在对象集合中的序号（从 0 开始，即索引号）。

最后两个问题的解决，都使用了 jQuery 的异步请求函数 Ajax，第 4 个问题在提交请求之前先要对数据做一次校验，调用前面的 fresh()函数即可；这两个问题都要求在修改数据库后刷新本页面，用 window.locaction.reload()即可。当用户单击"付款"按钮时，调用 JavaScript 代码如下：

```
$(".pay").click(function(){    //监听事件
    fresh();
    var sum=$("#Sumary").text();
    var count=$("#Count").text();
    if(parseFloat(sum)==0.0){return;}    //没有待付款项则返回
    alert("正在跳转到第三方支付平台，数量："+count+" 金额："+sum+"元");
    var ar=[];    //用来存储详情数组
    //以下获得订单编号、选择状态、数量、商品 ID 等数组
    var carts=$("input[id='CartId']");
    var selects=$("input[name='MySelect']");
    var counts=$("input[type='number']");
    var products=$("input[id='ProductId']");
```

```javascript
            for(var i=0;i<selects.length;i++){
                if(selects[i].checked){
    ar.push({"cartid":carts[i].value,"productid":products[i].value,"count":counts[i].value});
                }
            }
            //构建请求数据
            var data={"sumary":sum,"count":count,"ar":JSON.stringify(ar)};
            $.ajax({
                type:"post",
                data:data,
                url:"payment",
                dataType:"json",
                success:function(data){
                    if(data.msg=="success"){
    alert("支付申请成功！收款订单号："+data.OrderNO+"，第三方代收确认后发货。");
                        window.location.reload();
                    }else{
                        alert(data.msg+"，支付失败！");
                    }
                },
                error:function(e){
                    alert("出现异常，支付失败！");
                }
            });
        });
    });
```

"付款"按钮的事件处理，在校验、构建请求数据后，提交给名为 payment 的 Servlet 处理（稍候讨论这个 Servlet 的处理过程）。

当单击"删除"超链接时，调用 JavaScript 代码如下：

```javascript
function delCart(cid){
    var ok=confirm("确认要删除 "+cid+" 号订单吗？");
    if(ok){
        $.ajax({
            type:"post",
            data:{"cartid":cid},
            dataType:"json",
            url:"delCart",
            success:function(data){
                if(data.msg=="success"){
                    alert("删除成功！");
                    window.location.reload();
                }else{
                    alert(data.msg);
                }
            },
            error:function(e){
                alert("删除失败！");
```

```
            });
            window.location.reload();
        }
    }
```

"删除"超链接的链接地址为"#",即本页,但我们在这个标签中加入了 onclick 属性并指定了处理函数 delCart(cid),其中 cid 为购物车的编号,这个函数也向一个名为 delcart 的 Servlet 发送了请求,请求参数为这个购物车的编号。

这个页面交互式的 JavaScript 代码较多,可以将上述与本页有关的 JavaScript 代码保存为单独的一个文件(cart.js),并通过<script src="cart.js"></script>标签引入。同样,与本页相关的样式也可以保存为单独的文件 cart.css,再用 <link ref="stylesheet" type="text/css" href="cart.css">引入。与本页有关的参考样式如下:

```css
body{margin:0px;font-size:14px;}
table,tr{
border:1px solid #CCC;
border-collapse: collapse;
}
td{
padding:10px;
font-size:14px;
line-height:22px;
}
input[type=number]{
  width:40px;
  height:20px;
  font-size:14px;
  border:1px solid #ccc;
  text-align:center;
}
input[type=checkbox]{
vertical-align: middle;
zoom:150%;
}
.Price{
    color:red;
}
.Price2{
    color:red;
    font-size:16px;
}
.Price:BEFORE,.Price2:BEFORE {
    content:"￥";
}
.pay{
width:90px;
height:100%;
font-size:20px;
```

```css
color:#fff;
text-align:center;
background-color:#f40;
cursor:pointer;
}
.sumary{
font-size:20px;
color:red;
}
.sumary::BEFORE{
content:"￥";
}
.count{
font-size:16px;
color:red;
}
#t1{
position:fixed;
height: 50px;
width:100%;
bottom:0px;
text-align: center;
}
#t2,#t2 tr{
background-color:#efefef;
margin:auto;
border:0px;
}
hr{
text-align:center;
width:930px;
height:1px;
}
```

在待付款表格区域的底部另有两个表格分别展示已结账商品和作废商品（表示置于购物车中的未结账商品，但库存已经不存在），用不同颜色的底色表示它们的区别。

全页的完整代码如下：

```jsp
<%@page import="java.text.DecimalFormat"%>
<%@page import="cn.myweb.modal.CartProduct"%>
<%@page import="cn.myweb.dao.Dao"%>
<%@page import="cn.myweb.dao.DaoFactory"%>
<%@page import="cn.myweb.modal.User"%>
<%@ page language="java" import="java.util.*" pageEncoding="UTF-8"%>
<!DOCTYPE HTML>
<html>
  <head>
    <title>购物车管理</title>
```

```jsp
  </head>
<link type="text/css" rel="stylesheet" href="cart.css">
  <script src="jquery.js"></script>
  <script src="cart.js"></script>
    <body>
    <jsp:include page="top.jsp"></jsp:include>
<div id="t1">
    <table id='t2'>
    <tr>
    <td width='100' align="left"><input type="checkbox" onclick="changeSelect(this);" />全选</td>
    <td width='290'>共选:<span class="count" id="Count">1</span> 件</td>
    <td width='380' class="">合计(不含运费):<span class="sumary" id="Sumary">0.00</span></td>
    <td width='90' class="pay">付 款</td>
    </tr>
    </table>
</div>
<%
DecimalFormat df=new DecimalFormat("#.00");    //金额显示格式
User user=(User)session.getAttribute("user");   //无须验证,只要获取 UserId 信息
String sql="userid="+user.getUserId();
Dao dao=DaoFactory.getInstance();
List<CartProduct> list=dao.getCartDetail(sql);
out.print("<form action='#' method='post'>");
out.print("<table align='center'><tr>");
out.print("<td width='100'>选择订单</td>");
out.print("<td width='100'></td>");
out.print("<td width='250'>商品信息</td>");
out.print("<td width='100'>单价</td>");
out.print("<td width='100'>数量</td>");
out.print("<td width='100'>金额</td>");
out.print("<td width='50'>操作</td></tr>");
for(CartProduct cp:list){
if(cp.getStatus()==0){
    int cid=cp.getCartId();
    int pid=cp.getProductId();
    out.print("<input type='hidden' id='CartId' value='"+cid+"' />");
    out.print("<input type='hidden' id='ProductId' value='"+pid+"' />");
    out.print("<tr>");
    out.print("<td width='100'><input type='checkbox' name='MySelect' />"+cid+"号订单</td>");
    out.print("<td width='100'><img src='upload/"+cp.getProductId()+".jpg' width='80' /></td>");
    out.print("<td width='250'>"+cp.getProduct().getProductName()+"</td>");
    out.print("<td width='100' class='Price' name='Price'>"+df.format(cp.getProduct().getPrice())+"</td>");
    out.print("<td width='100'><input name='Count' min='1' max='"+(1+cp.getProduct().getRemainder())+"' type='number' value='"+cp.getCount()+"'/></td>");
    out.print("<td width='100' class='Price2' name='Sumary'>"+df.format(cp.getProduct().getPrice()*cp.getCount())+"</td>");
    out.print("<td width='50'><a href='#' onclick='delCart("+cid+");'>删除</a></td>");
    out.print("</tr>");
```

```
        }
    }
    out.print("</table>");
    out.print("</form>");
%>
<hr>
<%
    out.print("<table align='center' style='background-color:#efd;'>");
    out.print("<tr>");
    out.print("<td width='100'>已结账商品</td>");
    out.print("<td width='100'></td>");
    out.print("<td width='250'>商品信息</td>");
    out.print("<td width='100'>单价</td>");
    out.print("<td width='100'>数量</td>");
    out.print("<td width='100'>金额</td>");
    out.print("<td width='50'>操作</td>");
    out.print("</tr>");
    for(CartProduct cp:list){
        if(cp.getStatus()==1){
            int cid=cp.getCartId();
            out.print("<tr>");
            out.print("<td width='100'>已结账</td>");
            out.print("<td width='100'><img src='upload/"+cp.getProductId()+".jpg' width='80' /></td>");
            out.print("<td width='250'>"+cp.getProduct().getProductName()+"</td>");
            out.print("<td width='100' class='Price'>"+df.format(cp.getProduct().getPrice())+"</td>");
            out.print("<td width='100'>"+cp.getCount()+"</td>");
            out.print("<td width='100' class='Price'>"+df.format(cp.getProduct().getPrice()*cp.getCount())+"</td>");
            out.print("<td width='50'><a href='#' onclick='delCart("+cid+");'>删除</a></td>");
            out.print("</tr>");
        }
    }
    out.print("</table>");
%>
<hr>
<%
    out.print("<table align='center' style='background-color:#ffc;'>");
    out.print("<tr>");
    out.print("<td width='100'>已作废商品</td>");
    out.print("<td width='100'></td>");
    out.print("<td width='250'>商品信息</td>");
    out.print("<td width='100'>单价</td>");
    out.print("<td width='100'>数量</td>");
    out.print("<td width='100'>金额</td>");
    out.print("<td width='50'>操作</td>");
    out.print("</tr>");
    for(CartProduct cp:list){
        if(cp.getStatus()==2){
            int cid=cp.getCartId();
            out.print("<tr>");
```

```
            out.print("<td width='100'>已作废</td>");
            out.print("<td width='100'><img src='upload/"+cp.getProductId()+".jpg' width='80' /></td>");
            out.print("<td width='250'>"+cp.getProduct().getProductName()+"</td>");
            out.print("<td width='100' class='Price'>"+df.format(cp.getProduct().getPrice())+"</td>");
            out.print("<td width='100'>"+cp.getCount()+"</td>");
            out.print("<td width='100' class='Price'>"+df.format(cp.getProduct().getPrice()*cp.getCount())+"</td>");
            out.print("<td width='50'><a href='#' onclick='delCart("+cid+");'>删除</a></td>");
            out.print("</tr>");
        }
    }
    out.print("</table>");
%>
<br/>
<br/>
<br/>
</body>
</html>
```

接下来看与这个页面有关的两个 Servlet 的执行流程。

和前面的大多数 Servlet 一样,开始都要进行用户身份的验证。为此,我们可以为这两个 Servlet 设置一个共用的过滤器,这个过滤器与前面的 LoginFilter 类过滤器不同的是,在验证不通过时不进行页面的转向,而是直接返回一个 JSON 格式的字符串。代码如下:

```
package cn.liweilin.servlet;
import java.io.IOException;
import java.io.OutputStream;
import javax.servlet.Filter;
import javax.servlet.FilterChain;
import javax.servlet.FilterConfig;
import javax.servlet.ServletException;
import javax.servlet.ServletRequest;
import javax.servlet.ServletResponse;
import javax.servlet.http.HttpServletRequest;
import javax.servlet.http.HttpServletResponse;
import javax.servlet.http.HttpSession;
import cn.myweb.modal.User;
public class LoginFilter2 implements Filter {
    public void destroy() {
    }
    public void doFilter(ServletRequest arg0, ServletResponse arg1,
            FilterChain arg2) throws IOException, ServletException {
        HttpServletRequest request=(HttpServletRequest) arg0;   //类型转换
        HttpServletResponse response=(HttpServletResponse) arg1;   //类型转换
        HttpSession session=request.getSession();    //取出会话
        User user=(User)session.getAttribute("user");   //取出用户对象
        if(user==null||user.getAuthority()!=0){   //如果未登录或非登录顾客
            response.setCharacterEncoding("utf-8");   //支持中文输出
            response.setContentType("application/json;charset=utf-8");   //输出文件类型
            OutputStream out=response.getOutputStream();   //获得输出流
```

```
                String json="{\"msg\":\"顾客未登录或非顾客,请按顾客身份登录!\",\"count\":0}";
                out.write(json.getBytes("utf-8"));   //输出字节数组
                out.flush();
            }else{
                arg2.doFilter(request, response);    //如果是已登录顾客,则正常转向请求页面
            }
        }
        public void init(FilterConfig arg0) throws ServletException {
        }
    }
```

在项目的 WEB-INF 目录中的 web.xml 文件中配置这个过滤器,并使 delcart 和 payment 这两个 Servlet 首先适配这个过滤器(访问前先经过这个过滤器),配置代码如下:

```xml
<filter>
  <filter-name>LoginFilter2</filter-name>
  <filter-class>cn.liweilin.servlet.LoginFilter2</filter-class>
</filter>
<filter-mapping>
  <filter-name>LoginFilter2</filter-name>
  <url-pattern>/delcart</url-pattern>
</filter-mapping>
<filter-mapping>
  <filter-name>LoginFilter2</filter-name>
  <url-pattern>/payment</url-pattern>
</filter-mapping>
```

需要同样的验证规则且返回结果保持同样格式的 JSON 字符串时,都可以使用这个过滤器,只需要在 web.xml 文件中增加 filter-mapping 元素即可。

delCart 的执行流程涉及三个问题,一是在 cart 表中删除对应的记录;二是判断如果是购物车中的未结账商品(状态 Status=0),则删除的同时还要恢复其对应商品的库存量(product 表中的 Remainder+1,因为商品进购物车时将库存量 Remainder-1 了);三是操作最后要更新保存在 session 会话中的未结账商品购物车清单。参考代码如下:

```java
public void doPost(HttpServletRequest request, HttpServletResponse response)
        throws ServletException, IOException {
    response.setContentType("text/html");
    request.setCharacterEncoding("utf-8");
    response.setCharacterEncoding("utf-8");
    PrintWriter out = response.getWriter();
    // 无须再检查权限,但仍需要用户信息-------
    HttpSession session = request.getSession();
    User user = (User) session.getAttribute("user");
    //读参数----------------------------------
    String c=request.getParameter("cartid");
    int CartId=0;
    try{CartId=Integer.parseInt(c);}catch(Exception e){}
    if(CartId==0){
        out.print("{\"msg\":\"参数错误! \"}");
        return;
```

```java
}
//删除购物车项
Cart cart=new Cart();
cart.setCartId(CartId);
cart.setUserId(user.getUserId());
Dao dao=DaoFactory.getInstance();
boolean r=dao.deleteCart(cart);
if(!r){
    out.print("{\"msg\":\"删除异常！\"}");
    return;
}
//更新 session 会话中的购物车
List<Cart> list=dao.getCart("Status=0 and UserId="+user.getUserId());
session.setAttribute(user.getUserName(), list);
out.print("{\"msg\":\"success\"}");
out.flush();
out.close();
}
```

而这里调用的 deleteCart()方法在 DaoImpl 中，因为涉及两个操作的操作序列（即更新 product 的库存和删除 cart 的记录），为保证操作的完整性（两个操作要么都做，要么都不做），所以启用数据库连接对象 con 的事务机制。参考代码（DaoImpl 类中）如下：

```java
public boolean deleteCart(Cart cart) {
    try {
        con.setAutoCommit(false);
    } catch (SQLException e) {
        e.printStackTrace();
    }
    boolean r1=true,r2=true;
    String sql = "update product set Remainder=Remainder+1 where ProductId in (select ProductId from cart where UserId="+cart.getUserId()+" and CartId="+cart.getCartId()+" and Status=0)";
    r1 = executeSql(sql);   //更新库存量
    sql = "delete from cart where cartId=" + cart.getCartId()+ " and UserId=" + art.getUserId();
    r2 = executeSql(sql);   //删除记录
    if (r1 && r2) {
        try {
            con.commit();   //提交事务
            con.setAutoCommit(true);
        } catch (SQLException e) {
            e.printStackTrace();
        }
        return true;
    } else {
        try {
            con.rollback();   //如果有一个操作异常则回滚事务
            con.setAutoCommit(true);
        } catch (SQLException e) {
            e.printStackTrace();
        }
```

```
            return false;
        }
    }
```

与 delcart 的操作类似，payment 的执行也涉及几个流程，依次是：获得请求参数、构建请求参数格式、查库存是否满足要求、判断金额与数量是否正确、商品出库、修改购物车状态、更新会话中的未结账商品清单、生成委托第三方收款订单号并返回，如图 11.22 所示。

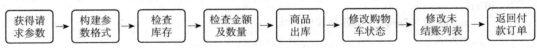

图 11.23 payment 的执行流程

上述流程中，检查金额及数量、商品出库、修改购物车状态的操作序列，因为涉及跨表操作，可以放到一个事务里，归入一个方法（modifyCarts()），其余环节在 Servlet 里，这个 Servlet 的代码如下：

```java
public void doPost(HttpServletRequest request, HttpServletResponse response)
        throws ServletException, IOException {
    response.setContentType("text/html");
    request.setCharacterEncoding("utf-8");
    response.setCharacterEncoding("utf-8");
    PrintWriter out = response.getWriter();
    HttpSession session = request.getSession();
    User user = (User) session.getAttribute("user");
    //获取参数--------------------------------
    String s=request.getParameter("sumary");
    String c=request.getParameter("count");
    String ar=request.getParameter("ar");
    System.out.println(ar);
    if(s==null||c==null||ar==null){
        out.print("{\"msg\":\"参数不正确！\"}");
        return;
    }
    //构建请求参数-----------------------------------
    double sumary=0.0;   //总金额
    int count=0;    //总数量
    try{sumary=Double.parseDouble(s);}catch(Exception e){}
    try{count=Integer.parseInt(c);}catch(Exception e){}
    JSONArray ja=JSONArray.parseArray(ar);   //转成 JSON 数组
    double sum=0.0;
    List<Cart> carts=new ArrayList<Cart>();
    //用 Map 对象保存商品分类汇总结果
    Map<Integer,Integer> map=new HashMap<Integer,Integer>();
    for(int i=0;i<ja.size();i++){   //遍历交费子项
        JSONObject json=ja.getJSONObject(i);   //每项 JSON
        //商品编号作为 Map 的键，对应商品的数量作为 Map 对象的值
        int key=json.getInteger("productid") ;
        int value= json.getInteger("count")+(map.get(key)==null?0:map.get(key));
        map.put(key,value);
```

```java
            Cart cart=new Cart();
            cart.setCartId(json.getInteger("cartid"));
            cart.setCount(json.getInteger("count"));
            cart.setProductId(json.getInteger("productid"));
            cart.setUserId(user.getUserId());
            carts.add(cart);
    }
    //查库存是否满足要求------------------------
    Dao dao=DaoFactory.getInstance();
    List<Product> list=dao.checkRemainder(map);
    if(list!=null){
    out.print("{\"msg\":\""+list.get(0).getProductName()+"等部分商品库存不足！\"}");
            return;
    }
    //出库，修改购物车状态------------------------
    if(!dao.modifyCarts(carts, map, sumary,count)){
            out.print("{\"msg\":\"修改购物车或库存信息错误！\"}");
            return;
    }
    //更新未结账列表的 session 会话------------------------
    carts=dao.getCart("UserId="+user.getUserId()+" and Status=0");
    session.setAttribute(user.getUserName(), carts);
    //产生一个交付第三方代收款的收款订单号------------------
    java.text.SimpleDateFormat sdf=new java.text.SimpleDateFormat("yyyyMMddHHmmss");
    String OrderNO=sdf.format(new Date())+(int)(Math.random()*10);
    out.print("{\"msg\":\"success\",\"OrderNO\":\""+OrderNO+"\"}");
    out.flush();
    out.close();
}
```

上述代码在处理 ar 参数时，使用了 fastjson 工具（使用前将该文件的 jar 文件复制到 WEB-INF/lib 目录下），将参数转为 JSONArray 数组，再逐个访问 JSON 键值对；同时，借助 Map 对象对清单中的同一商品进行了分类汇总，汇总结果以商品编号为 key 值、商品数量为 value 值的键值对存入 Map 对象，再作为参数调用 checkRemainder 方法检查库存情况，返回结果为库存不足商品的列表（List），当列表为空时代表所有请求商品的库存均满足要求。代码如下（DaoImpl 类中）：

```java
public List<Product> checkRemainder(Map<Integer,Integer> map){
    //该函数用于查库存量是否满足顾客需求，返回值为库存量不足的商品列表
    List<Product> list=null;
    //用迭代器遍历参数列表
    Iterator<Entry<Integer, Integer>> it=map.entrySet().iterator();
    while(it.hasNext()){
    Map.Entry<Integer, Integer> entry=it.next();
        int key=entry.getKey();
        int value=entry.getValue();
String sql="select * from product where ProductId="+key+" and (Remainder+1)<"+value;
        ResultSet rs=querySql(sql);
        try {
```

```
            if(rs.next()){
                if(list==null)list=new ArrayList<Product>();
                Product p=new Product();
                p.setProductId(rs.getInt("ProductId"));
                p.setProductName(rs.getString("ProductName"));
                p.setProductType(rs.getInt("ProductType"));
                p.setPrice(rs.getDouble("Price"));
                p.setHot(rs.getInt("Hot"));
                p.setRemainder(rs.getInt("Remainder"));
                list.add(p);
            }
        } catch (SQLException e) {
            e.printStackTrace();
        }
    }
    return list;
}
```

为保证数据库操作的完整性，上述流程图中涉及跨表操作的检查金额及数量、商品出库、修改购物车状态作为一个数据库操作序列，其实现代码如下（DaoImpl 类中）：

```
public boolean modifyCarts(List<Cart> carts,Map<Integer,Integer> map,double sumary,int count) {
    double sum=0.0;
    double cnt=0;
    boolean r=true;
    String sql="";
    //启动事务机制
    try {
        con.setAutoCommit(false);
    } catch (SQLException e) {
        e.printStackTrace();
    }
    //修改购物车清单状态及数量
    String Ids="";   //将订单号连接成查询条件字符串
    for(Cart cart:carts){
        sql="update cart set Count="+cart.getCount()+",Status=1 where CartId="+cart.getCartId() +" and UserId="+cart.getUserId();
        r=executeSql(sql);
        if(!r)break;
        Ids+=(" or CartId="+cart.getCartId());
    }
    Ids=Ids.substring(3);
    System.out.println(Ids);
    if(!r){  //回滚事务
        try {
            con.rollback();
            con.setAutoCommit(true);
        } catch (SQLException e) {
            e.printStackTrace();
        }
```

```
        return r;
    }
    //修改库存，出库
    Iterator<Entry<Integer, Integer>> it=map.entrySet().iterator();
    while(it.hasNext()){
        Entry<Integer, Integer> entry=it.next();
        sql="update product set Remainder=Remainder-"+(entry.getValue()-1)+" where ProductId="+entry.getKey();
        r=executeSql(sql);
        if(!r){System.out.println(sql);break;}
    }
    if(!r){   //回滚事务
        try {
            con.rollback();
            con.setAutoCommit(true);
        } catch (SQLException e) {
            e.printStackTrace();
        }
        return r;
    }
    //核对总金额及数量
    sql="select sum(Price*Count) as sumary,sum(Count) as cnt from Cart left join Product on Cart.ProductId=Product.ProductId where Status=1 and ("+Ids+")";
    ResultSet rs=querySql(sql);
    try {
        rs.next();
        sum=Math.round(rs.getDouble("sumary")*100)/100.0;
        cnt=rs.getInt("cnt");
    } catch (SQLException e) {
        e.printStackTrace();
    }
    if(sum!=sumary||count!=cnt){
        System.out.println("数据库金额："+sum+",请求金额："+sumary);
        System.out.println("数据库数量："+cnt+",请求数量："+count);
        try {
            con.rollback();
            con.setAutoCommit(true);
        } catch (SQLException e) {
            e.printStackTrace();
        }
        return false;
    }
    try {
        con.commit(); //无误，提交操作
        con.setAutoCommit(true);
        return true;
```

```
} catch (SQLException e) {
    e.printStackTrace();
    return false;
}
```

 **11.4 项目小结**

本项目使用了本书第 1 部分、第 2 部分的知识，是知识点的具体实践，介绍了运用知识点解决实际问题的方法，可以扩展到几乎所有业务系统。

该项目还有许多可扩展和完善的地方，包括定期自动清理置于顾客购物车内的未结账商品、提供更详细的产品介绍页、客户对已购商品的评价、商家对已付款订单的物流交付等。掌握了前面的这些方法，就可以随时根据业务需要的变化进行变更和完善了。

例如，在数据库的商品表 product 中增加一个详情页 URL 或详细内容字段，相应地，增加、查询、修改各功能模块增加一个字段的操作即可；在 cart 中增加一个用户评价字段，则在购物车管理模块的已结账商品列表中可增加评价功能，将评价内容写入新增的这个字段，并在商品详情页中展示。

更多内容可访问本书的示例地址：http://www.liweilin.cn/myWeb。

附录 A

A. HTML 参考手册

标　　签	描　　述
<!--...-->	定义注释
<!DOCTYPE>	定义文档类型
<a>	定义锚
<abbr>	定义缩写
<acronym>	定义只取首字母的缩写
<address>	定义文档作者或拥有者的联系信息
<applet>	不赞成使用。定义嵌入的 applet
<area>	定义图像映射内部的区域
(HTML5)<article>	定义文章
(HTML5)<aside>	定义页面内容之外的内容
(HTML5)<audio>	定义声音内容
<b>	定义粗体字
<base>	定义页面中所有链接的默认地址或默认目标
<basefont>	不赞成使用。定义页面中文本的默认字体、颜色或尺寸
(HTML5)<bdi>	定义文本的文本方向，使其脱离周围文本的方向设置
<bdo>	定义文字方向
<big>	定义大号文本
<blockquote>	定义长的引用
<body>	定义文档的主体
 	定义简单的折行
<button>	定义按钮 (push button)
(HTML5)<canvas>	定义图形
<caption>	定义表格标题
<center>	不赞成使用。定义居中文本
<cite>	定义引用（citation）
<code>	定义计算机代码文本

续表

标　　签	描　　述
<col>	定义表格中一个或多个列的属性值
<colgroup>	定义表格中供格式化的列组
(HTML5)<command>	定义命令按钮
(HTML5)<datalist>	定义下拉列表
<dd>	定义列表中项目的描述
<del>	定义被删除文本
(HTML5)<details>	定义元素的细节
<dir>	不赞成使用。定义目录列表
<div>	定义文档中的节
<dfn>	定义项目
(HTML5)<dialog>	定义对话框或窗口
<dl>	定义列表
<dt>	定义列表中的项目
<em>	定义强调文本
(HTML5)<embed>	定义外部交互内容或插件
<fieldset>	定义围绕表单中元素的边框
(HTML5)<figcaption>	定义 figure 元素的标题
(HTML5)<figure>	定义媒介内容的分组，以及它们的标题
<font>	不赞成使用。定义文字的字体、尺寸和颜色
(HTML5)<footer>	定义 section 或 page 的页脚
<form>	定义供用户输入的 HTML 表单
<frame>	定义框架集的窗口或框架
<frameset>	定义框架集
<h1> to <h6>	定义 HTML 标题
<head>	定义关于文档的信息
(HTML5)<header>	定义 section 或 page 的页眉
<hr>	定义水平线
<html>	定义 HTML 文档
<i>	定义斜体字
<iframe>	定义内联框架
<img>	定义图像
<input>	定义输入控件
<ins>	定义被插入文本
<isindex>	不赞成使用。定义与文档相关的可搜索索引
<kbd>	定义键盘文本

续表

标　　签	描　　述
(HTML5)<keygen>	定义生成密钥
<label>	定义 input 元素的标注
<legend>	定义 fieldset 元素的标题
<li>	定义列表的项目
<link>	定义文档与外部资源的关系
<map>	定义图像映射
(HTML5)<mark>	定义有记号的文本
<menu>	定义命令的列表或菜单
<menuitem>	定义用户可以从弹出菜单调用的命令/菜单项目
<meta>	定义关于 HTML 文档的元信息
(HTML5)<meter>	定义预定义范围内的度量
(HTML5)<nav>	定义导航链接
<noframes>	定义针对不支持框架的用户的替代内容
<noscript>	定义针对不支持客户端脚本的用户的替代内容
<object>	定义内嵌对象
<ol>	定义有序列表
<optgroup>	定义选择列表中相关选项的组合
<option>	定义选择列表中的选项
(HTML5)<output>	定义输出的一些类型
<p>	定义段落
<param>	定义对象的参数
<pre>	定义预格式文本
(HTML5)<progress>	定义任何类型的任务的进度
<q>	定义短的引用
(HTML5)<rp>	定义浏览器不支持 ruby 元素而显示的内容
(HTML5)<rt>	定义 ruby 注释的解释
(HTML5)<ruby>	定义 ruby 注释
<s>	不赞成使用。定义加删除线的文本
<samp>	定义计算机代码样本
<script>	定义客户端脚本
(HTML5)<section>	定义 section
<select>	定义选择列表（下拉列表）
<small>	定义小号文本
(HTML5)<source>	定义媒介源
<span>	定义文档中的节

续表

标签	描述
<strike>	不赞成使用。定义加删除线的文本
<strong>	定义强调文本
<style>	定义文档的样式信息
<sub>	定义下标文本
(HTML5)<summary>	为 <details> 元素定义可见的标题
<sup>	定义上标文本
<table>	定义表格
<tbody>	定义表格中的主体内容
<td>	定义表格中的单元
<textarea>	定义多行的文本输入控件
<tfoot>	定义表格中的表注内容（脚注）
<th>	定义表格中的表头单元格
<thead>	定义表格中的表头内容
(HTML5)<time>	定义日期/时间
<title>	定义文档的标题
<tr>	定义表格中的行
(HTML5)<track>	定义用在媒体播放器中的文本轨道
<tt>	定义打字机文本
<u>	不赞成使用。定义下画线文本
<ul>	定义无序列表
<var>	定义文本的变量部分
(HTML5)<video>	定义视频
(HTML5)<wbr>	定义可能的换行符
<xmp>	不赞成使用。定义预格式文本

B. CSS 常用样式

属性	描述	常用值和含义
font-family	规定文本的字体系列	字体系列，用逗号分隔，浏览器会使用它可识别的第一个值，如果浏览器不支持第一个字体，则会尝试下一个
font-size	规定文本的字体尺寸	数值 px 或数值 pt，把 font-size 设置为一个固定的值
font-style	规定文本的字体样式	italic 浏览器会显示一个斜体的字体样式
font-weight	规定字体的粗细	bold 定义粗体字符，bolder 定义更粗的字符，lighter 定义更细的字符
font	在一个声明中设置所有字体属性	所有字体属性值，值间用空格隔开，比如：font:italic bold 12px/20px arial,sans-serif;代表斜体、加粗、12px 大小、20px 行距的 Arial 字体或 Sans-serif 字体（如无 Arial）

属性	描述	常用值和含义
color	设置文本的颜色	颜色值
letter-spacing	设置字符间距	
direction	规定文本的方向	ltr（默认）表示文本方向为从左到右 rtl 表示文本方向为从右到左
line-height	设置行高	数值 px
text-align	规定文本的水平对齐方式	left 表示把文本排列到左边，默认值，由浏览器决定 right 表示把文本排列到右边 center 表示把文本排列到中间 justify 表示实现两端对齐文本效果
text-decoration	规定添加到文本的装饰效果	none 为默认值，定义标准的文本 underline 定义文本下的一条线 overline 定义文本上的一条线 line-through 定义穿过文本的一条线 blink 定义闪烁的文本
text-indent	规定文本块首行的缩进	数值 px 或 em
text-transform	控制文本的大小写	none 为默认值，定义带有小写字母和大写字母的标准文本 capitalize 定义文本中的每个单词以大写字母开头 uppercase 定义仅有大写字母 lowercase 定义无大写字母，仅有小写字母
white-space	规定如何处理元素中的空白	normal 为默认值，空白会被浏览器忽略 pre 表示空白会被浏览器保留。其行为方式类似 HTML 中的 <pre> 标签 nowrap 表示文本不会换行，文本会在同一行上继续，直到遇到 标签为止 pre-wrap 表示保留空白符序列，但是正常地进行换行 pre-line 表示合并空白符序列，但是保留换行符
word-spacing	设置单词间距	数值 px 或 em
text-overflow	规定当文本溢出包含元素时发生的事情	clip 表示修剪文本 ellipsis 表示显示省略符号来代表被修剪的文本
text-shadow	向文本添加阴影	数值 px 数值 px 数值 px 颜色值 三个数值依次代表水平阴影的位置、垂直阴影的位置、模糊距离，最后是阴影的颜色，如 text-shadow:5px 5px 10px #999;
word-wrap	允许对长的不可分割的单词进行分割并换行到下一行	normal 表示只能在允许的断字点换行，默认值 break-word 表示在长单词或 URL 地址内部进行换行
width	设置元素的宽度	数值 px，设置为一个固定的值 百分比，基于包含块（父元素）宽度的百分比
height	设置元素的高度	数值 px，设置为一个固定的值 百分比，基于包含块（父元素）高度的百分比
background-color	设置元素的背景颜色	颜色值

续表

属性	描述	常用值和含义
background-image	设置元素背景图像	url('URL')定义指向图像的路径
background-position	设置背景图像的开始位置	top left 表示左上，top center 表示上中等，如果省略第二个关键词，默认为 center x% y%，第一个值是水平位置，第二个值是垂直位置，左上角是 0% 0%，右下角是 100% 100% 数值 px 数值 px，左上角为 0px 0px
background-repeat	设置是否及如何重复背景图像	repeat 为默认值，表示背景图像将在垂直方向和水平方向重复 repeat-x 表示背景图像将在水平方向重复 repeat-y 表示背景图像将在垂直方向重复 no-repeat 表示背景图像仅显示一次
background-clip	规定背景的绘制区域	border-box 表示背景被裁剪到边框盒 padding-box 表示背景被裁剪到内边距框 content-box 表示背景被裁剪到内容框
background-origin	规定背景图片的定位区域	padding-box 表示背景图像相对于内边距框来定位 border-box 表示背景图像相对于边框盒来定位 content-box 表示背景图像相对于内容框来定位
background-size	规定背景图片的尺寸	数值 px，数值 px，规定宽高 百分比，按原始尺寸缩放
background-attachment	设置背景图像是否固定或随着页面的其余部分滚动	scroll 为默认值，表示背景图像会随着页面其余部分的滚动而移动 fixed 表示当页面的其余部分滚动时，背景图像不会移动
background	在一个声明中设置所有的背景属性	所有背景属性值，值间用空格隔开，比如： background:#00FF00 url(bgimage.gif) no-repeat fixed top;
border-width	设置四条边框的宽度	数值 px
border-style	设置四条边框的样式	none 定义无边框 dotted 定义点状边框 dashed 定义虚线 solid 定义实线 double 定义双线 groove、ridge、inset、outset 定义 3D 边框
border-color	设置四条边框的颜色	颜色值
border	在一个声明中设置所有的边框属性	所有边框属性值，值间用空格隔开，比如： border:5px solid red;
border-bottom-color	设置下边框的颜色	颜色值
border-bottom-style	设置下边框的样式	同 border-style
border-bottom-width	设置下边框的宽度	数值 px
border-bottom	在一个声明中设置所有下边框属性	所有下边框属性值，值间用空格隔开，比如： border-bottom:1px dotted #ff0000; 注：修改 bottom 为 left、right 或 top，分别代表左、右或上边框

续表

属性	描述	常用值和含义
border-bottom-left-radius	定义边框左下角的形状	数值 px 百分比 值越大，曲率越大
border-bottom-right-radius	定义边框右下角的形状	同上
border-radius	设置所有四个角的 border-*-radius 属性	数值 px 百分比 值越大，曲率越大
box-shadow	向方框添加一个或多个阴影	数值 px 数值 px 数值 px 颜色值 三个数值依次代表水平阴影的位置、垂直阴影的位置、模糊距离，最后是阴影的颜色，比如： box-shadow:5px 5px 10px #999;
overflow-x	如果内容溢出了元素内容区域，是否对内容的左/右边缘进行裁剪	visible 表示不裁剪内容，可能会显示在内容框之外 hidden 表示裁剪内容，不提供滚动机制 scroll 表示裁剪内容，提供滚动机制 auto 表示如果溢出框，则应该提供滚动机制
overflow-y	如果内容溢出了元素内容区域，是否对内容的上/下边缘进行裁剪	同上
overflow	规定当内容溢出元素框时左右和上下发生的事情	同上
list-style-image	将图像设置为列表项标记	url('URL') 指向图像的路径
list-style-position	设置列表项标记的放置位置	inside 表示列表项目标记放置在文本以内，且环绕文本根据标记对齐 outside 为默认值，表示保持标记位于文本的左侧。列表项目标记放置在文本以外，且环绕文本不根据标记对齐
list-style-type	设置列表项标记的类型	none 表示无标记 disc 表示标记是实心圆，默认值 circle 表示标记是空心圆 square 表示标记是实心方块 decimal 表示标记是数字
list-style	在一个声明中设置所有的列表属性	列表所有属性值间用空格隔开，比如： list-style: square inside url('/i/eg_arrow.gif')
margin-bottom	设置元素的下外边距	数值 px 或 cm
margin-left	设置元素的左外边距	数值 px 或 cm
margin-right	设置元素的右外边距	数值 px 或 cm
margin-top	设置元素的上外边距	数值 px 或 cm
margin	在一个声明中设置所有外边距属性	四边外边距，比如： margin:10px 5px 15px 20px; 依次代表上、右、下、左外边距
padding-bottom	设置元素的下内边距	数值 px 或 cm
padding-left	设置元素的左内边距	数值 px 或 cm

续表

属性	描述	常用值和含义
padding-right	设置元素的右内边距	数值 px 或 cm
padding-top	设置元素的上内边距	数值 px 或 cm
padding	在一个声明中设置所有内边距属性	四边外边距，比如： padding:10px 5px 15px 20px; 依次代表上、右、下、左内边距
bottom	设置定位元素下外边距边界与其包含块下边界之间的偏移	数值 px 或 cm
clear	规定元素的哪一侧不允许其他浮动元素	left 表示在左侧不允许浮动元素 right 表示在右侧不允许浮动元素 both 表示在左右两侧均不允许浮动元素 none 为默认值，表示允许浮动元素出现在两侧
clip	剪裁绝对定位元素	rect (数值 px, 数值 px, 数值 px, 数值 px) 数值分别代表从元素上、右、下、左指定边距
cursor	规定要显示的光标的类型（形状）	url url('URL')表示须使用的自定义光标的 URL，在此列表的末端始终定义一种普通的光标，以防没有由 URL 定义的可用光标 default 表示默认光标（通常是一个箭头） auto 表示默认值，浏览器设置的光标 crosshair 表示光标呈现为十字线 pointer 表示光标呈现为指示链接的指针（一只手） move 表示此光标指示某对象可被移动
display	规定元素应该生成的框的类型	none 表示此元素不会被显示 block 表示此元素将显示为块级元素，此元素前后会带有换行符 inline 为默认值，表示此元素会被显示为内联元素，元素前后没有换行符 inline-block 表示行内块元素 list-item 表示此元素会作为列表显示
float	规定框是否应该浮动	left 表示元素向左浮动 right 表示元素向右浮动 none 为默认值，表示元素不浮动，并会显示其在文本中出现的位置
left	设置定位元素左外边距边界与其包含块左边界之间的偏移	数值 px 或 cm
position	规定元素的定位类型	absolute 表示绝对定位的元素，相对 static 定位以外的第一个父元素进行定位 元素的位置通过 "left""top""right""bottom" 属性进行规定 fixed 表示生成绝对定位的元素，相对于浏览器窗口进行定位 元素的位置通过 "left""top""right""bottom"属性进行规定

属性	描述	常用值和含义
position	规定元素的定位类型	relative 表示生成相对定位的元素，相对于其正常位置进行定位 static 为默认值，表示没有定位，元素出现在正常的流中（忽略 top、bottom、left、right 或 z-index 声明）
right	设置定位元素右外边距边界与其包含块右边界之间的偏移	数值 px 或 cm
top	设置定位元素的上外边距边界与其包含块上边界之间的偏移	数值 px 或 cm
vertical-align	设置元素的垂直对齐方式	baseline 为默认值，表示元素放置在父元素的基线上 top 表示把元素的顶端与行中最高元素的顶端对齐 middle 表示把此元素放置在父元素的中部 bottom 表示把元素的顶端与行中最低的元素的顶端对齐
visibility	规定元素是否可见	visible 为默认值，表示元素是可见的 hidden 表示元素是不可见的
z-index	设置元素的堆叠顺序	auto 为默认值，表示堆叠顺序与父元素相等 Number 表示设置元素的堆叠顺序
border-collapse	规定是否合并表格边框	Separate 为默认值，表示边框会被分开，不会忽略 border-spacing 和 empty-cells 属性 collapse 表示如果可能，边框会合并为一个单一的边框，会忽略 border-spacing 和 empty-cells 属性
border-spacing	规定相邻单元格边框之间的距离	数值 px 或 cm
caption-side	规定表格标题的位置	top 为默认值，表示把表格标题定位在表格之上 bottom 表示把表格标题定位在表格之下
empty-cells	规定是否显示表格中的空单元格上的边框和背景	hide 表示不在空单元格周围绘制边框 show 为默认值，表示在空单元格周围绘制边框
table-layout	设置用于表格的布局算法	automatic 为默认值，表示列宽度由单元格内容设定 fxed 表示列宽由表格宽度和列宽度设定

附录 A 本地

属 性	描 述	属性值和属性定义
position	设定元素的放置位置	relative: 位置相对于通常的位置，其中使其所显示出来位置。static: 为默认值。表示按常规方式显示，不随用户滚动而变化，显示上随着元素的排列方式。值: top, bottom, left, right 及 x, y, z 位置。
right	确定定位元素在定位上下文中位置，该值可正可负，位置相对于右边界的值表示偏移的距离	值: 像素数 px 或 em。
top	位置相对于水平位置，值可为正、负或零。值: 像素值 px 或 em。	作为数值时，位置相对之 高的距离
vertical-align	设置元素的垂直对齐方式	baseline: 默认值。将元素放置在基线对齐的位置。top: 元素放置在顶部对齐。middle: 将元素居中显示。bottom: 元素放置在下边对齐。
visibility	设定元素是否可见	visible: 默认值。元素可见且显示。hidden: 元素不可见，但仍占位置。
z-index	设定元素的堆叠顺序	auto: 默认值。元素按文档流顺序堆叠。number: 用正负整数设置元素的层叠顺序。
border-collapse	设定表格的边框是否合并	Separate: 默认值。表示边框分开显示。bo-der-spacing 生效。collapse: 表示边框合并，边框变为共享，此时 border-spacing 无效。
border-spacing	设定单元格的边框的间距	值: 像素值 px 或 em。
caption-side	规定表格标题的位置	top: 默认值。标题位于表格的顶部。bottom: 标题位于表格的底部。
empty-cells	设定当表格中的空单元格中是否显示边框和背景	show: 默认值。空单元格中显示边框和背景。hide: 不显示
table-layout	设置表格的布局方式	auto: 默认值。根据内容自动调整单元格的宽度。fixed: 使用固定宽度布局。